TRAITÉ DES OISEAUX

DE BASSE-COUR

D'AGRÉMENT ET DE PRODUIT

PAR

A. GOBIN

PROFESSEUR DE ZOOTECHNIE ET DE ZOOLOGIE

LAURÉAT DE LA SOCIÉTÉ

ZOOLOGIQUE D'ACCLIMATATION

ETC.

LIBRAIRIE AUDOT

LEBROC & Cie Succrs · Éditeurs

8 RUE GARANCIÈRE St SULPICE

PARIS

TRAITÉ

DES

OISEAUX DE BASSE-COUR

OUVRAGES DU MÊME AUTEUR.

PARIS, TYPOGRAPHIE DE E. PLON ET Cie, **8,** RUE GARANCIÈRE.

TRAITÉ

DES

OISEAUX DE BASSE-COUR

D'AGRÉMENT ET DE PRODUIT

RACES — CHOIX — INCUBATION NATURELLE ET ARTIFICIELLE
ÉLEVAGE — PONTE — ENGRAISSEMENT
MALADIES — COMMERCE — VOLIÈRES ET BASSES-COURS
CHAPONS ET POULARDES — OEUFS ET VIANDE
PLUMES — ENGRAIS — ACCLIMATATION

Par A. GOBIN

Professeur de zootechnie, de zoologie et d'agriculture

95 GRAVURES INTERCALÉES DANS LE TEXTE, DESSINÉES PAR H. GOBIN

Gravées par Bisson et Jacquet

Deuxième Édition

PARIS

LIBRAIRIE AUDOT

LEBROC ET Cie, SUCCESSEURS

8, RUE GARANCIÈRE

1882

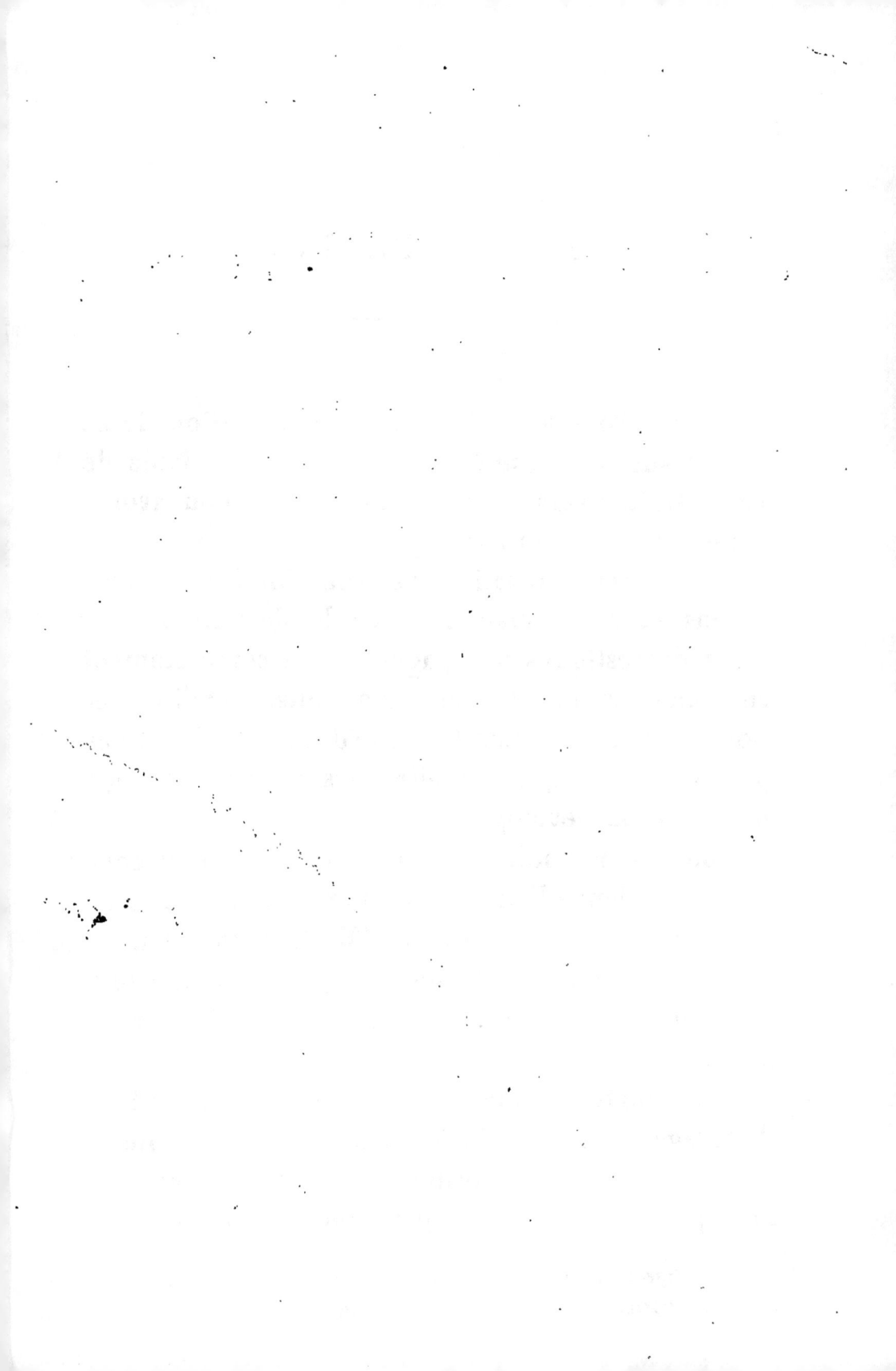

AVANT-PROPOS

Nous offrons au public la seconde édition de ce travail sur la *Basse-Cour*. La première, datée de 1874, traitait aussi du pigeon, sur lequel nous avons, depuis lors, fait un livre spécial[1].

A ce nouveau travail, nous avons fait des augmentations et des remaniements : la description des races domestiques (86 pages) a été complétement remaniée, revue et complétée, ainsi que l'incubation artificielle au point de vue des appareils et des pratiques; enfin, le chapitre des maladies a reçu de nouveaux développements.

Nous avons voulu, en effet, reconnaître et conserver la bienveillance du public en le faisant profiter des récents travaux de MM. Laperre de Roo, Lemoine, Meguin, Joannès; des perfectionnements nouveaux de MM. Roullier, Arnoult, Voitellier et autres.

Or, il nous aut bien avouer que certains centres d'élevage ou d'engraissement mis à part, la question de la volaille domestique en France progresse bien plus comme sport que comme industrie; la

[1] *Les Pigeons de volière, de colombier, messagers, militaires*, par A. GOBIN, Paris, Lebroc et Cie. Prix : 3 francs.

volière reçoit plus d'améliorations que la basse-
cour. Le premier fait ne peut que nous réjouir,
mais le second nous attriste. Tout le monde marche
autour de nous ; la Suède, la Norwége, le Danemark travaillent à nous enlever le marché d'exportation des beurres en Angleterre et dans le nouveau
monde ; nos importations d'œufs ne cessent de s'accroître, tandis que nos exportations restent station-
naires ou tendent même à diminuer, et il s'agit là,
pour nous, d'un mouvement annuel de quarante-
cinq millions de francs.

Il y a deux moyens d'exploiter la basse-cour
comme le gros bétail, le ver à soie, le poisson,
comme aussi le sol : la *culture extensive,* qui consiste à laisser faire la nature à peu près bornée à ses
seules forces ; la *culture intensive,* qui s'attache à
aider, à compléter, à surexciter même les forces
naturelles, en dépensant du temps et de l'argent,
afin d'obtenir des produits plus élevés.

La basse-cour libre de nos fermes, la poule
vivant sur les fumiers, parcourant les récoltes avoi-
sinantes, ne nous semble plus en rapport avec les
progrès de l'agriculture moderne ; de même le lapin
de garenne, qui gaspille dans nos champs dix fois
autant de fourrage qu'exigerait un mouton pour
fournir le même poids de viande ; en basse-cour
fermée, la poule ; en garenne fermée, le lapin !
Ainsi, la première utilisera les déchets de nos greniers ou transformera nos grains en viande ou en
œufs, mais sans causer de dommages par ailleurs.

Et puis, apprenons à choisir et les races et les individus que nous employons comme transformateurs de nos produits. Il y a poules et poules, comme fagots et fagots; il y a des races appropriées à toutes les situations; il y a des individus excellents, d'autres médiocres ou mauvais : questions de climat, de sol, de conformation, de service et d'aptitudes. Un type amélioré n'est pas, par cela même, le meilleur pour toutes les situations, à moins que l'on ne modifie les conditions pour les lui faire toutes favorables.

La division du travail doit s'appliquer d'ailleurs dans l'industrie de la basse-cour comme dans celle du gros bétail : ici, la production des œufs; là, celle de la viande; ailleurs, l'élevage : c'est une condition expresse de réussite et de profit.

Pour réussir en une tâche quelconque, il faut réunir trois conditions indispensables : *vouloir, savoir* et *pouvoir*. On ne demande pas mieux que de voir croître les profits de son industrie; mais on ne sait pas toujours comment s'y prendre, et beaucoup sont dans l'impuissance de faire les dépenses préliminaires; aussi reste-t-on le plus souvent dans le *statu quo*. Mais le vouloir et le pouvoir réunis ne suffisent pas; il faut aussi le savoir.

La basse-cour est du domaine à peu près exclusif de la ménagère, et en général il faut reconnaître qu'elle y apporte tous les soins, toute l'attention dont elle est capable; ce n'est pas seulement affaire d'argent pour elle, mais aussi d'amour-propre. Mais la pratique de cette industrie délicate, de qui la tient-elle? D'un enseignement traditionnel, empirique, immuable, encore agrémenté de superstitions, de préjugés, de procédés à rebours du bon sens parfois. Pour elle, il n'y aurait d'enseignement possible que par le livre; mais on lit si peu aux champs! les soins du ménage et de la famille absorbent le temps, et les forces intellectuelles et physiques. Et la routine continue son règne paisible. Comme on ne compte point d'ailleurs, on est toujours satisfait du résultat; tout ce qui se chiffre en argent est considéré comme un profit net.

Quand donc comprendra-t-on que l'agriculture, en toutes ses branches, n'est autre chose qu'une industrie; qu'elle ne peut être lucrative qu'en mettant en œuvre des moyens identiques avec ceux de l'industrie manufacturière ou commerciale? L'art, la science pure : une idylle. L'industrie seule : la réalité.

Tout autre chose, la volière. Là, la bourse ne compte point; l'amour-propre, l'esprit, les yeux sont tout. Aussi nous avons tenu à bien séparer ces deux côtés de la question : basse cour et volière.

Puisse cette seconde édition satisfaire le public à l'égal de la première et contribuer à un progrès que nous appelons de tous nos vœux!

CHAPITRE PREMIER

LE COQ ET LA POULE.

§ 1er. — CARACTÈRES ZOOLOGIQUES.

Le coq (*Gallus*) paraît tirer son nom des altérations successives du nom latin *gallus*, devenu en langue romane *gal*, qui se prononçait sans doute *gaul*, puis devint *gaû* et *gog*, nom encore usité en Savoie, et enfin *co*, comme on l'appelle aujourd'hui encore dans la Normandie, et d'où l'on a fait *Coq*.

Dans la classification de Cuvier, le coq appartient à l'ordre des Gallinacés, à la famille des Gallinacés proprement dits, à la tribu des Faisans, au genre Coq et à l'espèce Coq domestique. Toussenel le rangeait dans son ordre des Vélocipèdes, série des Pulvéra-

teurs, sous-groupe des Plectroniens ou Éperonnés;
Brehm le place dans son ordre des Pulvérateurs, et
dans sa famille des Gallidés dont il est le type, et où
il forme le genre Coq.

En tout cas, le coq se distingue des autres gallinacés proprement dits par son corps épais, ses ailes
courtes, concaves et très-arrondies; par sa queue
moyenne, légèrement tronquée et formée de quatorze
pennes; par son bec moyennement long, fort, à
mandibule supérieure convexe, à pointe recourbée;
par ses tarses de la longueur du doigt médian, et
armés d'un éperon arqué et aigu; par ses doigts, au
nombre ordinaire de quatre, mais dans certaines
races, de cinq; par son plumage abondant, orné,
chez toutes les espèces connues, de couleurs vives et
brillantes, mais extrêmement variées, depuis le blanc
jusqu'au noir, en passant par le caillouté, le jaune,
le chamois, le brun, etc., ayant le plus souvent des
reflets métalliques chez le mâle; par sa tête, surmontée d'une crête simple ou double; chez certaines races,
remplacée par une volumineuse aigrette de plumes.

Toutes les espèces de *coqs sauvages* habitent les
forêts, et de préférence celles qui sont le plus épaisses et le plus désertes; mais nous connaissons peu
leurs mœurs. Parmi eux, nous citerons brièvement :

Le *coq Bankiva* (*Gallus Bankiva sive Ferrugineus*)
ou Kasintu, originaire de Java, habite l'Inde, du nord
à l'ouest, l'Himalaya, jusqu'à douze cents mètres de
hauteur, la Malaisie, l'Indo-Chine, les Philippines,
l'archipel malais, etc.; il a les plumes de la tête et du
cou d'un beau jaune doré, celles du dos d'un beau

pourpre, d'un rouge brillant au milieu, bordées de brun jaune; les plumes de la queue noires; l'œil rouge orangé. Il a la crête simple, dentelée, et les barbillons rouges du coq domestique, les oreillons blanc nacré, les tarses gris plombé, quatre doigts au pied, et rouges aussi ses longues plumes autour du cou et au-dessus du croupion. Il n'a que $0^m,30$ à $0^m,40$ de hauteur, $0^m,60$ à $0^m,65$ de longueur du corps, $0^m,20$ à $0^m,25$ de longueur d'aile et $0^m,33$ à $0^m,38$ de longueur de queue : nous parlons ici du mâle, car la femelle est de taille plus petite, porte la queue presque horizontalement, n'a qu'une crête et des barbillons rudimentaires, porté les plumes du cou noires avec bordure blanc jaunâtre, celles du dos tachetées de brun noir, celles du ventre isabelle, et celles des ailes d'un beau noir.

M. La Perre de Roo a décrit (l'*Acclimatation*, n° 51, 21 décembre 1879) sous le nom de *race des Ardennes*, vivant en Belgique, une race qu'il dit ressembler beaucoup au coq Bankiva, par le plumage, la taille et le caractère. En effet, le coq a la tête fine et longue, la crête simple, droite, assez haute, régulièrement dentelée; l'œil rouge vif; les barbillons rouges, assez longs, larges et arrondis; les ailes longues et portées bas; la queue fournie et garnie de faucilles longues formant un superbe panache; les membres fins; les tarses de couleur gris plombé; le cou court et gros; la taille moyenne; le plumage identique avec celui du coq de Bankiva; le caractère belliqueux et jaloux. La poule, beaucoup plus petite, est de couleur perdrix grise sur tout le corps; elle pond en abondance des œufs blancs et de bonne grosseur; elle est douce, mais craintive, et s'enfuit ou se cache à la vue de l'homme. Il est probable que cette race résulte d'une importation due aux Hollandais, au commencement de ce siècle, et sur laquelle ne paraissent s'être greffés que de rares croisements avec une race indigène, celle de la Campine dorée peut être.

Le *coq de Stanley*, de Lafayette ou des Jungles (*Gallus Stanleyii*), diffère du précédent en ce qu'il a la poitrine brun rougeâtre, rayée de noir foncé; en outre, il n'a pas comme lui les couvertures des ailes brunâtres dans leur partie moyenne; enfin, il s'en éloigne encore par la crête et par sa voix toute particulière. Il est indigène de Ceylan. Sa taille est semblable à celle du Bankiva. La crête est simple, droite, moyennement haute, légèrement découpée en sept ou huit petites dents, jaune au milieu, rouge dans le reste; les barbillons longs, arrondis, rouges; les oreillons rouges aussi; les joues nues et rouges; le bec olivâtre, fort, légèrement crochu; les tarses de longueur moyenne, légers, nus, couleur de chair, avec quatre doigts à la patte; la queue longue et portée rabattue. La poule porte le plumage brun roussâtre plus ou moins vermiculé ou taché de jaune et de noir.

Le *coq de Java*, ou Ayamalas, ou Gangegar (*Gallus Fuscatus seu Varius*), se rencontre à Java et dans les îles qui sont à l'est jusqu'à Flores. Son plumage général est d'un beau vert sombre, à reflets métalliques; son œil est jaune clair. Le coq a le bec fort, court et crochu; le bec noir à la mandibule supérieure et jaune à l'inférieure; la crête est simple, haute, lisse (sans dentelures), tricolore, c'est-à-dire verdâtre à la base, jaune au milieu, rouge à la pointe; les joues sont nues et rouges; les oreillons absents; un seul barbillon médian, très-long, tricolore comme la crête; le cou entouré d'une sorte de collerette; les tarses fins, nus, gris clair ou couleur de chair, armés d'un long éperon; quatre doigts à la patte; la queue assez longue et portée horizontalement; sa taille est celle du coq de Sonnerat. La poule est plus petite, n'a ni crête ni barbillons, a les joues couvertes de plumes; enfin, le chant du coq est différent de celui du coq de nos basses-cours. Le *Gallus Æneus,* dont on avait pendant longtemps fait une espèce, ne paraît être que le croisement du coq de Java avec la poule domestique.

On désigne, en Europe, un grand nombre de familles de poules sous le nom de *race de Java;* celles qui se rapprochent le plus du type primitif ont les joues recouvertes de touffes de petites plumes; le coq porte la queue très-relevée, avec de grandes faucilles; leur taille égale à peine celle des Bantam; il y en a des variétés toutes noires et d'autres toutes blanches.

Le *coq de Sonnerat* (*Gallus Sonneratii*), ou Katucoli, est indigène de l'Inde méridionale, et principalement des montagnes des Gates ou des Ghauts, sur lesquelles il offre, à différentes hauteurs, deux variétés bien marquées, méritant peut-être le nom d'espèces. Ses plumes sétiformes consistent en lames cornées très-particulières, transversalement barrées de trois couleurs; il manque de vraies plumes sétiformes sur le dos, où elles sont, comme les couvertures des ailes, dépourvues de barbes; sa crête est très-finement den-

telée ; son œil est jaune brun clair, son bec jaunâtre,
ses pattes d'un jaune clair ; sa voix diffère sensiblement de celle des autres espèces et aussi du coq domestique. Il est un peu plus grand et plus fort que le
coq Bankiva, et égale à peu près celle du faisan doré.
Le coq a le bec long, fort et crochu, de couleur jaunâtre ; la crête simple, droite, irrégulièrement et légèrement dentelée, rouge, naissant au-dessus des narines, mais peu prolongée en arrière ; les joues nues et
rouges ; les oreillons rouges et plaqués ; les barbillons
rouges, pointus, de médiocre longueur ; le cou enve-
loppé comme d'une collerette ; les tarses fins, nus, couleur de chair ou jaune clair ; quatre doigts à la patte.

Le *coq géant* ou *Yago,* ou Chittagong (*Gallus Giganteus*), qui vit sauvage dans les forêts méridionales
de Sumatra, et à l'état domestique, sous le nom de
Kulm-Cock, dans le pays des Mahrattes, ne paraît
pas être une espèce distincte, mais une race domestique pure ou croisée revenue à l'état sauvage. C'est
un coq de grande taille, que l'on a considéré, peut-
être avec raison, comme étant la souche du coq de
Caux ou de Padoue, ou du coq russe de nos basses-
cours, mais auquel on rapporte les coqs de Rhodes et
de Perse. Le *coq de Temminck* paraît être aussi le
résultat d'un croisement.

§ 2. — Origine des races domestiques.

Des quatre races sauvages que nous venons d'énu-
mérer, laquelle est la souche de nos races domestiques ? Aucune, suivant M. Valenciennes : « On peut

affirmer, dit-il, que l'espèce du coq et de la poule n'existe à l'état sauvage sur aucun point du globe. » Selon M. Isidore Geoffroy Saint-Hilaire, le *Gallus Bankiva* serait la souche unique de toutes nos races domestiques. Darwin regarde bien cette même espèce comme type, mais non comme type unique, comme l'origine, en particulier, de nos races de combat; « mais on peut encore se demander, ajoute-t-il, si les autres races ne peuvent pas descendre de quelques espèces sauvages qui existent peut-être encore quelque part inconnues, ou qui se sont éteintes » .

Les premiers auteurs grecs assignent au coq domestique une origine persane; il y aurait donc été probablement importé de l'Inde. C'est de la Perse qu'il serait venu en Grèce, un peu après l'époque d'Homère, et la Grèce à son tour en aurait fait présent à l'Italie. Darwin croit pouvoir fixer vers le sixième siècle avant Jésus-Christ l'époque de l'arrivée en Europe de l'espèce galline; au commencement de notre ère, ajoute-t-il, elle devait déjà avoir voyagé plus à l'ouest, car Jules César l'a trouvée en Bretagne.

Socrate (quatrième siècle avant Jésus-Christ) se plaint du cri désagréable des poules de sa basse-cour. Pline rapporte que les cris continuels des coqs, durant la nuit qui précéda la bataille de Leuctres (371 avant Jésus-Christ), présagèrent aux Béotiens la victoire qu'ils devaient le lendemain remporter sur les Spartiates. A Rome, les augures nourrissaient dans les temples un grand nombre de poulets appelés sacrés, dont ils étaient censés étudier le vol et le chant pour en tirer des présages et dont, en réalité, ils se nourris-

saient, après avoir fait le simulacre de consulter leurs
entrailles. Régnier nous apprend que les Gaulois, au
moment de l'invasion romaine, faisaient une immense
consommation d'œufs.

Ce que l'on sait, c'est que, d'un côté, on ne retrouve
aucun reste de l'espèce dans les habitations lacustres de
la Suisse; qu'elle n'est mentionnée ni dans l'Ancien
Testament, ni sur les anciens monuments de l'Égypte;
que, d'un autre côté, il en est fait mention en Grèce
au cinquième siècle avant Jésus-Christ, et qu'elle est
figurée sur quelques cylindres babyloniens et sur la
tombe des Harpies, en Lycie, du sixième au septième
siècle avant Jésus-Christ; qu'elle était domestiquée
déjà dans l'Inde vers le dixième siècle avant notre ère,
et dès le quatorzième siècle en Chine. Nous relaterons
successivement les particularités historiques concer-
nant chaque race; car plusieurs remontent très-pro-
bablement à des temps plus ou moins éloignés de
nous : c'est ainsi que les Romains, au temps de Columelle, connaissaient déjà six ou sept races, dont une
seule, malheureusement, a été indiquée; qu'on en
connaissait un assez grand nombre déjà en Europe au
quinzième siècle; qu'à cette même époque, il y en
avait sept en Chine, portant chacune un nom distinct, etc., etc.

§ 3. — RACES DE COQS DOMESTIQUES.

Les races, sous-races et variétés sont extrêmement
nombreuses dans l'espèce galline : les unes semblent
se rapporter plus directement à un ou plusieurs types

sauvages ; les autres sont le produit d'un croisement des précédentes entre elles ; enfin quelques-unes paraissent provenir de sélection appliquée à des bizarreries tératologiques, ou plus simplement encore à des particularités de plumage. De ces races, enfin, les unes sont productives dans la ferme, à la condition de jouir d'une demi-liberté : ce sont les races de basse-cour ; les autres, plus belles ou curieuses par leur plumage ou leurs formes, plus délicates, moins aptes à pondre et à couver, sont des races d'agrément ou de volière. Nous les confondrons dans la description suivante, sauf à indiquer ensuite celles qui conviennent plus spécialement à la basse-cour du fermier, et celles plus évidemment réservées à la volière de l'amateur.

A. — *Races de combat.*

Ces races peuvent être regardées comme une race primitive, car elles ne s'éloignent que très-peu du *Gallus Bankiva* ou *Gallus Ferrugineus*. Elles ont pour caractères un bec fort et long, une crête simple, droite et médiocrement développée ; des éperons très-longs, très-aigus et très-forts, quatre doigts seulement au pied ; les plumes serrées sur le corps ; la queue ne porte que le nombre normal de quatorze rectrices ; les œufs sont d'un blanc tendant vers le chamois plus ou moins foncé ; le caractère de ces oiseaux est fier, courageux, batailleur, non-seulement chez les coqs, mais aussi chez les poules et même chez les poussins. Il en existe un grand nombre de sous-races ; M. Valenciennes y rapporte les races indienne et de Brésil.

Pendant les premières périodes de civilisation où
les instincts matériels se développent si énergiquement
pour ne céder que lentement et difficilement la place
aux sentiments intellectuels, il ne faut pas s'étonner
beaucoup de voir l'homme utiliser pour son plaisir le
caractère jaloux et fier du coq. Malgré sa domestication,
fort ancienne pourtant, selon toutes probabilités, cet
oiseau a conservé l'instinct naturel, celui qui établit
parmi les animaux sauvages la sélection par la lutte,
les plus forts, les plus énergiques, les plus braves
devant seuls maintenir la vigueur de l'espèce. Au cinquième siècle avant l'ère chrétienne, les combats de
coqs faisaient déjà la joie des Grecs, d'après Pindare.
On croit que les combats de coqs furent introduits à
Athènes par Thémistocle, dans les jeux (alectryonon)
qu'il institua en commémoration de la victoire de Sala-
mine. Columelle, géoponique latin du premier siècle,
nous parle de gens qui compromettent tout leur patri-
moine au risque de s'en voir assez souvent dépouiller
à l'occasion d'un coq qui aura remporté la victoire sur
son adversaire. Ces combats, en effet, formaient non-
seulement un spectacle, mais encore l'occasion de
paris dans lesquels chacun pouvait satisfaire la passion
innée, chez certaines races, de l'aléa; les Pergamiens,
les Rhodiens, les Tongriens, la plupart des Grecs, s'y
livrèrent avec frénésie. Dans les temps plus modernes,
on constate le même goût barbare chez les Chinois,
les habitants de Manille et de Java, les Hollandais,
les Belges, les Flamands du nord de la France, les
Anglais, les Américains, etc. Il semble que les seuls
spectacles pour lesquels le peuple pût alors se passion-

ner fussent des spectacles sanguinaires; on remplaça
d'abord les combats de gladiateurs par les tournois,
puis par des combats de chiens, d'ours, de taureaux et
de coqs.

En Hollande, les combats de coqs, institution d'une
époque reculée, florissaient surtout au seizième
siècle; les vainqueurs atteignaient une valeur considérable. Dans la Flandre française, dans l'Artois,
dans une partie de la Normandie, ce jeu barbare se
répandit de bonne heure aussi. Il y avait des confré-
ries de Roideurs dotées de statuts royaux et chargées
d'organiser et de surveiller les arènes. Puis, ces com-
pagnies entrèrent en lutte, les rivalités s'envenimèrent,
et l'on vit maintes fois les Roideurs des diverses con-
fréries en venir aux mains, si bien que, en 1608,
l'échevin de Saint-Omer dut déterminer les deux seuls
endroits de la ville où pourraient se tenir les combats
de coqs en présence d'un sergent. On prétend que ces
jeux étaient déjà en usage à la cour de Clovis; mais il
est certain qu'en 1204, Pierre de Montmorency obtint
de Philippe-Auguste que les combats de coqs seraient
plaisir privilégié de seigneurs, et que, vers 1150,
Louis VII le Jeune avait, sur le conseil du connétable
Mathieu Ier de Montmorency, institué l'ordre du Coq.
« En Angleterre, dit M. La Perre de Roo, l'habitude
de faire battre les coqs remonte au temps du drui-
disme, et, malgré les nombreuses interdictions surve-
nues sous divers règnes, l'usage n'en a jamais été
complétement interrompu. » Le roi Jacques Ier en faisait ses délices; Édouard III, Henri VIII, les avaient
prohibés.

En France, ces ignobles spectacles furent autorisés jusqu'en 1853, en plein Paris; ils ont été tolérés jusqu'en 1876 dans nos départements du Nord. Espérons que cette fois ils sont abolis pour jamais.

Fig. 1. — Coq et poule malais.

1° La RACE MALAISE (*Gallus Malayensis, fig.* 1) est originaire, suivant les uns, de l'Inde où elle est fort répandue; suivant les autres, de la Malaisie (îles de la Sonde, de la Réunion, des Philippines). Elle est de haute taille, ce qui est dû à la longueur des membres et du cou et au port redressé du corps tout entier,

Le coq a la tête forte, courte, conique, très-large entre les deux yeux, qui sont très-enfoncés, déprimée en dessus; son bec, de couleur jaune clair, est court, très-fort et très-crochu; sa crête petite, épaisse, double, forme un seul lobe hérissé de petites granulations : elle commence à la naissance du bec et s'arrête au milieu du crâne; barbillons et oreillons sont rouges et courts; les joues sont rouges et nues; les ailes sont longues, portées très-haut et serrées contre les flancs; la queue assez courte, portée presque horizontalement, à faucilles peu recourbées; toutes les plumes courtes, dépourvues de duvet, collées au corps, ce qui lui donne des formes anguleuses; les tarses, très-longs, armés d'énormes éperons, sont forts, nerveux, d'un beau jaune et nus; les quatre doigts, longs, étroits et minces; le caractère batailleur, hargneux, sauvage. La poule, de taille plus faible, présente les mêmes caractères; elle est batailleuse comme le coq, médiocre pondeuse, mauvaise éleveuse; les œufs sont de couleur chamois pâle. La peau est jaunâtre; le plumage serré au corps; la queue petite, inclinée, formée généralement de seize rectrices. Les poussins ne s'emplument que tardivement. Le coq pèse de 4 à 5 kilogr., la poule, de 3 à 3 kilogr. 500. On en connaît plusieurs variétés de couleur : noire-rouge, rousse, pile, noire (tout noire), blanche (toute blanche), coucou, etc., que nous retrouverons dans la race de combat anglaise. Notons en passant que le port, l'aspect général de la race malaise se retrouvent dans la race ou mieux les races chinoises dites Cochinchinoises, Yokohama, etc., qui ont pris plus de taille et plus d'ampleur des formes.

La *variété blanche* porte en France le nom de race du Gange.

La *sous-race dite de Yo-ko-hama* est de grande taille comme la malaise, mais elle se tient dans une attitude moins droite, moins altière; elle en diffère en outre par son plumage, qui est doré au camail, au cou, aux tectrices de la queue; le dos, le plastron, les cuisses sont d'un beau rouge acajou; la moitié inférieure et externe de l'aile blanche, les faucilles mélangées de blanc et de jaune paille. La tête est petite est fine, la crête épaisse, bourgeonnée, moyenne, rouge comme les oreillons et les barbillons; les tarses assez longs, assez forts, nus, armés de longs et vigoureux éperons. La poule porte une crête épaisse, basse, assez allongée en arrière; le plumage jaune clair tendant au nankin. Chez les deux sexes, la queue est portée horizontalement, et les faucilles du coq traînent à terre. On la dit assez bonne pondeuse, mauvaise couveuse et mauvaise mère. M. Aquarone, de Marseille, exprime ainsi son opinion sur son compte : « C'est une race très-rustique, qui ne demande pas de grands soins; elle s'élève comme la poule commune; seulement, si l'on veut avoir de beaux sujets, très-hauts comme le demande la race, il convient de les nourrir avec la pâtée des faisandeaux. Cette poule est un peu sauvage, c'est-à-dire qu'elle s'écarte volontiers de son poulailler, et, si l'on n'y prend garde, elle cherchera à se coucher sur les arbres; elle aime à pondre sous les broussailles écartées des habitations. Elle couve assez volontiers, mais elle est mauvaise couveuse et mauvaise mère, car elle n'a pas soin de ses œufs et ne fait pas cas de ses petits, même dans les premiers jours. » (Journal *l'Acclimata-tion*, 1876, p. 368. Paris, Ém. DEVROLLE, 23, rue de la Monnaie.

2° La RACE DE COMBAT DU NORD ou *race de Bruges*, très-répandue dans le nord de la France et presque toute la Belgique, se rapporte évidemment à la précédente. Elle est la plus grande de nos races européennes connues. Le coq a la tête forte ; le bec fort, court et très-recourbé ; la crête peu développée, granulée, d'un rouge violet ; les oreillons et les barbillons rouges et courts, les joues rouges et nues ; les ailes longues, le dos large ; le cou long et fort ; les jambes longues et grosses, les tarses gris plombé et nus, armés d'éperons formidables, les doigts longs et bien articulés ; la queue, bien garnie, est portée presque horizontalement ; l'œil est féroce, le caractère querelleur et très-brave ; les formes générales sont un peu anguleuses ; le port est fier et relevé. Chez la poule, les formes sont plus arrondies, la taille plus petite ; les autres caractères restent proportionnels. Dans le jeune âge, la crête chez les deux sexes est presque noire ; avec l'âge, elle vire davantage au rouge, tout en conservant des tons violets.

Cette race est rustique, vagabonde, pillarde, réclame de l'espace et la liberté ; les poulets s'élèvent facilement, mais sont lents à se développer et ne donnent qu'une viande médiocre. Les coqs, malgré leur caractère difficile avec leurs congénères, sont doux avec l'homme et remplis de sollicitude pour leurs poules ; celles-ci sont assez bonnes pondeuses, mais mauvaises couveuses, et abandonnent de bonne heure leurs poussins.

Il y en a plusieurs variétés : la plus estimée est
la noire à camail doré, chez laquelle les plumes du
cou, longues, très-minces, ainsi que celles du croupion, sont jaune orangé, avec des rayures brunes;
le reste du corps est d'un noir terne, avec quelques
taches de feu sur les ailes. La variété ardoisée (gris
bleu) doit présenter, dans les deux sexes, cette teinte
uniforme; elle est moins estimée que la première.
Dans l'une comme dans l'autre, le poids moyen du
coq adulte est de 4 kilogr. 500 gr.; celui de la poule,
de 2 kilogr. 500 gr. à 3 kilogrammes.

3° La RACE DE COMBAT ANGLAISE (*Gallus Anglicus*) descend certainement aussi de la race malaise; mais elle
diffère de celle de Bruges par divers caractères. Le
coq a encore le bec fort et crochu, mais la tête est
petite, longue et encore déprimée; la crête est rouge
vermillon, simple, droite, assez grande et dentelée;
les oreillons et les barbillons sont restés rouges et
courts, les joues rouges et nues, l'œil féroce, mais le
cou s'est un peu raccourci et notablement infléchi; les
plumes sont un peu descendues sur les tarses un peu
plus courts et toujours nus; le plumage et encore serré,
mais la queue, étroite, est assez relevée; les ailes sont
fortes, mais assez courtes et serrées aux flancs; la
taille et le poids, sont notablement plus faibles (2 kilogr.
500 gr. à 3 kilogramme); quant au caractère, il est
devenu peut-être plus féroce encore non-seulement
pour ses congénères, mais encore pour tous les autres
oiseaux de la basse-cour, hormis les poules. Celles-ci
ne diffèrent guère, relativement, du coq que par leur

queue effilée et portée presque horizontalement. Leur poids est, en moyenne, de 2 kilogrammes. Querelleuse, vagabonde, elle est bonne pondeuse, bonne éleveuse, mais mauvaise couveuse ; ses œufs sont blancs et de grosseur moyenne. La race est rustique, moins tardive que celle de Bruges. D'après M. La Perre de Roo, ces volailles s'engraissent difficilement ; mais quand les poulets ont été nourris convenablement depuis leur naissance, leur chair est fine et délicieuse.

Le même auteur-éleveur a décrit les *variétés* suivantes de cette race :

A. *Rouge à plastron noir* (ou variété du comte de Derby), chez laquelle le coq porte le plumage rouge variant de l'orangé (tête et camail) au fauve (épaules) ; le recouvrement de l'aile est d'un noir verdâtre ; l'aile est bordée de noir et lisérée de fauve ; le plastron et tout le dessous du corps sont noirs ; le bec est jaune et les tarses gris plombé. La poule porte le camail doré avec raies noires au milieu ; la partie inférieure du corps est de couleur saumon, avec les cuisses gris brun et le reste du corps couleur perdrix.

B. *Rouge à plastron brun,* chez laquelle le coq porte le camail rouge orangé rayé de noir au milieu, le dos et les épaules rouge cramoisi foncé ; le plastron et les ailes noires lisérés de brun, le reste du corps noir ; les tarses plombés ou gris vert, le bec noir. La poule porte le camail noir liséré de jaune doré, et le reste du corps tout noir.

C. *Dorée à ailes de canard,* qui doit son nom à ce que, chez le coq, la couverture de l'aile étant noire, les

émiges blanches au côté interne, blanches à l'externe,
l'aile est sillonnée de bandes blanches verticales comme
chez le canard; le plastron et le bas du corps sont
noirs; la tête et le camail blancs, plus ou moins teintés
de paille; le dos et les épaules marron; le bec de couleur corne, les joues rouge cramoisi, les tarses jaunes
ou verdâtres. La poule présente une robe analogue,
mais dans laquelle le blanc passe au gris; le plastron
est saumon, le bas du corps gris.

D. Argentée à ailes de canard, qui présente la même
particularité que la précédente, mais porte la tête, le
camail, le dos et les épaules d'un blanc pur; le plastron, tout le bas du corps et les ailes (sauf les raies
blanches) d'un noir pur; les tarses verdâtres ou noirs.
La poule a le camail noir liséré de blanc, le plastron
gris foncé, le reste du corps brun noir.

E. Pile (ou variété soyeuse). Il y a des sous-variétés,
blanche, noire, papillotée. Dans la variété primitive, le camail du coq est rouge ardent, le dos rouge
violâtre, les ailes châtaines avec bordure blanche, le reste du corps blanc; le bec couleur de
corne, les joues rouges, les tarses blancs, jaunes ou
olivâtres. La poule est blanche, avec le camail et le
plastron châtains et les cuisses blanc jaunâtre. Cette
variété s'obtient, d'après M. Tegetmeier, en croisant
un coq de combat rouge, à plastron noir, avec une
poule blanche; le plumage se reproduit ensuite par
hérédité.

F. Le Shakbag (ou variété du duc de Leeds), beaucoup plus grande et plus lourde que toutes les précé-

dentes, au point que beaucoup de coqs pèsent jusqu'à 5 kilogr., est probablement le résultat d'un croisement du coq de combat anglais avec la race malaise.

La *sous-race de Bantam*, dont nous parlerons plus loin, a fourni les variétés de combat dénommées : rouge à plastron brun ; — rouge à plastron noir ; — dorée à ailes de canard ; — argentée à ailes de canard ; — noire ; papillotée ; — coucou.

B. — Races de volière.

4° La RACE ESPAGNOLE. (Fig. 2.) « Depuis des temps immémoriaux, dit M. La Perre de Roo, cette race est connue et très-répandue en Espagne et sur les bords méridionaux de la Méditerranée, d'où elle est probablement originaire. On la trouve cependant aussi à l'île de Cuba, qui fut découverte par Christophe Colomb en 1492, et où les Espagnols s'établirent en 1508. Les Espagnols ont-ils importé cette admirable race de poules de Cuba en Espagne, ou l'ont-ils, au contraire, importé de l'Espagne à Cuba, c'est ce que je n'entreprendrai pas d'expliquer. » Darwin penche à lui attribuer une origine européenne. Ce que l'on sait, c'est que, très-ancienne en Espagne, elle fut importée il y a plus d'un siècle en Angleterre, mais n'a été introduite de ce dernier pays en France que vers 1830.

La race pure est celle à plumage noir. Elle est d'une taille élevée ($0^m,45$ à $0^m,60$ chez le coq ; $0^m,40$ à $0^m,50$ pour la poule), d'assez fort poids (2 kilogr. 500 gr. à 3 kilogrammes pour le coq, 1 kilogr. 750 gr. à 2 kilogr. 250 gr. pour la poule), et d'un port majestueux. Le coq a pour caractères : la tête grosse et longue ; le bec long et fort, couleur de corne ; la crête simple, large, haute, longue, érigée, se prolongeant en arrière, profondément et régulièrement dentelée, de couleur rouge vif ; les barbillons, bien divisés, sont longs, minces et pendants ; les oreillons épais, grands,

Fig. 2 : — Coq espagnol.

blancs comme les joues ; le cou gracieusement arqué ; la poitrine arrondie et proéminente, les ailes longues et serrées au corps ; les tarses longs, fins et nus, munis d'un fort éperon, de couleur gris plombé foncé. Le plumage est noir lustré de vert, avec reflets argentins, vert et pourpre métallique, noir velouté sur les épaules. La poule porte une crête simple, finement dentelée et tombante d'un côté ; le plumage noir terne, avec les joues et les oreillons blancs. Elle est bonne pondeuse ; ses œufs sont gros (poids : 80 à 85 grammes), blancs et lisses ; mais elle est peu disposée à couver.

Les coqs ont le caractère belliqueux, mais les poules sont très-douces, quoique vives, pétulantes, amies de la liberté, très-habiles à trouver leur nourriture, très-gourmandes d'insectes. Cette race est assez précoce, et néanmoins les poulets ne prennent leurs plumes que tardivement et sont délicats à élever; les adultes souffrent beaucoup de la mue et sont très-exposés à voir la crête se geler, en hiver. En outre, l'engraissement de cette race est coûteux et difficile, et sa chair médiocre.

Il y en a une variété blanche, albinos, fixée, mais assez peu estimée; à l'exception du plumage, elle reproduit tous les caractères de la race.

La *sous-race de Minorque,* originaire de l'île espagnole de Minorque (archipel des Baléares), diffère de la race espagnole proprement dite en ce qu'elle a les joues rouges avec les oreillons encore blancs, les tarses moins longs, les formes plus arrondies et la chair plus délicate; elle est très-répandue en Angleterre, où on la considère comme plus rustique et meilleure pondeuse que la race pure; on en connaît deux variétés de plumage, l'une blanche et l'autre noire.

La *sous-race andalouse* a, comme la précédente, les joues rouges et nues, avec les oreillons blancs et très-développés, les barbillons rouges, les tarses gris plombé, les formes larges et arrondies. Le coq porte une haute et longue crête, dentelée, droite; le dos gris taché de feu, les reins et la queue bleu ardoisé taché de gris foncé; le poitrail gris ardoisé maillé. La poule a la crête simple aussi et renversée sur l'un des côtés, le plumage gris ardoisé maillé; elle est précoce et bonne pondeuse, mais mauvaise couveuse. Les poulets sont rustiques, précoces, .faciles à engraisser, et donnent une viande délicate. Le coq pèse de 3 kilogrammes à 3 kilogr. 500 gr. ; la poule, de 2 kilogr. 500 gr. à 3 kilogrammes.

La *sous-race d'Ancône* ne diffère guère de celle andalouse que par son plumage, qui est coucou ou perdrix (plumes gris clair barrées de gris foncé bleuâtre). La conformation de la tête, des tarses, du corps entier, est la même. La poule, précoce, pond beaucoup d'œufs blancs et très-gros (pesant jusqu'à 85 grammes), mais elle demande rarement à couver. Les poulets, assez précoces, assez rustiques, s'emplument de bonne heure, s'engraissent bien et fournissent une chair très-estimée pour sa délicatesse.

La *sous-race gasconne*, appelée encore béarnaise, landaise, poule de Caussade, nous semble également dérivée du type espagnol. Elle est ainsi décrite par M. Granié (*Bulletin de la Société d'Acclimatation,* mars 1862, p. 200-201) : Le coq a la tête fine, une crête simple, droite, haute, dentelée, épaisse à la base, recouvrant le bec sur presque toute sa longueur; le bec court et légèrement recourbé, les joues rouges autour de l'œil, les oreillons blancs, assez développés, les barbillons longs, flottants, d'un brun rouge vif comme la crête; ni huppe ni barbe; le corps de forme solide et arrondie; le plumage lisse, d'un beau noir vert au cou et d'un noir à reflets verts sur le dos, aux ailes et aux faucilles, les tarses courts, fins et nerveux, noirs chez les jeunes, passant au verdâtre chez les adultes; le caractère sinon querelleur, du moins toujours prêt au combat, ardent en amour et d'ailleurs très-attentif pour les poules.

La poule a la tête moins fine, la crête très-développée et tombante sur l'un des côtés, rouge vif comme les barbillons; le plumage brun noir avec quelques reflets verdâtres, les tarses fins, courts, déliés, noirs dans la jeunesse, grisâtres à l'âge adulte. Dans les deux sexes, les pattes et le corps sont assemblés à angle droit. La ponte est très-précoce, abondante et prolongée; les œufs sont d'un bon volume. La mère couve assez bien et est bonne éleveuse. Les poulets se développent rapidement et sont en bonne chair à l'âge de quatre à cinq mois; à huit ou onze mois, ils fournissent d'excellents chapons ou poulardes, moins gros et moins chargés de graisse que ceux du Maine, mais de chair très-fine et très-savoureuse, sur un squelette très-léger.

La *sous-race de Dorking*, ou Bourdon du Roi, (fig. 3), nous paraît devoir être rapportée au même type, amélioré en Angleterre par le régime et la sélection. Cette sous-race cependant se distingue par un caractère particulier que nous retrouverons dans diverses races françaises et que l'on rencontrait déjà chez les poules italiennes au temps de Columelle et, dit-on, en Angleterre, à l'époque de l'invasion romaine. Quelques auteurs disent le dorking issu de la race commune à cinq doigts de la Belgique et du nord de la France. En tout cas, elle a été singulièrement perfectionnée dans la largeur et la rondeur de ses formes, dans sa précocité et son aptitude à prendre la graisse, au commencement de ce siècle, par M. Fisher-Hobbs, qui avait déjà montré une grande habileté dans l'élevage et le perfectionnement des porcs.

Le coq dorking est un superbe animal, très-rapproché de la race de combat par son plumage et ses fières allures, mais plus bas sur jambes et de formes moins anguleuses ; il a la tête grosse, la crête simple,

Fig. 3. — Coq de Dorking.

droite, largement dentelée et très-prolongée en arrière, les barbillons larges et pendants ; les joues couvertes de petites plumes blanches, courtes et fines, les oreillons assez longs, d'un bleu azuré et nacré vers le haut, rouges aux extrémités, le cou épaissi par un énorme camail ; les tarses assez courts, mais vigoureux et couleur de chair ; cinq doigts, dont deux postérieurs au pied ; le bec jaune ou noir, le plumage abondant et un peu mou, de diverses couleurs, suivant la variété.

La poule porte une petite crête, simple aussi, et retombante sur le côté; ses formes sont très-larges, très-trapues : on y reconnaît la volaille destinée à produire de la viande; comme conséquence, elle est médiocre pondeuse, assez bonne couveuse et éleveuse excellente. Ses poulets sont très-précoces, s'engraissent facilement dès l'âge de cinq mois et fournissent une chair blanche, juteuse, d'un goût exquis et qui retient bien la graisse en cuisant. Par contre, sous notre climat, elle est délicate, redoute l'humidité et le froid, est fréquemment atteinte de rhumatismes et de phthisie. On la nourrit, en Angleterre, de pâtée de farine d'orge et surtout d'avoine, et il ne faut la faire passer que par transitions au régime des grains.

Dans la *variété dorée*, dite poule-coco, le coq porte le camail jaune paille semé de taches noires; les ailes noires à reflets bleu pourpré très-brillants, le plastron noir, les rémiges primaires blanches, le reste du corps noir mat, moins les sus-caudales, qui sont bronzées de vert; son poids, à l'âge adulte, est de 3 kilogr. 500 gr. à 4 kilogrammes. Le plumage de la poule est noir sur la tête et le camail, les plumes étant blanchâtres sur leurs bords; le dos gris brun marron, les ailes et la queue noir mat, les cuisses gris roux foncé; son poids, adulte, est de 3 kilogrammes à 3 kilogr. 500 gr.

Dans la *variété grise*, le camail est blanc, tantôt avec une tache noire, tantôt avec une colerette noire; la poitrine rouge brique, le reste du plumage gris avec de petites taches noires. Le plumage de la poule est coucou, c'est-à-dire gris avec des taches noires arrondies.

Dans la *variété argentée,* le coq a les plumes du camail et les lancettes d'un beau blanc, leurs extrémités noires; la poitrine noire comme le reste du corps. Le plumage de la poule est un mélange de noir et de blanc granité, et la poitrine presque noire.

Dans la *variété blanche,* la crête est plus simple, mais frisée, c'est-à-dire élargie et garnie de petites pointes régulières et peu élevées, presque semblable à celle des hambourgs, quoique moins développée. Cette variété, un peu plus petite que les autres, passe pour donner une chair encore plus délicate. Le plumage est uniformément blanc pur dans les deux sexes.

La *variété brune,* dite de Sussex, porte le plumage brun foncé avec des reflets rouges au plastron, au camail et sur les faucilles, dans le coq. Le cinquième doigt manque souvent.

La *sous-race espagnole* dénommée par les Anglais *Leghorn,* très-répandue en Amérique (États-Unis) et en Angleterre, « semble avoir été obtenue, dans le premier de ces pays, dit M. La Perre de Roo, au moyen de croisements de la race andalouse, dont elle a hérité la crête pliée, et des races italiennes ou asiatiques, dont elle a hérité les pattes jaunes ». Le coq a conservé la crête simple, dentelée, érigée; les barbillons rouges et très-longs; les oreillons blancs, un peu pendants; le corps ovalaire, svelte; les membres assez longs, assez minces, nus, et d'un beau jaune; il porte la queue touffue, très-relevée, à grandes faucilles; le plastron et la partie inférieure du corps sont noirs; la tête et le camail rouge orangé, le dos rouge foncé, les ailes noires à reflets verts et bordées de brun, les faucilles noires aux reflets violâtres et verts ; sa taille est un peu plus faible que dans la race espagnole ; son poids varie de 2 kilogr. 500 gr. à 3 kilogrammes. La poule a une crête large et régulièrement dentelée, rouge et tombante ; les joues rouges, veinées de noir ; le camail jaune doré rayé de noir au milieu ; le plastron châtain clair, la queue noire, la cuisse brun cendré ; le reste du corps de couleur perdrix, sauf les ailes, qui sont marron clair avec des raies ou des taches de même couleur, mais plus foncées ; elle est très-bonne pondeuse, mais couve rarement. On la dit extrêmement rustique, vive, alerte, vagabonde, aimant la liberté et l'espace ; mais on ajoute que sa chair est médiocre. Cette race a fait sa première apparition en France au concours de volaille du Palais de l'Industrie en 1877, et elle a été l'objet d'un certain enthousiasme ; elle semble avoir mal réussi chez nous.

Il y en a une variété blanche qui ne diffère de la précédente que par son plumage blanc pur chez les deux sexes, et les jambes un peu hautes.

D'après un journal anglais (*Live Stock journal*), les leghorns proviendraient de l'Allemagne, où on les connaîtrait sous le nom de poules italiennes.

5° La RACE CHINOISE DE NANKIN (fig. 4), appelée vulgairement *cochinchinoise*, a été importée en France en juin 1846, par M. l'amiral Cécille. L'amiral ayant acheté en 1845, dans une ferme des environs de Changhaï, six poules et deux coqs, les envoya en France par la corvette *l'Alcmène* en hommage à M. l'amiral de Mackau, alors ministre de la marine, qui les partagea

avec le Jardin d'acclimatation. Peu de temps après
(1843), cette race avait été également importée en
Angleterre, où elle ne fut pas l'objet d'un moindre
enthousiasme, à cause de sa rareté, de l'étrangeté de ses
formes et de sa taille prodigieuse. Ces animaux, les coqs
surtout, atteignirent des prix considérables : chacun se
les disputa, et l'on en croisa presque partout notre race
commune. On ne tarda pas à s'apercevoir que, si l'on
avait amélioré l'aptitude à l'incubation et à l'élevage,
on avait diminué celle pour la ponte dans une assez
large mesure, et que, si l'on avait augmenté la taille
et le poids des élèves, on les avait rendus plus tardifs
dans leur développement, plus difficiles à engraisser,
et qu'on n'en obtenait plus qu'une viande inférieure,
coriace et sans saveur. Aussi la réaction ne tarda-t-elle
guère à se produire, et cette race est aujourd'hui reléguée dans la volière, parmi les races de curiosité et
d'agrément; tout au plus rencontre-t-on dans les
basse-cours quelques individualités, quelques poules
isolées, exclusivement vouées à l'incubation.

La race de Nankin habite les provinces de Tché-
kiang (chef-lieu Hang-tchow) et de Kiang-sou (chef-lieu
Nankin); c'est dans la première que se trouve située
la ville de Chang-haï, important centre commercial.
D'après M. Mariot Didieux, les six poules importées
appartenaient aux trois variétés fauve, rousse et blanche

La race chinoise de Nankin est de très-haute taille
et de très-fort poids; le coq pèse de 4 kilogr. 500 gr. à
5 kilogr. 500 gr.; la poule, de 3 kilogr. 500 gr. à
4 kilogrammes. Le mâle porte la crête simple, petite,
droite, régulièment dentelée et rouge vermillon; les

Fig. 4. — Coq et poule cochinchinois.

joues, les oreillons et les barbillons de même couleur,
la tête est courte et étroite, fine en un mot, avec le bec
jaune; court et notablement recourbé, et l'œil méchant,
presque farouche; c'est presque la tête du coq malais.
Certains présentent des oreillons, d'autres en sont
privés, les barbillons sont tantôt courts et d'autres fois
pendants; aussi, comme signes de pureté, M. La Perre
de Roo exige-t-il des oreillons rouges, bien développés
et descendant presque aussi bas que les barbillons,
qui doivent être longs de 0ᵐ,05 à 0ᵐ,06; tandis que
M. Lemoine ne veut pas d'oreillons et exige des barbillons courts. Le cou est court, les épaules très-larges
et saillantes, la poitrine large avec le bréchet un peu
saillant; le dos très-large, mais court, ainsi que les
reins; les membres sont très-écartés l'un de l'autre,
vigoureux, de moyenne longueur, complétement emplu
més, parfois même les doigts, dont le médian très-long;
doigts et tarses d'un beau jaune éclatant; Darvin signale
la présence fréquente d'un doigt, additionnel au pied;
la queue comme rudimentaire, avec les faucilles courtes
et molles, portée bas, ordinairement composée de
seize rectrices; la démarche gauche et embarrassée, le
corps notablement porté en avant, la voix rauque, le
caractère doux et même familier; le plumage abondant, lâche, mou, de couleur variable suivant la
variété. La femelle semble avoir encore les formes
plus anguleuses que le coq, mais en même temps plus
larges et plus trapues; elle a la crête simple, droite,
finement dentelée et très-petite, le cou très-court, la
queue rudimentaire et presque horizontale; les autres
caractères comme ci-dessus. Médiocre pondeuse, du

moins durant la belle saison, elle est relativement plus prodigue en hiver ; ses œufs sont de bonne grosseur (65 grammes) et de couleur jaune chamois clair. Après chaque ponte de douze à quinze œufs, elle demande à couver en toutes saisons et pratique l'incubation avec une ténacité, une patience et une adresse merveilleuses, si l'on tient compte surtout de sa lourdeur

La race chinoise de Nankin est assez rustique ; les poussins, surveillés et défendus par leur mère avec une grande sollicitude et une remarquable énergie, s'élèvent assez aisément, mais s'emplument tard et se développent lentement ; après trente ou trente-cinq jours, la mère les abandonne le plus souvent ; ils affectionnent les aliments végétaux en même temps que les insectes ; les poulets ne sont adultes qu'à un an ; leur engraissement est long et difficile, leur viande très-médiocre. On comprend que, eu égard à leur poids, les nankins doivent consommer plus que nos races ordinaires, mais non dans une proportion plus forte. Quant aux œufs, ils sont d'une délicatesse particulière. Tandis que dans un œuf de race commune, du poids de 50 grammes, le blanc entre pour 24 grammes en moyenne ou 48 pour 100 et le jaune pour 15 grammes ou 30 pour 100, dans l'œuf pesant 65 grammes de la poule nankin, le blanc entre en moyenne pour 27 grammes ou 41 pour 100, et le jaune pour 23 grammes ou 35 pour 100. Coq et poule sont placés à volent mal et exigent de larges perchoirs, lourds, 0m,70 seulement au-dessus du sol.

Dans la *variété fauve clair* ou *Victoria*, le coq porte le plastron et toute la partie inférieure du corps uni-

formément jaune fauve clair; la tête, le dessus du
cou, le dos, les épaules et les ailes de même couleur,
mais de nuance plus foncée et légèrement dorée; il ne
doit y avoir ni plumes noires ni plumes blanches; les
tarses sont emplumés, sur toute leur longueur, de
plumes roides, de couleur fauve clair, et les talons de
plumes molles. La poule porte les mêmes couleurs,
mais de nuances un peu plus claires, sans noir ni
blanc, avec le camail de couleur citron.

Dans la *variété perdrix,* le coq a le bec jaune ou
couleur de corne; le dessus de la tête rouge orangé;
le dessus du cou, rouge doré rayé de noir; le dos et
les épaules, rouge acajou; les ailes rouge marron
velouté avec une large bande transversale noire et un
liséré noir externe; le reste du corps entièrement
noir, avec les tarses jaunes. La poule porte le camail
jaune doré avec une large rayure noire; le reste du
corps marron clair rayé longitudinalement de marron
foncé, et les tarses jaunes.

Dans la *variété blanche,* les deux sexes ont le bec
jaune d'or, le plumage d'un blanc parfaitement pur et
sans reflets, et les tarses jaunes. Cette variété albine
est de taille un peu plus petite que les autres et ne
conserve sa robe typique que dans une basse-cour
ombragée et proprement tenue; sinon, elle tourne au
jaune sale avec reflets terreux. On la dit aussi d'un
tempérament plus délicat, ce qui se comprend de
reste. Quelques-uns regardent cette variété comme
issue du croisement du coq nankin fauve clair avec la
poule malaise blanche.

Dans la *variété noire,* les deux sexes ont le bec

jaune ou couleur corne, ou bien corne ou noir à la base et jaune à l'extrémité ; les tarses jaune foncé, le plumage entièrement noir. Cependant, chez le coq, avec l'âge, on voit presque toujours apparaître des plumes blanches à la queue ou aux tarses, et d'autres, rouges, dans le camail. Cette variété est regardée par quelques auteurs comme le croisement du nankin fauve avec la poule noire de Bréda, ce qui expliquerait la réapparition du rouge et du blanc.

Dans la *variété coucou*, les deux sexes ont le bec jaune, les tarses jaune vif ; le plumage uniformément d'un gris bleu très-clair avec des petites barres transversales d'un noir bleuâtre. Les coqs les plus estimés portent entièrement ce plumage coucou ; mais ils sont très-rares, le camail étant le plus souvent doré et les ailes d'un brun rouge velouté. Elle paraît issue d'un croisement du nankin fauve, blanc ou surtout noir, avec la poule de Gueldres ; assez récente et non encore fixée, elle ne se reproduit pas sûrement.

La *sous-race dite Brahma-Pootra* appartient bien évidemment au même type que celle chinoise de Nankin ; peut-être même constitue-t-elle le type dont celle-ci est issue. Suivant M. Ch. Jacque, le brahma n'est qu'une variété du nankin, son nom n'est qu'un nom de fantaisie. M. La Perre de Roo dit que les brahmas ont été révélés par un mécanicien de New-York, M. Chamberlain, qui aurait acheté trois couples de ces volailles d'un navire marchand venant des Indes ; il les aurait en conséquence baptisés du nom de Brahma-Pootra, celui d'un grand fleuve d'Asie qui prend sa source au pied des monts Langshan (chaîne de l'Himalaya) traverse l'Assam et le Bengale, et, après un parcours de neuf cents kilomètres, se jette, non loin du Gange, dans le golfe du Bengale. De quelque pays que soient venus les premiers brahmas, ils ont à coup sûr une origine chinoise. Darwin seul penche à les faire indirectement naître aux États-Unis, d'un croisement entre les chittagongs et les nankins ; or, nous avons vu que le chittagong est le coq géant ou Jago (*gallus giganteus*) de Sumatra et du pays des Mahrattes, une ancienne race domestique revenue à l'état sauvage. Quoi qu'il en soit, les brahmas sont aujourd'hui très-répandus aux États-Unis et en Europe. Cette race, introduite en France en 1853, ne diffère guère de celle de nankin que par une taille encore plus forte et par l'exagération de tous ses caractères. La crête est petite et frisée ; le plumage des cuisses et du ventre est abondant, mou, lâche, et donne en apparence à ces régions un développement anormal ; la queue, encore courte, est plus longue et plus relevée que chez la cochinchinoise ; le dos est parfaitement horizontal, les épaules larges comme toute la partie postérieure du corps, qui est fortement porté en avant ; la jambe forte, relativement courte et presque entièrement cachée par les plumes des cuisses ; les tarses et les doigts très-emplumés ; le plumage gris et blanc, chaque plume du camail étant blanche avec une tache noire au milieu ; les côtés de la poitrine, la queue, la partie postérieure des cuisses, les plumes des pattes, tigrés comme chez la perdrix ; le plastron blanc, les grandes faucilles de la queue vert bronzé ; les tarses jaunes.

La poule, plus sédentaire que celle de Nankin,

n'est guère meilleure pondeuse, mais a plus de propension encore à la ponte d'hiver ; couveuse non
moins assidue, elle est non moins bonne éleveuse : les
poussins sont très-délicats, s'emplument tard, se
développent lentement, sont très-durs à l'engraissement et constituent un médiocre rôti.

La *variété inverse* (ou à plumes renversées) provient, dit-on, d'un croisement entre les races cochinchinoise et brahma-pootra : le corps est entièrement
noir ; le camail comme chez le brahma se détache en
clair sur le fond vigoureux du plumage.

La *sous-race de Langhsan* (ou Langshan) serait,
d'après M. La Perre de Roo, originaire du nord de la
Chine ; d'après son nom, nous la supposerions bien
plutôt née dans le sud-ouest, aux environs des monts
Langshan (chaîne de l'Himalaya), qui cachent les
sources du fleuve Brahma-Pootra, c'est-à-dire qu'elle
aurait une patrie commune avec la race de Brahma,
dont elle n'est peut-être qu'une variété. Le langhsan,
en effet, ne diffère du brahma que par ses formes
encore plus arrondies, son cou un peu plus court et
plus infléchi, ses tarses gris plombé, un peu plus courts
et plus légèrement emplumés, sa chair plus fine et
plus délicate, sa plus grande propension enfin à la
ponte hivernale.

Les langshans furent importés pour la première fois
de Chine en Europe par M. le major A. C. Croad,
en Angleterre, où, après sa mort, son neveu continua
de multiplier la race dans sa propriété de Manor-House,
par Darrington Worthing, dans le comté de Sussex ; et
aujourd'hui, d'après M. La Perre de Roo, elle se trouve

répandue dans tout le Royaume-Uni, comme elle l'est depuis un assez long temps dans toute la Chine.

Le coq a le bec couleur de corne et fortement recourbé vers la pointe ; la crête simple, droite, dentelée, prolongée en arrière ; les barbillons et les oreillons rouges ; les joues nues et rouges ; le corps très-volumineux, large, avec les reins relevés, les cuisses très-charnues, les jambes très-grosses, écartées, les tarses un peu courts, solides, de couleur gris plombé et garnis ainsi que les deux doigts externes de plumes moins roides et plus courtes que chez le cochinchinois ; la queue plus relevée, plus longue, plus fournie ; le plumage uniformément noir à reflets violets. Chez les jeunes, les tarses sont parfois roses, mais se plombent avec l'âge ; le duvet des poussins, le plumage des poulets contiennent souvent du blanc, qui disparaît à l'âge adulte. La poule, plus alerte que la cochinchinoise, de formes plus larges et plus trapues que le coq, pond des œufs de mêmes poids et volume que le brahma, de couleur nankin aussi ; en nombre un peu plus abondant, surtout en hiver ; elle a, d'un autre côté, moins de penchant à l'incubation, mais reste bonne éleveuse. Le poids du coq adulte est de 4 kilogr. 500 gr. à 5 kilogrammes ; celui de la poule, de 3 kilogr. 500 gr. environ. Les poulets sont lents à s'emplumer, tardifs à se développer, mais fournissent une viande meilleure que les autres variétés de ce type.

6° « La RACE DE DOMINIQUE est, d'après M. La Perre de Roo, originaire des États-Unis et introduite récemment en France ; la beauté de son plumage, sa grande fécondité et sa chair, préférable à celle de toutes les autres espèces américaines, l'ont fait vivement rechercher par les amateurs. Ces volailles ont beaucoup d'analogie, pour les formes, avec les dorkings (variété blanche) à crête frisée, dont elles ne diffèrent que par la couleur des pattes, qui est d'un jaune clair, comme dans presque toutes les races qui nous viennent de l'Amérique. La race est rustique et d'une surprenante fécondité. Les poulets s'élèvent facilement et sont très-aptes à prendre la graisse; leur chair est blanche, fine, juteuse et d'un goût exquis... Sa taille est un peu au-dessous de celle de la race de Dorking, et la couleur du plumage qui caractérise la race est coucou d'un bout à l'autre. » (Journal *l'Acclimatation*, 1879, page 500.)

Le coq se distingue par une crête frisée et volumineuse; les joues presque nues et rouges, ainsi que les oreillons et barbillons; les tarses gros, courts, jaunes, nus; quatre doigts au pied seulement; la queue garnie de faucilles nombreuses et larges, portée haut; son poids, adulte, est de 3 kilogr. 500 gr. à 4 kilogr. La poule présente les mêmes caractères, mais avec des formes plus ramassées; le même plumage; ses œufs sont blancs, très-gros, d'un goût exquis.

On désigne sous le nom de *Plymouth-Rock*, aux États-Unis, toujours d'après M. La Perre de Roo, une variété obtenue du croisement entre le dominique et le nankin. Son plumage est uniformément coucou (gris avec taches noires en croissant), les tarses jaunes, comme dans le dominique; la crête simple, moyenne, rouge; le bec fort à sa base, un peu crochu, jaune;

les joues nues et rouges comme les oreillons et les
barbillons, qui sont assez développés ; les cuisses
énormes, les jambes courtes, grosses, jaunes ; quatre
doigts au pied ; la queue courte, mais un peu plus
longue que chez le nankin et garnie de quelques faucilles ; le coq adulte pèse 4 kilogrammes. La poule
porte la crête simple, petite, érigée et finement dentelée ;
elle a les formes encore un peu anguleuses du nankin ;
elle est bonne pondeuse, assez disposée à l'incubation,
assez bonne éleveuse ; adulte, elle pèse 3 kilogrammes.
Les poulets sont précoces, s'engraissent bien, donnent
une bonne viande. Comme taille, le plymouth est intermédiaire entre le dominique et le nankin.

7° La RACE DE HAMBOURG (*Gallus Hamburgensis*)
(fig. 5), que l'on croit d'origine asiatique, est une des
plus jolies races de volière, par ses formes fines et élégantes, par son plumage régulier et comme transparent.
Elle est connue depuis fort longtemps en Allemagne, en
France, en Angleterre surtout, où elle a été fort améliorée. Le coq se distingue par une tête très-aplatie
au sommet et surmontée d'une crête oblongue, très-
allongée, carrée en avant, pointue en arrière, hérissée
de petites pointes régulières dont l'ensemble forme, en
dessus, une surface presque plane ; l'œil est grand et
doux ; le bec, couleur de corne ; les joues nues et
rouges ; les oreillons ronds et d'un blanc nacré ; les barbillons larges, arrondis et rouges, affectant la forme
d'une feuille de buis ; les jambes de longueur moyenne,
fines, de couleur gris bleuâtre ; les ailes longues, mais
bien relevées ; la queue assez longue et portée haut.

La poule porte la crête plus petite, effilée et plus prolongée en arrière, légèrement recourbée vers le ciel
en avant. Elle est très-bonne pondeuse, mais ne couve
jamais; ses œufs sont blancs et d'assez médiocre
grosseur. Les poulets sont assez faciles à élever et
d'un développement assez précoce, d'engraissement
assez facile, et fournissent une chair délicate. Cette

Fig. 5. — Coq de Hambourg.

race aime l'espace et la liberté; le coq est jaloux et
querelleur pour ses pareils, mais sociable et attentif
avec ses poules et familier avec l'homme. On en connaît cinq variétés de plumage, les unes pailletées, les
autres barrées.

La *variété pailletée dorée* porte, chez le coq, le plumage roux chamois vif lustré, agrémenté de petites
taches rondes, noir brillant à reflets vert foncé; le
camail est chamois rayé de noir; le dos et les épaules,
de même couleur avec lentilles noires; les ailes, chamois un peu plus foncé avec une tache ronde et deux

barres transversales d'un noir verdâtre; le reste du corps, chamois clair pailleté de noir. Celui de la poule est chamois variant du clair au roux pailleté de noir, avec la queue noir verdâtre; dans la vieillesse, l'extrémité des plumes devient blanche. On la dit d'origine anglaise, comme la suivante (pailletée argentée), tandis que les variétés barrées seraient d'origine hollandaise.

La *variété pailletée argentée* ne diffère de celle dorée qu'en ce que le fond du plumage est non plus chamois, mais blanc; les faucilles du coq sont blanches avec un croissant noir à l'extrémité; chez la poule, la queue est blanche, chacune des plumes portant un liséré noir ou un croissant noir à l'extrémité. Cette variété est plus féconde que la précédente et peut-être plus jolie encore à l'œil.

La *variété noire,* que M. La Perre de Roo dit ressembler beaucoup à la race du Mans, a été, dit-on, obtenue par le croisement du hambourg doré avec le coq espagnol noir. Le plumage du coq est tout entier d'un noir lustré à reflets verts; celui de la poule, noir mat sur tout le corps. Ses œufs sont un peu plus gros que ceux des variétés précédentes.

La *variété faisane* paraît provenir d'un triple croisement du hambourg avec le crèvecœur et le bréda. Du premier, elle a conservé la taille, la forme et le plumage; du second, elle a hérité une crête double en forme de cornes pointues; enfin, du dernier, elle a retenu un rudiment de huppe, composée de quelques plumes rares renversées en arrière; elle porte, en outre, comme le dorking, une sorte de hausse-col formé de petites plumes noires retroussées et bouf-

fantes; les barbillons assez longs et les oreillons rouges.
Il y en a deux sous-variétés de plumage, l'une argentée et d'autre dorée. Cette variété est très-recherchée
en Angleterre.

La *variété dite Hambourg crayonnée,* d'Hoogstrae-

Fig. 6. — Coq de la Campine.

ten ou de la Campine, est une variété hollandaise qu'il
ne faut pas confondre avec la variété belge dite de la
Campine et dont nous parlerons au § C. Le hambourg
crayonné est de taille un peu au-dessous de la moyenne
de la race; porte un plumage zébré de noir sur blond;
la poule est assez bonne pondeuse, mais ses œufs sont

relativement petits, et elle ne couve pas. Il y en a une *sous-variété dorée,* dans laquelle le plumage est zébré de noir sur fond brun. La variété crayonnée est de taille un peu plus petite que la race commune; elle a la crête du hambourg; la poule est bonne pondeuse, mais ses œufs sont petits, et elle couve rarement; les poussins sont un peu délicats, précoces, et donnent une chair fine. Le coq adulte pèse 2 kilogr. 500 gr.; la poule, 2 kilogrammes.

8° La RACE DE PADOUE ou race polonaise (*Gallus Patavinus*) (fig. 7 et 8) ouvre pour nous la série des races chez lesquelles la crête est plus ou moins complétement remplacée par une huppe de plumes plus ou moins fines, longues et retombantes. Dans ces races, d'après Darwin, le crâne présente des protubérances hémisphériques des os frontaux qui correspondent à des modifications importantes dans le cerveau, et sont accompagnées de lacunes de la boîte crânienne, lacunes où l'os est remplacé simplement par une membrane et la peau. « Chez les individus à huppe fortement développée, dit le savant anglais, le crâne devient extrêmement saillant et présente une foule de perforations irrégulières. Il est encore un fait qui prouve les rapports intimes entre la huppe et la protubérance osseuse du crâne, et que m'a signalé M. Tegetmeier : c'est que si dans une couvée récemment éclose on choisit les poussins qui ont la plus forte saillie du crâne, ce sont précisément ceux qui, à l'âge adulte, présenteront la huppe la plus développée. Il est évident qu'autrefois les éleveurs de cette race n'ont porté leur attention que

sur la huppe et non le crâne ; néanmoins, en développant la huppe, ce en quoi ils ont merveilleusement
réussi, ils ont, sans intention, augmenté à un haut
degré la protubérance crânienne. » (*De la variation*,
t. Ier, p. 282-283.) La race fort ancienne de Padoue
ou les autres races huppées, si l'on veut, ont donc pour
origine un fait tératologique perpétué par sélection.

Le coq de la race de Padoue est caractérisé par :
une huppe abondante formée de plumes déliées, semblables à des lancettes, commençant dès la base du
bec, couvrant le front, les tempes, la nuque, retombant par-dessus les yeux, et remplaçant la crête, qui
se réduit à un rudiment presque nul ; l'œil très-grand
et rouge, les oreillons petits, ronds, blancs ; pas de
barbillons, qui sont remplacés par une barbe ou collier
formé de petites plumes courtes et frisées ; le corps
est de formes à la fois élancées et arrondies, obliquement porté sur des tarses courts, fins, nus, de couleur bleu ardoisé, terminés par quatre doigts. La
poule a la huppe à la fois plus volumineuse et plus
arrondie, composée de plumes plus courtes et plus
larges ; elle porte un peu la queue en éventail ; elle
est bonne pondeuse, mais sa ponte est tardive au printemps ; elle ne couve que rarement et s'en acquitte
mal ; ses œufs sont de grosseur ordinaire et blancs.

Lorsqu'il pleut, la huppe se colle à la tête,
recouvre les yeux et aveugle les malheureux oiseaux,
qui, hors d'état de reconnaître leur chemin, tombent
parfois dans l'eau et s'y noient. D'un caractère sédentaire d'ailleurs, cette race doit être exclusivement
réservée à la volière ; elle est en effet assez délicate,

et les poulets redoutent fort le froid et surtout l'humidité; ils se développent assez vite, engraissent assez
bien et donnent une chair assez fine. Le coq adulte
pèse environ 3 kilogr., la poule 2 kilogrammes.

On connaît huit variétés de plumage dans cette race :

Fig. 7. — Coq de Padoue, variété noire;
adulte à huppe noire.

La *variété blanche,* à plumage entièrement blanc
pur, est, comme dans toutes les autres races, due à
des cas d'albinisme; elle est un peu plus délicate.

La *variété noire,* à plumage entièrement noir, avec
reflets métalliques chez le coq, noir mat chez la
poule, est due également à des cas de mélanisme. Dès
les 2ᵉ et 3ᵉ mues, la huppe commence à blanchir et
devient, par la suite, toute blanche.

La *variété coucou* ou *Périne* porte le plumage gris

avec des croissants noirs réguliers; la huppe est coucou dans sa moitié antérieure, blanche dans la postérieure.

La *variété argentée* a le plumage blanc cailleté de noir, comme dans le houdan. Les plumes de la huppe sont blanches au milieu, noires à la base et à la pointe; mais le noir tend de plus en plus à s'effacer

Fig. 8. — Poule Padoue.

avec l'âge; celles du camail n'ont qu'une faible tache noire à la pointe; celles du collier sont noires lisérées de blanc; celles du dos, blanches, lisérées de noir. Le bout des ailes est blanc bordé de noir; leurs grandes couvertures présentent deux bandes transversales blanches maillées de noir; la queue blanche ou grise pailletée de noir. Chez la poule, les plumes de la huppe sont, à la première mue, noires lisérées de blanc; à la seconde mue, elles portent une tache blanche au milieu, et le noir est encore liséré de blanc.

La *variété dorée* ne diffère de la précédente qu'en ce que le blanc y est remplacé par une couleur chamois roux vif dans le coq, plus terne chez la poule.

La *variété chamois* ne diffère des précédentes que par le fond du plumage, qui est de couleur chamois, tandis que la maillure est de ton chamois plus clair ou même de couleur blanche. On dit sa poule meilleure couveuse que celles des autres variétés.

La *variété herminée*, la plus nouvelle de toutes, a été récemment décrite par M. La Perre de Roo. Elle présente diverses particularités qui lui donnent un aspect bizarre et fort agréable. Dans le coq, la huppe est blanche; les plumes du camail sont blanches et marquées à l'extrémité d'une petite gouttelette noire; l'aile porte deux petites barres noires parallèles et transversales; l'extrémité de la queue est marquée de noir; tout le reste du plumage est blanc pur. Le bec est blanc et plus crochu que dans les autres variétés de la même race; les tarses d'un blanc légèrement grisâtre. La poule porte un plumage analogue. Cette variété manque encore de fixité.

La *variété citronnée* diffère de celle argentée en ce que le fond du plumage, au lieu d'être blanc, est d'un jaune clair assez vif, que font ressortir les maillures noires.

Sous-race d'Elberfeld. M. La Perre de Roo, dont nous avons si fréquemment à citer les patientes études, decrit sous le nom de race d'Elberfeld une famille galline qu'il a étudiée en Allemagne. « Elle rappelle, dit-il, assez par ses formes le coq de la ferme, et son plumage caractéristique a assez d'analogie avec celui de la poule de Padoue, pour qu'il soit permis de supposer que cette belle variété est le résultat d'un croisement entre ces deux races. On admet généralement qu'elle a été créée à Elberfeld, où elle est très-répandue et jouit d'une grande renommée, à cause de sa chair fine et blanche, de sa ponte abondante, de ses œufs volumineux et de sa grande propension à l'engraissement. La race est rustique, s'acclimate facilement partout, n'exige aucune précaution contre les intempéries de nos climats et est aussi recommandable par la distinction de son plumage que par sa surprenante fécondité. » (*L'Acclimatation,* 16 novembre 1870, p. 550.)

Le coq a la tête grosse, pas de huppe, mais une crête simple, droite, très-élevée, largement dentelée ; les oreillons petits, blancs à la base, rouges à l'extrémité ; les joues dénudées autour de l'œil ; les barbillons rouges, longs, larges, pendants ; le bec fort et crochu, couleur de corne claire ; les tarses bleus, de longueur moyenne, munis de quatre doigts ; le camail est rouge orangé ; le dos et les épaules rouge acajou velouté ; les ailes chamois avec deux bandes transversales formées de taches noires ; le plastron et le dessous du corps, chamois avec raies noires. La poule porte la huppe noire ; le camail chamois et noir ; le reste du corps chamois maillé de croissants noirs. Il y en a deux variétés de plumage :

La *variété argentée* diffère de la précédente en ce que le fond chamois est remplacé par le blanc.

La *variété noire* a le plumage uniformément noir lustré dans les deux sexes. Elberfeld est une ville de 80,000 âmes, située à trente kilomètres de Dusseldorf, dans la province du Rhin (Prusse).

9° La RACE HOLLANDAISE HUPPÉE aurait été, d'après M. La Perre de Roo, importée en Hollande, à une époque très-reculée, par des navigateurs venant d'un pays dont on n'a point conservé connaissance. Peut-être, dans ce cas, faudrait-il la considérer comme le type dont est descendue la race de Padoue, dont elle se rapproche par beaucoup de caractères, tout en en présentant d'autres bien particuliers.

De même que le padouc, en effet, elle porte une crête très-rudimentaire remplacée par une huppe moins développée, aplatie et retombante; l'œil rouge; le bec ordinaire et couleur de corne foncée; les tarses courts, fins, gris bleu, bleu ardoise ou gris verdâtre, nus, suivis de quatre doigts; mais les oreillons sont bleu nacré; les barbillons rouges, pendants; pas de barbe ni de collier; le corps court et ramassé; la taille un peu plus petite que dans le padoue; les ailes plus serrées au corps. Le coq adulte pèse environ 3 kilogr. La poule présente les mêmes caractères, si ce n'est que les barbillons sont beaucoup plus petits; elle est assez bonne pondeuse, mais ne couve jamais; ses œufs sont blancs et de grosseur moyenne; adulte, elle pèse en moyenne 2 kilogr. On connaît trois variétés de plumage :

La *variété noire à huppe blanche,* qui paraît être le type originaire, porte le plumage uniformément noir avec reflets métalliques verdâtres, sauf la huppe, qui es ttoute blanche; de même pour la poule.

La *variété bleue à huppe blanche* porte un plumage gris bleuâtre plus ou moins foncé de noir, avec la huppe blanche, dans les deux sexes.

La *variété bleue à huppe bleue*, dans laquelle le plumage tout entier, y compris la huppe, est dans les deux sexes d'un gris bleu ardoisé.

La *sous-race turque* dite Sultan a, dit-on, été obtenue en Turquie par le croisement de la variété de padoue blanche avec une race asiatique à tarses emplumés. A Constantinople, où elle est aussi rare qu'à Londres, on l'appelle, d'après M. La Perre de Roo, *seraï-taook* ou volaille du sultan. Comme le Padoue, elle porte une grosse huppe, avec un collier ou barbe; mais le coq porte, un peu au-dessus de la base du bec, une petite crête cornue comme celle du crèvecœur, mais beaucoup plus petite; l'œil est rouge, les oreillons et barbillons peu développés; le bec court et crochu; les pattes courtes, blanc rosé et très-emplumées, terminées par cinq doigts; la queue très-relevée. Le plumage, dans les deux sexes, est entièrement blanc. La taille est un peu plus faible que celle du padoue : le coq adulte pèse 2 kilogr. 500 grammes, et la poule 2 kilogr. en moyenne. Celle-ci est assez bonne pondeuse, et ses œufs sont à peu près de grosseur moyenne; mais elle ne couve presque jamais. Les poulets craignent le froid et l'humidité, sont assez délicats à élever, d'un développement un peu lent, d'un médiocre engraissement; leur chair est assez fine et délicate.

On en connaît une variété douteuse :

La *variété dite Ptarmigan* est-elle une dégénérescence du sultan, ou bien, comme incline à le croire

M. La Perre de Roo, a-t-elle été obtenue en Angleterre du croisement entre la poule padoue blanche
et le coq bantam blanc pattu? Nous ne saurions le
dire. En tout cas, le ptarmigan est un peu plus petit
de taille que le sultan, et de plumage blanc, comme
lui; la huppe plus petite, pointue et renversée en
arrière; la crête petite et excavée; le bec blanc et
crochu; la barbe peu développée; les joues et les
oreillons rouges; les barbillons petits et arrondis; la
queue longue; les pattes très-emplumées, garnies de
manchettes et blanches; quatre doigts seulement. On
dit la poule bonne pondeuse, et on considère la chair
de ces volailles comme délicate.

10° La RACE DE BRÉDA ou à bec de corneille, d'origine hollandaise (fig. 9), est rare en France et surtout
en Angleterre. Sa dénomination vulgaire est complétement impropre, son bec n'ayant rien d'anormal, ni
qui le rapproche de celui de la corneille. Ce qui
caractérise cette race, c'est sa crête accompagnée
d'une huppe, et ses pattes emplumées à demi. En
effet, chez le coq, la crête s'est transformée en une
sorte de caroncule noirâtre placé immédiatement au-
dessus de la base du bec et ayant la forme d'une
capsule ovalaire à bords peu saillants et arrondis;
cette crête est surmontée d'un bouquet de plumes
fines, courtes et roides; le bec couleur de corne foncée; les tarses, longs, forts, de couleur gris noirâtre,
sont garnis, aux bords antérieur et postérieur, de
plumes roides, assez courtes, imbriquées. La poule
porte aussi une petite crête au-dessus du bec; elle

est assez bonne pondeuse; ses œufs sont de poids et volume moyens; elle demande assez rarement à couver, mais couve très-bien alors et se montre bonne éleveuse; ses poulets s'emplument de bonne heure, bien que leur développement ne soit point précoce, et sans, non plus, qu'on le puisse dire tardif; leur engraissement est assez prompt, leur chair assez délicate.

On en connaît quatre variétés de plumage :

Fig. 9. — Coq de Bréda.

La *variété noire,* qui semble la race primitive, a le plumage entièrement noir lustré, avec des reflets métalliques violacés et verdâtres.

La *variété blanche* a le plumage entièrement blanc dans les deux sexes.

La *variété bleue* porte le plumage bleu ardoisé avec des tons plus foncés sur diverses régions, plus claires dans d'autres.

La *variété coucou,* dite de Gueldres, porte le plumage uniformément coucou, c'est-à-dire gris clair maillé de gris noir, chaque plume étant rayée transversalement de gris foncé.

La race de Bréda n'est pas sans présenter une certaine ressemblance avec celle de la Flèche. Elle est de taille moyenne dans toutes ses variétés; le coq adulte pèse de 3 kilogr. 500 à 4 kilogr. ; la poule, de 3 kilogr. à 3 kilogr. 500. La variété coucou seule présente parfois des poids un peu plus faibles.

11° La RACE NAINE CHINOISE *et japonaise, dite de Nangasaki* ou naine à courtes pattes (*Gallus pusillus*), est probablement d'origine fort ancienne. D'après M. Birch, il est question dans une encyclopédie chinoise publiée en 1609, d'une race naine que Darwin regarde comme étant probablement la vraie bentam que l'on sait originaire de Java. Cette race, assez commune en Angleterre, n'a été importée en France qu'en 1859, époque où M. Hamuy en a offert un couple au Jardin zoologique d'acclimatation de Paris.

Le coq de Nangasaki a la tête petite, surmontée d'une crête simple, rouge, droite, irrégulièrement dentelée de quatre pointes; les oreillons petits et blanc nacré; les joues nues et rouges; les barbillons rouges et pendants; les yeux rouges; le bec court et fort; les tarses très-courts et de couleur jaune légèrement teintée de violet, nus; quatre doigts; le plumage blanc jaunâtre; la queue très-touffue et très-relevée; les ailes traînantes; la taille très-petite; les jambes très-courtes, même relativement à sa taille. La poule présente les mêmes caractères; elle est assez bonne pondeuse, mais ses œufs sont petits; bonne couveuse et bonne mère ; les poussins sont très-délicats durant les quinze jours qui suivent leur éclosion, assez rustiques ensuite.

La race typique étant de plumage blanc dans son entier, on connaît trois variétés :

La *variété blanche à queue noire,* dont le plumage est blanc, sauf les grandes plumes des ailes et les faucilles du coq, dont les extrémités sont marquées de noir.

La *variété coucou* porte le plumage à fond blanc, jaune ou gris, maillé de gris plus ou moins foncé.

M. Mariot Didieux a signalé une *variété à joues bleues,* assez rapprochée de la cochinchinoise par ses formes, mais naine, jolie et très-familière.

La *sous-race de Bantam* ou de Bentam est regardée par Darwin comme originaire du Japon ; la plupart des auteurs anglais lui assignent comme patrie l'île de Java (dans la partie occidentale de laquelle est située la ville de Bantam, premier comptoir fondé en 1602 pas les Hollandais), de l'archipel de la Sonde (Malaisie) ; enfin, M. La Perre de Roo pense qu'elle était déjà connue des Romains, et que c'est d'elle qu'a parlé Columelle. Quelle que soit son origine, elle est de très-petite taille, égalant à peine celle d'une perdrix ; elle a le port droit et hardi ; le coq a la fière allure du coq de combat, et il est en effet de mœurs batailleuses ; la poule, à peine plus petite, est d'un caractère familier. Si le bantam est petit, ce n'est point à cause de la brièveté de ses tarses, qui sont à peu près proportionnés à la hauteur et à la longueur de son corps.

Le coq porte la crête double, frisée, rouge, de

développement moyen ; quelques amateurs pourtant
la recherchent simple, droite, régulièrement dentelée ; l'œil grand avec la pupille rouge brique ; les tarses
très-fins, nus, de couleur gris bleuâtre ; quatre doigts
seulement au pied. Le coq n'a pas de faucilles ; la
crête reste rudimentaire chez la poule ; celle-ci est

Fig. 10. — Bantam argenté. Coq et poule.

assez bonne pondeuse, couveuse assidue et excellente
mère.

On connaît un grand nombre de variétés de Bantam ;
nous ne citerons que les suivantes : la *variété noire*
de Java, à plumage entièrement noir, à tarses nus, de
couleur gris plombé foncé comme le bec ; la *variété*
fauve, distincte par son plumage entièrement fauve,
avec plastron brun chez le coq, un petit collier de
plumes frisées, le bec de couleur corne foncée, les

tarses bleu ardoisé; la *variété perdrix,* semblable par son plumage à la perdrix grise, avec plastron noir chez le coq; la crête frisée, les oreillons blancs, les tarses nus et de couleur gris ardoisé; la *variété blanche* (fig. 12) à plumage complétement blanc, à tarses emplumés et couleur de chair, comme le bec.

La *variété de Sebright* a été créée, en Angleterre,

Fig. 11. — Poule anglaise non pattue.

au commencement de ce siècle, par un éleveur de ce nom qui aurait, dit-on, croisé à longues reprises une race naine quelconque avec la race de Padoue; les produits de ce croisement de deux races bien distinctes auraient été fondus dans une troisième, par les soins de cet habile éleveur, John Sebright. Quelle que soit l'origine de cette petite race, elle n'en est pas moins remarquable par l'élégance de ses formes, la régularité et la beauté de son plumage. Le coq, par son aspect général, semble un diminutif de celui de la race de Hambourg; il a la tête courte et plate, surmontée d'une crête frisée, oblongue, carrée en avant,

pointue en arrière; les oreillons petits, rouge violâtre
ou rouge pointillé de blanc; les barbillons ronds et
creusés; le camail léger et formé de plumes courtes
et larges; les ailes longues et traînantes; la queue
large, très-relevée, sans faucilles; les jambes courtes;
les tarses fins, nus, bleu ardoisé, terminés par quatre
doigts. La poule présente les mêmes caractères, sauf
la crête plus petite, la queue moins large et moins
relevée. La poule est médiocre pondeuse, et ses œufs
sont rarement féconds. Elle a d'ailleurs peu de penchant
pour l'incubation. Les poussins sont très-délicats à
élever. Les coqs ne sont ni jaloux ni batailleurs entre
eux, mais s'unissent pour combattre avec persévérance
tous ceux d'autres races. On en connaît trois *sous-
variétés* de plumage : *dorée* (fond chamois vif maillé
de noir) ; *citronnée* (fond jaune paille maillé de noir) ;
argentée (fig. 10) (fond blanc avec liséré noir bordant
chaque plume).

La *variété naine anglaise* (fig. 11), très-rapprochée du
type bantam, dont elle a conservé les ailes traînantes,
la crête tantôt petite et frisée, tantôt simple, grande,
découpée, les tarses gris bleu, en diffère par l'absence
d'oreillons et la présence de faucilles à la queue.
Médiocre pondeuse, la poule est une excellente couveuse, précieuse pour faire éclore les œufs d'oiseaux
délicats. On en connaît trois *sous-variétés : dorée*
(plumage gris brunâtre, camail rouge, plastron noir,
chez le coq; même plumage, mais camail jaune doré
divisé en deux par une raie noire, chez la poule);
argentée (plumage brun clair, camail jaune paille,
plastron noir, chez le coq; camail blanc divisé en

deux par une raie noire, chez la poule); *pattue* (à tarses plus ou moins emplumés, avec plumage doré ou argenté).

Toutes les variétés de Bantam sont en général (sauf celle de Sebright) assez bonnes pondeuses ; leurs œufs

Fig. 12. — Bantam pattu blanc.

sont petits, mais plus que proportionnés à leur taille (1 kilogr. 250 pour le coq, 0 kilogr. 750 à 0 kilogr. 900 grammes pour la poule), et couvent admirablement, avec intelligence et assiduité. Ce sont néanmoins des oiseaux de faisanderie, de volière, d'agrément en un mot. Les mâles, assez batailleurs, portent des éperons disproportionnés avec leur taille.

La *sous-race naine coucou* ou *d'Anvers* est une charmante petite race que l'on dit être de fabrication toute récente en Hollande ; elle se distingue surtout par un petit collier de plumes frisées entourant la joue, le bec

de couleur corne, les tarses couleur de chair et nus.
Le plumage, dans les deux sexes, est entièrement coucou, un peu plus sombre pourtant que dans les autres
races de même robe. Chaque plume porte quatre raies
transversales d'un gris foncé sur gris clair. L'œil est
grand, la pupille jaune et les pattes blanches. Cette
sous-race est fort élégante, assez bonne pondeuse,
mais couveuse médiocre.

La *sous-race naine d'Alexandrie* est celle depuis si
longtemps multipliée en Égypte par l'incubation artificielle. M. W. Innès la décrit en ces termes : « La
taille du coq est beaucoup plus petite que dans la race
ordinaire; son bec est conique, courbé au bout et de
couleur de corne; sa crête est d'un rouge vif, droite,
festonnée et découpée sur son bord; elle prend son
origine à la base du bec, s'agrandit et se sépare à
l'occiput en deux parties. Deux appendices membraneux (barbillons) de même couleur que la crête,
et de forme ovale, sont placés aux deux côtés du bec;
les joues sont nues et blanchâtres; les pieds sont
recouverts d'écailles le plus souvent grisâtres, et les
ongles sont noirs; les plumes du dos et du cou sont
longues et effilées. Quant aux couleurs, il serait
difficile de les nommer, car on voit des coqs blancs
aussi bien que des noirs et des bruns. La poule est de
la taille de la perdrix rouge; elle porte une toute
petite crête à la base du bec; les joues et la gorge
sont dénuées de plumes; les plumes du sommet de la
tête forment une espèce de huppe chez quelques-
unes. La chair de ces poules est assez bonne lorsqu'elles sont grasses, ce qui arrive rarement, à cause

de la manière dont les Arabes les élèvent..... La poule est bonne pondeuse ; elle pond tous les deux jours un œuf blanc et plus petit que celui de la poule commune ; mais par contre, elle est mauvaise couveuse et éleveuse, ce qui provient peut-être de l'habitude que les Arabes ont de faire éclore les œufs dans les fours, au lieu de les faire couver et élever par elle. » (*L'Acclimatation*, n° 26, 3ᵉ année, 25 juin 1876, pages 257-258.)

12° RACE SAUTEUSE OU RAMPANTE DU CAMBODGE. Darwin, s'appuyant sur M. Birch, rapporte que l'ancienne encyclopédie chinoise (1596), dont nous avons déjà parlé, mentionne une race dont les caractères se rapportent à ceux de la race actuellement appelée sauteuse ou rampante. Celle-ci est caractérisée par la brièveté ($0^m,03$ à $0^m,04$) monstrueuse de ses tarses, qui fait que l'animal saute ou rampe pour progresser sur le sol, et qu'il lui est impossible de gratter la terre. Elle est probablement issue, par tératologie, d'un individu anormalement et exceptionnellement conformé, que l'on se sera appliqué à faire reproduire en mettant en œuvre la sélection. On la croit originaire du Cambodge (Indo-Chine).

Le coq porte la crête simple, droite, très-haute, profondément et régulièrement dentelée ; les oreillons rouges ; les barbillons très-longs ; les joues rouges et nues ; le bec couleur de corne ; les tarses très-courts et de couleur gris plombé ; le corps large et trappu ; la queue très-fournie et très-longue, portée obliquement en haut. La poule, presque de même taille que

le coq, porte aussi une grande crête; son ventre
traîne presque à terre. Le coq adulte pèse environ
1 kilogr. 500, et la poule 1 kilogr. Celle-ci est bonne
pondeuse, merveilleuse couveuse et la meilleure des
mères. La race est rustique et précoce; les poulets
s'élèvent facilement, se développent vite, s'engraissent
bien et donnent une viande fine et savoureuse.

On en connaît trois *variétés* de plumage : *noire*
(plumage entièrement noir); *noire à camail rouge*, la
plus commune; *coucou*, c'est-à-dire à maillures gris
foncé sur fond gris clair. La variété coucou du Cambodge était autrefois très-répandue et très-estimée en
Europe, où on lui donnait les noms vulgaires de
dumpies, bakies, go-laiks, etc. Elle tend à dispa-
raître devant des races de plus forts poids.

La *sous-race à courtes pattes française*, autrefois très-
répandue dans l'Orne, et qui fournissait les délicieux
poulets à la reine, vit aujourd'hui dispersée en Bretagne, en Normandie et dans le Maine, par petits lots
ou même par individualités isolées. Ce qui la caractérise surtout, c'est la brièveté de ses membres, qui
lui donne une physionomie toute particulière; elle ne
peut marcher qu'en faisant osciller latéralement son
corps, à l'instar des canards; à une allure plus
rapide, elle ne marche plus, mais saute et procède par
bonds; le ventre des poules touche presque le sol. Le
coq porte la crête double, naissant très-près de la base
du bec et recouvrant largement la tête; l'occiput est
garni d'une demi-huppe plate, d'un rouge doré,
retombant sur le cou; les plumes du cou et celles qui
recouvrent la queue sont très-abondantes et du même

ton doré que la huppe; tout le reste du plumage est noir; les tarses sont de couleur gris foncé; le poids vif du coq adulte est de 1 kilogr. 500. La poule porte une petite crête frisée, presque exclusivement à cheval sur la base du bec, et une huppe sur la tête; son plumage est entièrement noir, quelquefois coucou. Elle est bonne pondeuse et en même temps bonne couveuse, s'écarte peu de l'habitation et ne gratte pas; elle est sobre, très-rustique et douée, dit-on, d'une grande longévité.

La *sous-race à courtes pattes flamande,* que l'on rencontre assez nombreuse dans le nord de la France et surtout en Belgique, diffère de la précédente en ce que : le coq porte, comme dans la race du Cambodge, une très-grande crête simple et érigée, et porte, ainsi que la poule, le plumage entièrement noir; celle-ci porte une crête simple, basse, tombante, et point de huppe; elle a les oreillons blancs, les barbillons longs, les tarses très-courts, nus et noirs; elle est bonne pondeuse; bonne, mais tardive couveuse. Le plumage est entièrement noir dans les deux sexes.

13° RACE A COU NU DE LA TRANSYLVANIE. Nous avons déjà rencontré cette particularité de l'absence de plumes sur le cou dans la sous-race naine d'Alexandrie. Voici une race fixe, mais non plus naine, qui présente la même particularité plus accentuée encore. « Un coq et trois poules de cette race, aussi peu estimable par sa beauté que par sa production, furent envoyés à l'Exposition universelle de 1878 par M. le baron de Villa-Secca, qui en fit don, après l'Exposition, à M. A. Geoffroy Saint-Hilaire, directeur du Jardin d'acclimatation. Originaire, dit-on, de la Transylvanie, comme son nom semble l'indiquer, cette race ne diffère de notre race commune que par le cou, qui est entièrement nu chez les oiseaux des deux sexes, à l'exception d'une petite touffe de plumes implantées vers le milieu de sa partie antérieure. » (M. LA PERRE DE ROO, *l'Acclimatation*, 19 septembre 1880, p. 451.) Le coq porte la crête simple, droite, peu développée, irrégulièrement dentelée, d'un rouge vif; les oreillons rouges; les joues rouges et nues; les barbillons de longueur moyenne; les tarses gris plombé et suivis de quatre doigts; la queue longue, fournie, presque horizontale; le plumage très-variable et présentant toutes les nuances que l'on rencontre dans la race commune. Cette race est rustique, de taille et de poids un peu faibles; médiocre pondeuse et couveuse, lente à l'engraissement, bien que fournissant une viande assez fine.

14° La RACE FRISÉE (*Gallus crispus*) ou crépue, race cafre, vulgairement appelée à Ceylan *capri kukullo*, serait, d'après M. E. L. Layard, originaire de l'île de Ceylan; Temminck et Sonnini la disent asiatique et acclimatée dans les îles de la Sonde (archipel malaisien). En tout cas, elle doit être fort ancienne, car elle a été décrite et figurée par Aldrovande, au commencement du dix-septième siècle. Elle est caractérisée par son plumage hérissé, les plumes étant comme implantées à rebours (inverses); la peau est d'une couleur rose très-voisine du rouge. Le coq porte la

crête rouge, tantôt simple et droite, tantôt frisée,
carrée en avant et pointue en arrière; les oreillons
rouges, les barbillons longs et pendants; le bec légèrement crochu; les tarses gris foncé; tantôt la tête est
lisse, tantôt elle porte une demi-huppe; une demi-
collerette formée de touffes de plumes plus longues et
disposées par bouquets. Le plumage est très-variable;
les rémiges et les rectrices primaires de l'aile sont
toujours imparfaites. Les variétés de plumage les plus
estimées sont la noire et la blanche, avec la crête
double ou frisée. C'est une race sédentaire, sociable,
aimant assez l'eau. La poule est assez féconde, mais
peu disposée à couver; les œufs sont blancs et de
moyenne grosseur. Les poussins sont assez délicats à
élever et craignent le froid et la pluie. Il y en a une
variété de taille naine.

15° La RACE SOYEUSE (*Gallus lanatus*), du Japon et
de la Chine, est remarquable par le duvet soyeux qui
recouvre tout son corps; les plumes, décomposées,
présentent l'aspect soit de poils, soit du duvet du
cygne. Le coq porte la crête frisée, plate, régulièrement hérissée de petites pointes, carrée en avant,
effilée en arrière; le bec couleur de corne claire; les
joues rouges, recouvertes de fin et court duvet blanc;
les oreillons petits et blancs; les barbillons moyens,
arrondis et rouge vif; les tarses roses, nus, accompa-
gnés de quatre doigts; la queue longue avec des faucilles longues et soyeuses; la crête est accompagnée
d'une demi-huppe retombant en arrière, et d'une
demi-collerette formée de bouquets touffus et allongés

de duvet; le plumage est entièrement blanc; la taille à peine égale à celle des bantams. La poule est très-médiocre pondeuse, et ses œufs sont très-petits; mais elle est excellente couveuse et très-bonne éleveuse.

16° La RACE NÈGRE (*Gallus morio*). Une encyclopédie chinoise de 1596 cite sept races de poules, dont l'une à plumage, os et chair noirs; Azara, en 1780, constata dans l'intérieur de l'Amérique du Sud les soins donnés à une race à peau et os noirs, à cause de sa fécondité et des vertus médicales de sa chair. Il existe donc depuis longtemps dans l'Inde, selon Darwin, en Chine, d'après la plupart des zoologues, une race à plumage blanc, à peau et à os noirs. Autres particularités : les plumes sont, comme dans la race soyeuse, décomposées et ont un aspect duveteux; à Ceylan, d'après E. L. Layard, le coq seul porterait le plumage blanc pur, tandis que celui de la poule est toujours strié de quelques plumes noires, et qu'en Europe, les deux sexes sont toujours entièrement blancs.

Le coq porte une crête frisée, garnie de quelques rares pointes, commençant dès la base du bec, peu prolongée en arrière, de couleur rouge violet foncé, accompagnée d'une demi-huppe retombant en arrière; il a le bec corne clair; les oreillons petits, plaqués, d'un beau bleu; les joues nues, de la couleur de la crête, comme les barbillons, qui sont assez longs et pendants; il porte, comme le coq soyeux, une demi-collerette; les tarses sont courts, gris foncé, extérieurement garnis de plumes duveteuses, horizontalement implantées; cinq doigts, dont les deux postérieurs sont su-

perposés; queue rudimentaire à faucilles soyeuses et
courtes; taille moyenne entre le bantam et le hambourg. Le plumage, entièrement blanc, est formé de
plumes décomposées et comme duveteuses; la queue,
petite, peu développée, n'a que des faucilles courtes
et soyeuses. La poule, plus petite que le coq, présente
presque la conformation de la race cochinchinoise ou
de Nankin, mais avec des formes plus arrondies et
atténuées. C'est une race sédentaire et de mœurs
douces. La poule pond rarement plus de dix à douze
œufs d'un blanc grisâtre, par ponte, et demande ensuite
à couver, ce qu'elle fait avec une grande assiduité et
de curieuses précautions. Elle est aussi bonne mère,
mais ses poussins sont délicats sous notre climat.

17° La RACE SANS CROUPION DE VALLIKIKILLI (*Gallus
ecaudatus*) ou poule des Jongles, ou coq de Lafayette,
qu'Aldrovande croyait d'origine persane, que Temminck, Buffon et M. E. L. Layard croient indigène
de Ceylan (où on lui donne le nom de *Chokikukullo*);
n'y existe qu'à l'état domestique. Elle est remarquable
par l'absence des vertèbres caudales qui détermine
l'atrophie du croupion et l'absence de queue. Darwin
la dit trop variable par ses caractères pour mériter le
nom de race. Il est vrai qu'elle présente à peu près
toutes les couleurs de plumage, mais elle transmet
invariablement l'anomalie qui la distingue. Elle a probablement une origine tératologique; un animal est
né, ainsi que cela arrive parfois, avec cette conformation monstrueuse, que, par curiosité, on a reproduite
et fixé à l'aide de la sélection. On trouve des races

ou sous-races sans croupion dans l'État de Virginie,
en Belgique, en France, etc.; et d'après M. Mariot
Didieux, les fermiers de la Bourgogne, voisins des
grandes forêts, l'y préféraient à toute autre, parce que
les renards ne pouvaient que plus difficilement les
saisir. Or, il n'est point probable que l'on ait introduit en France ou en Belgique, avant 1850, les races
de Vallikikilli ou de Gondook.

La race de Vallikikilli porte à peu près tous les plu-
mages. Le coq a la crête simple, droite, petite, placée
très en avant de la tête; les oreillons blancs, les barbillons moyens, le bec court et recourbé à la pointe;
les tarses gris et nus, quatre doigts seulement. Cette
race est alerte, un peu sauvage, vagabonde, très-
ingénieuse à se procurer sa nourriture; la poule est
médiocre pondeuse et couveuse; les poussins sont
robustes, précoces, aptes à l'engraissement, et donnent
une viande très-savoureuse et très-délicate.

En Belgique, les habitudes investigatrices de la
variété sans queue lui ont fait donner le nom de *poules
de haies,* parce que c'est dans les haies surtout qu'elles
aiment à gratter pour faire la chasse aux insectes.

La *sous-race de Gondook huppée* provient très-proba-
blement du croisement de la précédente ou d'une indi-
vidualité tératologique analogue et européenne avec la
sous-race turque ou sultan. On la dit originaire de
Turquie, et M. La Perre de Roo dit qu'elle présente
une grande analogie avec la poule du sultan, dont
elle diffère principalement par l'absence de queue. Ce
savant observateur continue : « Ainsi que les diverses
races (ou espèces?) de coqs sauvages qu'on a essayé

de réduire à la domesticité, la race de Gondook huppée sans queue, à ma connaissance, n'a jamais reproduit en captivité en France. » (*L'Acclimatation*, 9 mai 1880, page 227.) Puis il constate, avec madame Bush, que, dans le croisement de la poule gondook par le coq de Padoue, les poussins reproduisent l'absence de croupion.

Le coq gondook a la tête chargée d'une très-forte huppe sphérique, aplatie en forme de parasol et composée de plumes fines, longues et retombant tout autour de la tête ; le bec noir, le col long et porté droit ; une barbe très-touffue ; le camail très-fourni ; les ailes très-longues et presque traînantes ; les tarses courts, gris plombé, emplumés sur toute leur longueur, formant comme une manchette au talon ; le pied muni de cinq doigts, la poitrine assez large, la taille à peu près identique avec celle du bantam argenté. La poule porte la huppe arrondie, droite et non retombante ; elle est médiocre pondeuse et mauvaise couveuse ; ses poussins sont très-délicats.

Il en existe deux *variétés* de plumage : la *blanche* est entièrement blanc pur, avec des reflets satinés à la collerette, au dos, aux ailes et aux lancettes. La *noire* est entièrement noire, avec des reflets métalliques dans les mêmes régions.

C. — *Races de basse-cour.*

Ce que nous dénommons en France *race de la Campine* n'est qu'une variété belge de la race de Hambourg ; elle porte en Belgique les noms de races de Brakel,

d'Oudenarde, d'Herchies; à Bruxelles, on l'appelle
poule de la Campine. Brakel est le nom d'un village
flamand où, depuis un temps immémorial, cette race
est élevée par de pauvres gens qui habitent les bois;
la poule vit avec ses maîtres qui la choient; ses poussins y naissent et y grandissent; mère et enfants vivent
des débris du ménage et surtout des nombreux insectes
qu'ils découvrent dans le terreau de la forêt; la mère
pond tout l'hiver, couve dès les premiers beaux jours,
et, dès le mois de mars, les poulets sont vendus à
hauts prix comme poulets de grain; les poulettes ne
sont vendus qu'en août. C'est la poule d'Herchies qui
est chargée de couver et de conduire les canetons dont
les habitants de ce village font un commerce si étendu.
(VAN DER SNICKT. *L'Acclimatation*, 23 septembre 1877,
page 452.)

La variété de Brakel ou véritable Campine présente
les caractères suivants : le coq porte une crête simple,
droite, très-haute, régulièrement dentelée, rouge, large
et très-avancée au-dessus du bec, pointue et relevée
en arrière; les oreillons blancs sablés de rouge, parfois tout blancs; les joues rouges et nues, les barbillons assez longs, le bec court et épais, couleur bleue
à la base, blanc à la pointe; les tarses de longueur
moyenne, de couleur ardoise, suivis de quatre doigts
à ongles blancs. Son plumage consiste dans : la tête,
le camail, le dos et les épaules blancs; les ailes
blanches avec deux barres noires transversales et parallèles; le ventre gris foncé, la queue toute noire, le
reste du corps crayonné de noir sur fond blanc.

La poule porte aussi la crête simple, retombant

latéralement durant la ponte, dentelée comme celle du coq et relativement aussi haute; les oreillons sont blanc bleuâtre; elle est très-bonne pondeuse et mérite sérieusement son surnom de *pond-tous-les-jours;* ses œufs sont blancs et de grosseur moyenne; elle est assez bonne couveuse, bonne mère; ses poussins sont rustiques, très-précoces, faciles à engraisser, et donnent une chair fine et délicate. Le plumage de la poule est blanc à la tête, au-devant du cou et au camail, crayonné de noir sur blanc dans tout le reste.

Cette variété, très-répandue dans le nord de la France, nous paraît être due à un croisement de la variété de Hambourg crayonnée ou d'Hoogstræten avec la race commune. Sa taille est un peu plus grande que celle des hambourgs.

La race désignée en France sous le nom de *race de la Bresse.* — Un journal anglais spécialiste, parlant de notre concours de volailles vivantes, en 1880, disait : C'est notre race de Minorque noire, un peu plus basse sur pattes. M. La Perre de Roo écrit à son sujet : « Cette charmante race, dont nous ne connaissons pas la provenance, est, selon toute probabilité, le résultat d'un croisement entre la race commune et la race andalouse. » Ce serait donc simplement une variété issue de la sous-race andalouse provenue elle-même de la race espagnole.

Le coq bressan porte une crête simple, haute, droite, rouge, très-avancée sur le bec, très-prolongée en arrière; les oreillons blancs; les joues nues et rouges; les barbillons larges, bien arrondis et pendants; le bec court, fort, couleur corne foncée, bleuâtre

ou blanc, suivant les variétés ; les tarses de longueur
un peu au-dessous de la moyenne, de couleur ardoisée,
nus et portant quatre doigts. La poule porte la crête
latéralement tombante ; elle est très-bonne pondeuse ;
ses œufs sont blancs et de grosseur ordinaire ; elle
couve assez rarement, mais s'en acquitte bien. Les poussins sont rustiques, précoces, très-aptes à l'engraissement, et leur chair est très-estimée pour sa finesse et
sa délicatesse. Il est regrettable que, jusqu'ici, l'industrie privée n'ait pas cru devoir faire pour la multiplication de cette excellente variété ce qu'elle a fait pour
la race de Houdan.

On connaît de la variété bressanne trois sous-variétés
de plumage :

La *sous-variété noire*, la plus commune et que l'on peut
regarder comme typique, est noire avec reflets métalliques et luisants chez le coq ; plus terne chez la poule.

La *sous-variété blanche*, produit d'un albinisme que
l'on voit se produire dans toutes les races, sous-races
et variétés, est entièrement blanche.

La *sous-variété grise* porte le plumage suivant : chez
le coq, le plastron et le camail sont blancs ; le dos
blanc tacheté de gris ; les ailes blanches avec deux
barres noires transversales et parallèles ; les faucilles
noires lisérées de blanc, les grandes caudales noires.
Chez la poule, la tête, le camail et tout le dessous du
corps blanc ; le dos, les reins, le dessous des ailes et
la queue blanc crayonné de gris.

Ce que l'on nomme la race de *Barbezieux* ne paraît
être qu'une *sous-variété* de la race ou plutôt variété de
la Bresse, dont elle ne diffère que par sa taille plus

forte. En effet, elle porte la crête simple, droite, les oreillons blancs, les joues rouges, le bec et les tarses gris plombé, quatre doigts et le plumage entièrement noir à reflets métalliques chez le coq, terne chez la poule. Celle-ci est également bonne pondeuse et médiocre couveuse; les poussins sont rustiques et précoces; les poulets, très-aptes à l'engraissement, d'une chair abondante et très-fine.

18° LA RACE DE LA FLÈCHE (fig. 13), dit M. La Perre de Roo, « est la plus ancienne de toutes les races de France ». Par son port, sa démarche fière et hardie, elle rappelle beaucoup celle de Bréda, et surtout la race espagnole, dont M. Jacques la croit issue par suite de croisements avec le crèvecœur. D'autres éleveurs pencheraient plutôt à la regarder comme descendant du bréda, avec lequel elle a pour ressemblance le bouquet de plumes roides, sorte d'aigrette qui surmonte le crâne; mais au lieu de constituer, comme chez le coq de Bréda, une simple caroncule capsulaire et noirâtre, la crête du la Flèche naît d'une petite saillie à la base du bec et se prolonge en arrière par deux petites cornes plus ou moins régulières et cylindriques, pointues à leur extrémité, et de couleur rouge. C'est là un caractère qui nous paraît typique et que nous ne retrouvons que dans les races issues de celle-ci. (Voy. fig. 16.)

« La tête du coq, de grandeur moyenne, est surmontée d'une élégante crête, longue, transversale, double, formant deux cornes d'un rouge vermillon, réunies à leur base et s'écartant du haut; la crête la plus correcte est celle qui est la moins chargée de

ramifications et dont les deux cornes qui la composent
sont bien pareilles ; un petit tubercule ou troisième
corne charnue, moins élevée que les deux cornes postérieures, se dresse à la base de la mandibule supérieure du bec et complète la crête, de même qu'elle

Fig. 13. — Coq de la Flèche.

augmente l'originalité de l'aspect général de la tête. »
(LA PERRE DE ROO, l'Acclimatation, 12 janvier 1879,
p. 19.) Une huppe rudimentaire composée de quelques
petites plumes courtes se dresse sur le haut de la tête ;
les oreillons sont très-développés et d'un blanc farineux ;
les joues rouges et nues ; les barbillons très-longs ; les

tarses longs, forts, nus, noirs ou au moins gris très-foncé; les doigts très-longs, avec quatre doigts à ongles noirs; la queue médiocrement touffue, avec des faucilles longues et larges; la taille élevée au-dessus de la moyenne; les formes larges et arrondies. La poule présente les mêmes caractères, proportionnellement à son sexe; elle est bonne pondeuse; ses œufs,

Fig. 14.

allongés et blancs, sont de poids au moins moyen; elle couve rarement; les poussins sont rustiques, précoces, très-portés à l'engraissement; leur chair est blanche et extrêmement fine. Les poids moyens sont les suivants :

AGE.	POULETS OU COQS.	POULETTES OU POULES.
Six mois (gras).	3^{kil} » à 3^{kil}500	2^{kil}500 à 3^{kil} »
Dix mois (gras).	4 » à 6 »	4 » à 4 500
Adultes (ordinaires). . .	3 750 à 4 »	2 750 à 3 500

Le plumage de la race est entièrement noir à reflets violacés chez le coq; sans reflets chez la poule. Il est à remarquer que le coq de la Flèche nous offre les oreillons blancs du coq espagnol, l'aigrette du coq de Bréda, les tarses et la stature du coq malais.

La *variété du Mans* ou du Maine pourrait bien avoir la même origine que le la Flèche, sauf que la race de Hambourg aurait, dans le croisement, remplacé celle de Bréda. Aussi le coq du Mans et celui de la Flèche ne diffèrent-ils qu'en ce que le premier porte une crête volumineuse, double, frisée, aplatie, large en avant, détachée, pointue et relevée en arrière. La poule porte aussi la même crête, mais plus petite. Tous les autres caractères sont identiques, les aptitudes sont exactement semblables.

La *sous-race de Crèvecœur* (fig. 15) a, comme la plupart des autres races françaises, une origine très-incertaine. On la dit originaire de Normandie ou de Picardie, sans doute parce qu'il y a trois villages portant ce nom de Crèvecœur, l'un dans le Calvados, l'autre dans l'Oise, et le troisième dans le Nord. Elle tient à coup sûr du la flèche par sa crête cornue, d'une race à huppe et à cravate, par ces caractères; la huppe et les oreillons bleu nacré lui viennent sans doute de la race hollandaise huppée (variété noire à huppe blanche), et en effet, malgré tous les soins, on voit presque toujours le blanc reparaître dans la huppe; la cravate et les favoris peuvent provenir du padoue (variété noire). Ce serait donc une sous-race artificiellement obtenue de croisements multiples.

Le coq de Crèvecœur porte une crête (fig. 16) naissant au-dessus de la base du bec et se divisant en deux cornes cylindriques et plus ou moins régulières, divergentes et pointues au sommet, de couleur rouge vermillon vif; une huppe très-fournie, retombante, avec quelques plumes du sommet seulement redressées; les oreillons petits, rouge pâle ou bleu nacré et

F g. 15. — Coq de Crèvecœur.

cachés sous la plume; les joues garnies de favoris; les barbillons très-petits, surmontant une cravate très-fournie; le bec de couleur de corne foncée ou noire; les tarses courts, forts, noirs, nus, suivis de quatre doigts. La poule (fig. 17) porte la même crête que le coq, mais plus petite; les favoris et la cravate très-fournis; les oreillons petits, rouge, sablé de blanc ou bleu nacré;

elle est bonne, mais tardive pondeuse; ses œufs, de forme allongée et blancs, sont de poids moyen; elle couve rarement; les poussins sont rustiques, précoces, très-aptes à prendre la graisse; leur chair blanche est extrêmement fine et délicate. La taille de cette sous-race est un peu plus faible que celle du crèvecœur, ce qui est dû à une plus grande brièveté des tarses; les

Fig. 16. — Trois formes de crête des coqs de race Crèvecœur et la Flèche.

formes sont relativement volumineuses, carrées et trapues. Les poids moyens sont les suivants :

AGE.	POULETS OU COQS.		POULETTES OU POULES	
Cinq mois (gras). . . .	2^{kil}500 à 3^{kil}	»	2^{kil} »	à 2^{kil}500
Dix mois (gras).	4 500 à 5	»	3 500 à 4	»
Adultes (ordinaires). . .	4 500 à 4	»	3 »	à 3 500

Le plumage typique de la race est entièrement noir, avec reflets métalliques chez le coq, sans reflets chez la poule. Le coq a la queue très-grande, très-fournie, à faucilles longues et larges. On en connaît trois variétés de plumage :

La *variété blanche* à plumage tout blanc, velouté chez le coq à la huppe, au camail, au dos, aux ailes, à la couverture de la queue, mat sur le reste du corps, de même que celui tout entier de la poule.

La *variété bleu ardoisé* à plumage fond bleu ardoise chez le coq, avec teintes plus foncées à la huppe, aue camail, au dos, aux ailes, à la couverture de la queu

Fig. 17. — Poule Crèvecœur.

et aux faucilles; la poule est entièrement bleu ardoisé sans mélange de blanc, de gris ni de noir.

La poule de *Caumont* n'est, de l'aveu général, qu'une *variété* de la sous-race de Crèvecœur, variété aussi estimée dans le pays même que la sous-race. Voici, en effet, ce qu'en dit un éleveur des plus compétents du Calvados, M. Ed. Maillard : « Aux marchés de Moult-Argences et de Saint-Pierre-sur-Dives, le caumont se vend plus cher que le crèvecœur... Mainte-

nant, c'est ma volaille courante, celle que je préfère
pour la table. Le caumont a les os aussi légers que le
crèvecœur, plus légers que le houdan; sa chair est
fine, courte, blanche, prend très-facilement la graisse,
même en liberté. Les poulets sont robustes, précoces,
et donnent, à l'âge de deux mois et demi à trois mois,
un manger excellent; à six mois, ils ont presque atteint
leur entier développement. A cet âge, la poularde en
graisse pèse de 3 kilogr. à 3 kilogr. 500. Tué, troussé,
prêt à être mis à la broche, le caumont ne diffère en
rien du crèvecœur; aussi, est-il journellement vendu
sur le marché de Paris comme tel; et maint gourmet
en savoure la chair en la proclamant la plus délicate
des races françaises. De fait, la chair de ces deux
espèces se ressemble, et l'une est aussi succulente que
l'autre. » (*L'Acclimatation*, 13 août 1876, p. 341.)
La poule de Caumont ne diffère du crèvecœur qu'en
ce que la huppe est moins fournie et que la cravate est
absente. Elle est plus rustique, craint moins l'humidité,
est meilleure pondeuse et tout aussi précoce. Son plumage est entièrement noir. Caumont est un petit village du Calvados, dans l'arrondissement de Bayeux; il
s'y fait un important commerce de volailles.

La poule de *Caux* ne paraît également être qu'une
variété de la sous-race de Crèvecœur probablement
croisée avec l'espagnole. Cette variété est très-rare à
l'état de pureté, et voici en quels termes un éleveur du
pays en parle : « La poule de Caux doit avoir un plumage entièrement noir; une ou deux plumes blanches
dans les ailes peuvent être tolérées; mais en dehors de
cela, toute plume blanche est un signe de dégénéres-

cence ou de croisement. Cette race a la tête petite, ornée d'une crête simple, dentelée, droite et assez grande par rapport à la taille de l'animal, qui pèse généralement (la poule) de 1 kilogr. 500 à 2 kilogr.; les oreillons sont blancs, bordés d'une teinte bleuâtre; les pattes bleues, complétement nues, et les doigts au nombre de quatre. Le coq, qui présente exactement les mêmes caractères que la poule, est, malgré son plumage sombre, un très-bel oiseau; son habit noir reflète, sur le camail et les ailes, des teintes bleues et vertes du plus bel effet. La crête est grande, simple, et ses longs barbillons du plus beau vermillon, comme la crête. La poule de Caux pourrait, je crois, rivaliser avec la poule espagnole, mais elle a sur cette dernière un immense avantage, la rusticité; jamais de crêtes gelées, jamais de maladies. Comme poule de ferme, c'est pour moi la meilleure race... Les poulets de cette race, bien nourris, mais non engraissés, font d'excellentes volailles, et on les vend avantageusement comme poulets de grains. » (VERRIER, l'Acclimatation, 6 août 1876, p. 332.) Ainsi, le plumage est entièrement noir, avec les oreillons blancs bordés de bleu nacré, les tarses nus et bleus; la crête simple, droite, régulièrement et profondément dentelée, ce qui semble indiquer plus de sang espagnol que crève-cœur. La poule, bonne pondeuse, couve rarement et mal; les poussins sont rustiques, précoces, très-aptes à l'engraissement. C'est cette race qui fournit la majeure partie des œufs exportés de Normandie en Angleterre.

La sous-race de Houdan (fig. 18 et 19) doit son nom

au chef-lieu de canton (Houdan, Seine-et-Oise) dans lequel son élevage a reçu le plus de développement. Elle tend à se répandre de plus en plus, depuis que deux éleveurs, MM. Roullier-Arnoult, à Gambais, et Voitellier, à Mantes, ont installé sa production industrielle. On la dit fort ancienne, ce que l'on ne prouve pas, et l'on ignore son origine. Elle se distingue par

Fig. 18. — Coq de Houdan.   Fig. 19. — Poule de Houdan.

deux caractères originaux : la crête triple dont les deux lobes latéraux sont aplatis, divergents, assez développés et dentelés, et dont le médian, aplati aussi, est plus petit et se dresse parallèlement au bec; cette conformation de la crête nous semble une modification de celle du crèvecœur. En second lieu, elle présente cinq doigts au pied, ce qui provient évidemment pour nous, sinon d'un croisement avec le dorking, du moins avec la race commune à cinq doigts de la Belgique et du nord de la France; enfin elle porte la huppe, les favoris

et la cravate, comme le crèvecœur et la hollandaise
huppée. Pour nous, la forme de la crête, la présence
de la huppe, des favoris et cravate, sont des caractères typiques. Personne n'osera affirmer que le houdan soit né avec ces caractères; il les a donc emprun-
tés, pour les réunir, à des races qui les possédaient
soit réunis, soit séparés; c'est donc, quoi qu'on veuille
dire, une race issue de croisements assez multiples,
ce qui ne préjuge rien de sa qualité ni de sa fixité. Il
y a moins de vingt ans, le type pur était extrêmement
rare, et je ne l'ai rencontré que très-exceptionnelle-
ment sur le marché de Dreux; depuis que l'on a organisé les concours généraux et régionaux, et surtout les
élevages industriels, le type a été régénéré et multi-
plié. Nous en croyons pouvoir conclure qu'il est à
souhaiter que l'industrie fasse les mêmes tentatives
sur les meilleures de nos autres races françaises, car,
malgré toutes ses qualités, le houdan ne saurait
répondre à toutes les situations, à tous les sols, à
tous les climats; c'est une bonne race, mais il n'est
pas prouvé qu'elle soit partout et toujours la meilleure.

Le coq de Houdan, avons-nous dit, porte la crête
triple, « ressemblant, dit M. La Perre de Roo, à la
feuille crénelée du chêne à pétiole épais et faisant
saillie, ou encore à un papillon-paon du jour, aux
ailes dentelées et à demi déployées ». La huppe, moins
fournie que celle du padoue, retombe sur les côtés et
en arrière; le bec est de couleur corne, foncée à la
base, claire à la pointe, de longueur moyenne, un peu
crochu; les oreillons sont blancs, petits, en partie

recouverts par les favoris ; les joues rouges et nues ; les barbillons petits, rudimentaires chez la poule ; la cravate plus évasée latéralement, plus étroite au milieu, descendant au tiers environ de la longueur du cou ; les tarses courts ($0^m,11$ à $0^m,12$), forts, nus, couleur de chair chez les jeunes, gris clair chez les adultes ; le pied formé de cinq doigts, dont les deux postérieurs tantôt superposés, tantôt alternés ; la taille est un peu inférieure à celle du crèvecœur ; le corps est large, massif, à formes arrondies, sauf le bréchet, qui est proéminent. Chez la poule, la crête a la même disposition, mais reste rudimentaire, et la huppe, plus garnie, retombe en avant comme tout autour de la tête, cachant en partie les yeux ; elle se montre pondeuse précoce et abondante, mais couve rarement ; ses œufs sont blancs et de bonne grosseur. Les poussins sont assez rustiques, précoces, aptes à l'engraissement à tout âge, ce que dénote la finesse du squelette dans la race, dont la chair est excellente et très-fine ; les poids moyens sont les suivants :

AGE.	POULETS OU COQS.		POULETTES OU POULES.	
Quatre mois (gras)...	$2^{kil}500$ à 3^{kil} »		2^{kil} , à $1^{kil}500$	
Huit mois (gras).....	3 250 à 4 »		2 750 à 3 200	
Adultes (ordinaires)...	3 » à 3 500		2 500 à 3 »	

C'est une des races dans lesquelles la poule, par son poids, se rapproche le plus du mâle adulte. Le plumage de la race considérée dans toute sa pureté est exclusivement caillouté de noir sur fond blanc et formé partie de plumes toutes blanches ou toutes noires et de plumes partie noire et partie blanche ; le

blanc et le noir, dans l'ensemble, doivent être parta-
gés par quantités égales ; toute plume jaune paille ou
rouge est considérée comme un signe de croisement
et d'impureté ; les trois premières rémiges de l'aile
doivent être blanches. Le plumage tend de plus en
plus à blanchir avec l'âge.

Il y en a une *variété blanche* qui conserve tous les
autres caractères, sauf la couleur du bec et des tarses,
qui sont devenus couleur de corne et couleur de chair.
Cette variété, que nous avons vue en troupe nombreuse
à Grignon, à côté de la race typique, présentait cette
bizarre particularité que la famille blanche et la
famille cailloutée s'étaient cantonnées exclusivement
chacune dans l'une des deux grandes cours communi-
quantes de la ferme ; il était très-rare qu'une poule
blanche se présentât en intruse dans le domaine des
cailloutées et à l'inverse, et l'imprudente payait toujours de nombreux coups de bec son escapade.

M. Voitellier, éleveur à Mantes, présenta à l'Exposition universelle de 1878 une *variété* du houdan
qu'il appelle race ou sous-race de *Mantes*, et qu'il dit
avoir recomposée avec quelques spécimens épars dans
la contrée. Elle ne diffère du houdan qu'en ce qu'elle
n'a pas de huppe, mais une crête simple, droite, dentelée, retombant latéralement chez la poule, et quatre
doigts aux pieds. Elle a conservé la cravate, le plumage caillouté, l'aptitude à la ponte et la précocité.
Lorsque cette variété sera bien confirmée et si ses
aptitudes sont égales à celles de la race, elle nous
paraîtra devoir obtenir sur elle la préférence à cause
de l'absence de huppe.

M. La Perre de Roo nous apprend qu'en Angleterre, on a tenté, par le croisement avec le padoue, d'obtenir un plumage plus régulier, mais qu'on y a renoncé parce que le résultat s'était traduit par une ponte moins abondante et une chair de moindre finesse. (*L'Acclimatation*, 23 février 1879, p. 92.)

19° La RACE COMMUNE A CINQ DOIGTS (*Gallus pentidactylus*). La pentidactylie est un phénomène anormal dans la classe des oiseaux, où le nombre des doigts (outre l'éperon caractéristique du mâle, dans certaines espèces) ne varie que de 2 à 4. L'espèce du coq domestique est peut-être la seule qui l'ait présentée. Ce fait tératologique s'est produit de temps immémorial sans doute, comme il se produit encore de nos jours de temps en temps, et il s'est fixé comme il se fixe encore aisément dans une famille dont on peut faire avec le temps une race par la sélection. Ce que l'on sait par Columelle, c'est que, au commencement de notre ère, les Romains, et sans doute les Espagnols, possédaient déjà une race à cinq doigts, très-estimée.

M. La Perre de Roo (*l'Acclimatation*, 13 avril 1879, p. 176) a décrit la race commune à cinq doigts, qu'il dit être assez répandue en Belgique (environs de Thield, Courtrai, Bruges, Gand, etc.) et dans les départements du nord de la France, où elle jouit d'une haute réputation. Le coq a la crête simple, droite, assez haute, dentelée, rouge ; les oreillons moyens et rouges ; les joues nues autour de l'œil seulement et rouges ; les barbillons longs et pendants ; le bec moyennement long, crochu et fort ; les tarses

courts, nus, nerveux, de couleur chair ; cinq doigts
au pied ; la taille moyenne ; la queue très-fournie et
ornée de faucilles longues et larges ; le corps large et
de formes arrondies ; la cuisse charnue. La poule a le
bec couleur corne claire ; la crête simple, droite, assez
haute et dentelée régulièrement ; les joues emplumées ; le ventre traînant presque à terre ; elle est bonne
pondeuse et très-médiocre couveuse ; ses œufs sont
blancs et de grosseur ordinaire ; les poussins sont rustiques, moyennement précoces, assez faciles à engraisser,
ont la peau très-blanche et la chair assez fine.

Le plumage ne paraît point très-fixe ; le coq a
d'ordinaire le camail, le dos et les lancettes de couleur jaune paille ; les épaules roux velouté ; les
grandes couvertures des ailes noir à reflets violacés ;
le col blanc ; le plastron noir lustré ; le dessous du
corps, noir-mat ; les grandes caudales noires ; les
faucilles noires à reflets violacés. La poule est, le
plus souvent, grise ou couleur perdrix.

Ce que l'on nomme la race *coucou* paraît être une
variété résultant du croisement de la race de Hambourg avec celle espagnole ; en effet, le coq porte
tantôt la crête frisée, très-large, carrée en avant, pointue et relevée en arrière ; tantôt simple, droite, très-
haute et régulièrement dentelée, avec les oreillons
blanc sablé de rouge ; les barbillons sont de longueur
moyenne ; le bec couleur corne claire ; les tarses
courts (0^m,09), nus et de couleur de chair ; quatre
doigs au pied ; la taille est celle ordinaire. La poule
porte la crête simple ou frisée, mais petite ; elle est

bonne pondeuse et médiocre couveuse. Le poids moyen du coq adulte est de 2 kilogr. 750 à 3 kil. 150 ; de la poule, 2 kilogr. 500 ; les poulets gras peuvent ateindre, à six mois, 2 kilogr. à 2 kilogr. 500 ; les poulettes, 1 kilogr. 500 à 1 kilogr. 750. Le plumage est entièrement gris coucou, dans les deux sexes ; chez le coq, le camail et les lancettes offrent une teinte plus claire que le reste du corps, avec des reflets argentins ; les faucilles sont blanches, et barrées transversalement de noir. On la rencontre en France (Normandie), en Belgique et en Angleterre.

Enfin, citons parmi les races, sous-races ou variétés récemment introduites en France, celle de *Tamerlan*, dont on ignore l'origine et dont l'élégant plumage paraît constituer le principale mérite comme oiseau de volière ; celle de *Jérusalem*, d'origine ancienne, à en juger par la fixité de ses caractères, mais inconnue. Elle serait, d'après les uns, blanche comme la neige (coq et poule), avec le camail herminé foncé, très-tranché, et la queue presque noire ; la crête serait simple, les pattes bleues et la taille un peu au-dessous de la moyenne. Selon d'autres, sa robe serait teintée d'une nuance jaune rosé très-clair, à peine appréciable, et tiquetée de petites taches noires et espacées. Sa chair serait de bon goût, et la poule serait bonne pondeuse, etc.

Il est bien entendu que nous n'avons nullement la prétention d'avoir ici décrit ou même indiqué toutes les races, sous-races et variétés de l'espèce galline ; nous avons dû nous borner aux principales, et nous les avons cru devoir diviser, pour l'instruction plus complète du lecteur, en deux catégories, comprenant :

l'une, les oiseaux de fantaisie ou de volière; l'autre, les races de produit ou de basse-cour. Mais auparavant nous ferons remarquer que, malgré toutes leurs qualités de pondeuses ou couveuses, les races fortement huppées, celles fortement pattues, ne sauraient être admises à garnir nos basses-cours, justement à cause des ornements dont les a gratifiées la nature; les unes sont contrariées par les plumes qui, en temps de pluie, les aveuglent, les empêchent de retrouver le chemin de la ferme, de voir les mares dans lesquelles elles peuvent se noyer; les autres ne peuvent aller chercher leur nourriture dans les champs voisins, si ceux-ci sont en terre forte et détrempés en hiver, les plumes de leurs pattes étant bientôt recouvertes de cette argile qui rendrait leur marche impossible. D'un autre côté, les sous-races ou variétés de la race de combat, à cause de leur caractère farouche, querelleur et cruel, ne peuvent toutes être entretenues en liberté, parce que les jeunes poulets et les femelles même se livrent des combats acharnés qui se terminent le plus souvent par la mort de l'un des deux adversaires. Les bentams, bien que prédestinés par leur taille à la volière, trouvent encore leur place dans la basse-cour, comme couveuses des œufs abandonnés. D'un autre côté, les cochinchinois, qui sont bien évidemment aussi des animaux de volière, peuvent trouver encore leur place dans la basse-cour, les mâles, pour faire des croisements, et les femelles, comme couveuses et surtout comme éleveuses.

Nous avons vu que les naturalistes reconnaissent quatre espèces de coqs sauvages d'où seraient probablement descendues toutes nos races domestiques; ce ne serait pas, en tout cas, sans que les types origi- naires aient subi de notables modifications. En effet, toute espèce est variable, dans des limites plus ou moins étendues, soit qu'elle reste dans l'état naturel, c'est-à-dire qu'elle continue la vie sauvage, soit surtout qu'elle soit réduite en domesticité, séjourne sous son climat natal et mieux encore soit dépaysée. C'est ainsi que le Gallus Bankiva de l'Inde a les oreillons blancs et les tarses d'un bleu plombé, tandis que celui de la péninsule malaise et de Java a les oreillons rouges et les tarses jaunâtres. Ces quatre types primitifs ont tous la crête simple, droite, dentelée, et non accompagnée de huppe; tandis que, de nos races domestiques, les unes ont la crête double ou frisée, bilobée ou tribolée, parfois à l'état rudimentaire ou de simple caroncule nasale; les autres l'ont remplacée par une huppe, dans certains cas accompagnée de favoris et de cra- vate. Les types primitifs n'ont chacun que quatre doigts aux pieds, des vertèbres caudales et un crou- pion portant une queue plus ou moins fournie et érigée, portant des faucilles; ils portent des plumes formées d'une tige munie de barbes qui supportent des barbules portant des crochets; ils ont la peau variant du blanc au jaune et le périoste blanc jaunâtre; les tarses d'une longueur proportionnée à leur espèce et aux dimensions de leur corps; les plumes avec l'extrémité dirigée vers l'arrière du corps. Or, nous avons des races domestiques à cinq doigts, sans crou- pion et conséquemment sans queue, à plumes simple- ment composées d'une tige et de barbes dépourvues de barbules et de crochets ; d'autres à peau et à périoste noirs, à tarses d'une brièveté extrême, au point de rendre la marche impossible ; à plumes renversées, c'est-à-dire dont l'extrémité regarde la tête, etc.

Ces variations peuvent se rapporter à 16 types, que nous distinguerons ainsi :

1° *Gallus Bankiva*, race malaise.

2° — *giganteus*, races Nankin, Brahma-pootra, Langshan, Dominique.

3° — *cristatus*, races de combat du Nord, de combat anglaise, espagnole, dorking, de Bresse.

4° — *umbellatus*, race de Hambourg.

5° — *carunculatus*, race de Bréda.

6° — *cornutus*, race de la Flèche.

7° — *upupatus*, races de Padoue, hollandaise, turque et variétés huppées.

8° — *pusillus*, races de Nangasaki, Bentam, Sebright, naine anglaise.

9° — *pumilio*, races du Cambodge, courtes-pattes.

10° — *plumipes*, variétés pattues en diverses races.

11° — *pentidactylus*, race commune à cinq doigts.

12° — *nudicollis*, race de Transylvanie à col nu.

13° — *crispus*, race cafre ou frisée ; variétés inverses de diverses races.

14° — *lanatus*, race soyeuse du Japon.

15° — *morio*, race négresse du Mozambique.

16° — *ecaudatus*, race de Wallikikilli sans croupion.

RACES OU VARIÉTÉS PROVENANT DE CROISEMENT DES TYPES.

Gallus umbellatus et *cristatus*, races de la Campine, coucou, française.

— *carunculatus* et *cornutus*, race de la Flèche.

— *cornutus* et *upupatus*, races de Crèvecœur, de Caumont.

— *cornutus* et *cristatus*, race de Caux.

— *cornutus*, *upupatus* et *pentidactylus*, race de Houdan.

Au point de vue de la taille, nous pourrons ainsi classer les races :

1º *De taille au-dessus de la moyenne :* races de Nankin, Brahma-pootra, Langshan.

2º *De taille moyenne :* races malaise, de combat du Nord, de combat anglaise, espagnole, Dorking, Dominique, Hambourg, Padoue, hollandaise, de Transylvanie, Campine, Bressanne, de la Flèche, du Mans, de Crèvecœur, de Caumont, de Caux, Houdan, commune à cinq doigts, coucou française, et, si par taille on voulait entendre le poids, les races du Cambodge et courtes-pattes française.

3º *De taille au-dessous de la moyenne :* les races turque, de Nangasaki, Bantam, Sebright, naine anglaise, frisée ou cafre, soyeuse du Japon, nègre de Mozambique, Wallikikilli, Gondook.

Étant admis que la généralité porte les oreillons rouges, nous rassemblerons la liste de celles à oreillons blanc pur ou blanc nacré : races espagnole, Dorking, Hambourg, Padoue, hollandaise, Nangasaki, courtes-pattes française (parfois), soyeuse du Japon, négresse de Mozambique, de Wallikikilli, Gondook, Campine (parfois), de Bresse, de la Flèche, du Mans, Crèvecœur (parfois), Caumont (parfois), de Caux. A oreillons blanc sablé de rouge : les races de Campine (parfois), coucou française. A oreillons rouge pointillé de blanc : la race Sébright. Sans oreillons : Bantam, naine anglaise.

Si nous admettons que les joues sont généralement nues et rouges, nous les trouverons : nues et blanches dans les races espagnole, Bantam, naine anglaise, Wallikikilli, coucou française ; rouges garnies de duvet blanc dans le Dorking, Sebright, soyeuse du Japon ; emplumées chez les Padoue, hollandaise, turque, cafre, Gondook ; garnies de favoris dans le Crève-cœur, le Caumont, le Caux.

La cravate ou collerette étant un ornement exceptionnel, nous signalerons sa présence dans les races : Gondook, Crèvecœur, et une demi-cravate seulement dans celle soyeuse du Japon.

Les tarses sont ordinairement nus ; nous les trouvons emplumés dans les races : Nankin, Brahma-pootra, Langshan, turque, Bréda, négresse du Mozambique et Gondook. Ils sont le plus fréquemment de couleur grise plus ou moins foncée et variant jusqu'au bleu et au noir ; nous les trouvons couleur de chair dans les races : Dorking, turque, soyeuse du Japon, commune à cinq doigts et coucou française ; jaune clair ou vif dans les races : malaise, Nankin, Brahma-pootra, Dominique, Nangasaki.

L'espèce galline présente trois aptitudes distinctes et qui ne peuvent se concilier que dans certaines

mesures : la précocité dans le développement et l'aptitude à produire de la chair de bonne qualité ; l'aptitude
à la ponte ; l'aptitude enfin à l'incubation. La précocité
et la production de la viande se concilient assez bien
avec la ponte, mais rarement (sauf dans le dorking et
la courtes-pattes française avec l'incubation) ; les races
bonnes pondeuses (sauf les races de Nankin, Brahma-
pootra, Langshan et négresse du Japon) ne sont point
d'ordinaire disposées à l'incubation. Ces degrés divers
d'aptitude sont indiqués dans le tableau suivant :

Races, sous-races, variétés.	PONTE.	INCUBATION.
A. Races à viande.		
De la Flèche.	bonne. . . .	rare.
Du Mans.	bonne. . . .	très-rare.
De Crèvecœur.	bonne. . . .	très-rare.
De Houdan.	bonne. . . .	rare.
De la Bresse.	bonne. . . .	rare.
Dorking.	bonne. . . .	bonne.
B. Races pondeuses.		
De la Campine.	très-bonne.	rare.
Courtes-pattes française. .	très-bonne.	bonne, mais tardive.
Espagnole.	très-bonne.	rare.
Cochinchinoise de Nankin.	très-bonne.	très-bonne.
Brahma-pootra.	très-bonne.	très-bonne.
Leghorn.	très-bonne.	rare.
Langshan.	très-bonne.	bonne.
Bréda.	bonne. . . .	bonne.
Hambourg.	bonne. . . .	très-rare.
C. Races mixtes et diverses.		
De Padoue.	assez bonne.	rare.
Hollandaise.	assez bonne.	très-rare.
Bantam.	assez bonne.	très-bonne.
Anglaise naine.	assez bonne.	très-bonne.
Négresse du Japon. . . .	bonne. . . .	très-bonne.

OEufs. En général, les œufs de nos races domestiques sont d'une couleur blanche plus ou moins pure ;
cependant ceux de la race malaise sont d'un jaune
pâle, d'un jaune nankin ou chamois, d'un jaune paille
clair dans les races de combat ; grisâtres ou charbon-
nés dans la race nègre, celles cafre et soyeuse. D'après
Ferguson, la couleur du jaune de l'œuf, ainsi que
celle de la coquille, diffèrent un peu dans les variétés
de la race de combat et paraissent être, à quelque
degré, en corrélation avec la couleur du plumage.
D'après Darwin, les œufs de coloration plus foncée
caractériseraient les races récemment importées d'Orient
ou celles qui sont encore très-voisines des races vivant
actuellement dans cette région.

Ostéologie. Dans les races complétement et fortement huppées, le crâne, à sa partie supéro-antérieure,
est très-saillant, garni de protubérances, et présente
une foule de perforations singulières ; dans les races
demi-huppées ou à huppe moyenne, cette huppe ne
repose que sur une masse charnue, et le crâne ne présente aucune protubérance ; enfin, dans les races qui
n'ont qu'une huppe très-petite, la partie du crâne qui
la porte n'est percée que de quelques minimes ouvertures, et il n'y a aucune protubérance ; exemple du
premier cas, le crèvecœur ; du second cas, le padoue ;
du troisième, la négresse. Les races à crête ont, comme
le *Gallus Bankiva*, le crâne dégarni de protubérances
et d'ouvertures anormales. D'après Darwin, on trou-
verait assez fréquemment une côte supplémentaire à
la quatorzième vertèbre cervicale chez les races de
combat et de Hambourg (neuf côtes au lieu de huit) ;

deux squelettes de turcs sultans lui ont présenté huit
vertèbres dorsales au lieu de sept; un profond sillon
médian des os frontaux, ainsi que l'allongement du
diamètre vertical du trou occipital, sembleraient carac-
tériser les cochinchinois; la grande largeur des os
frontaux, les dorkings; les espaces vides entre les
extrémités des branches montantes des maxillaires
supérieurs et entre les os nasaux, ainsi que la faible
dépression de la partie antérieure du crâne, les hambourgs; la forme globuleuse du derrière du crâne,
certains bantams; enfin la grande protubérance du
crâne, l'atrophie partielle des branches montantes des
maxillaires supérieurs, seraient essentiellement carac-
téristiques des races, sous-races ou variétés huppées.

§ 4. — MOEURS DES COQS DOMESTIQUES.

Le coq sauvage, habitant des forêts, des fourrés,
des montagnes ou des plaines à peu près désertes, est
d'un naturel craintif, d'un caractère farouche, querelleur, féroce même, qu'il a transmis à celles de nos
races qui paraissent en descendre le plus directement,
les races de combat; la domestication prolongée suffit à peine à calmer l'irritabilité, la jalousie, l'instinct
de la lutte, non-seulement dans le mâle, mais parfois
aussi dans les femelles. D'un autre côté, nous devons
confesser que, dans certains pays, non-seulement au
Japon, mais en Europe, non-seulement en Hollande,
en Belgique et en Angleterre, mais en France et jusqu'à ces dernières années, les combats de coqs ont
fait l'amusement des curieux et souvent la ruine ou la

fortune des parieurs ; si bien qu'on a élevé, amélioré, perfectionné dans ce but certaines races spéciales. Dans nos races domestiques en général, le coq est fier, altier, plein de courage pour défendre ses épouses contre les ennemis, rempli de sollicitude pour elles, presque toujours familier avec l'homme, et vit en bonne intelligence avec les mâles d'autres espèces de la basse-cour ; mais s'il s'y trouve plusieurs coqs du même âge, il y a ordinairement combats successifs jusqu'à ce que leur force relative soit bien constatée ; dès lors la hiérarchie de puissance s'établit, et le bon ordre renaît.

Le coq sauvage aussi bien que le coq domestique sont polygames ; chaque mâle règne comme un sultan dans sa tribu, poursuit les intrus et punit les infidélités ; néanmoins, il est à peu près impossible de conserver pures l'une à côté de l'autre, en liberté, deux races différentes, quelles qu'elles soient ; il y a toujours de nombreux croisements. Le seul fait, assez curieux du reste, que nous ayons observé, de deux races vivant côte à côte, en liberté et sans se mélanger, s'est passé à l'École d'agriculture de Grignon, où la volaille parcourait librement deux cours de ferme contiguës et communiquant par un portail tenu constamment ouvert ; dans l'une de ces cours s'étaient cantonnés les houdans de la race type, dans l'autre une variété très-fixe de houdans blancs ; et malheur à celui ou à celle qui se présentait chez les voisins ; il y était mal reçu et reconduit à coups de bec. Notez que le chiffre à peu près également partagé de la population s'élevait en total à environ trois cents têtes.

D'après le naturaliste Jerdon, la poule Bankiva
pondrait, de juin à juillet, de huit à douze œufs d'un
blanc de lait, qu'elle dépose dans un trou légèrement
creusé dans le sol, qu'elle garnit d'un peu de feuilles
sèches ou d'herbe, et qu'elle a choisi bien caché dans
des bambous, un buisson, etc. La poule de Sonnerat
pond en juillet et août de sept à dix œufs seulement.
D'après Bernstein, la poule de Java ne pondrait probablement que quatre à six œufs d'un blanc jaunâtre.
La domestication a bien accru la fécondité de la poule
de nos basses-cours, puisque, au lieu d'une ponte par
an, elle en peut donner cinq à sept, et au lieu de
douze œufs, jusqu'à trois cents, ainsi que nous le
dirons tout à l'heure.

Pourtant, c'est à la condition que la domestica-
cation réunisse les conditions les plus favorables à
l'aptitude que l'on veut développer : bon air, logement salubre, liberté suffisante, nourriture appropriée
et régulière, proportionnalité des sexes, etc. La poule
est un oiseau à la fois granivore et insectivore, un pul-
vérateur qui aime l'espace, la liberté, et se plaît à
trouver sa nourriture en la déterrant à la surface du
sol. Dans la vie sauvage, elle est soumise à des alter-
natives d'abondance et de disette quant à sa nourriture ; aussi ne fait-elle qu'une ponte et une couvée ;
par une alimentation plus régulière et abondante, on
l'a amenée à produire jusqu'à trois cents œufs par an,
mais elle a perdu l'habitude de couver. Le défaut
d'espace, une liberté limitée, diminuent la fécondité
des mâles et même des femelles, et, si une nourriture
abondante et mal choisie intervient, déterminent l'obé-

sité. Aussi, dans la composition de la volière ou de la basse-cour, faut-il tenir compte de ces conditions. Tandis qu'un coq peut suffire pour vingt poules de taille moyenne tenues en basse-cour, c'est-à-dire en liberté, dans une cour de ferme; il en faut un pour cinq à six poules de grande taille ou pour celles tenues en volière.

En effet, d'après les expériences faites au Muséum de Paris, en 1864, par M. Z. Gerbe, et citées par M. Coste, la fécondation unique d'une poule par un coq ne s'étend qu'à sept ou dix-huit œufs au maximum. Voici le résumé de ces expérience :

Une poule et un coq sont mis en cohabitation du 9 au 10 juillet 1864; du 11 au 31 de ce mois, la poule pond quatorze œufs, dont dix sont féconds ; les premier, douzième, treizième et quatorzième sont inféconds.

Les mêmes animaux sont remis en cohabitation du 31 juillet au 1er août de la même année; du 1er au 14, la poule pond onze œufs, dont sept sont féconds ; les premier, neuvième, dixième et onzième sont inféconds.

Ces expériences manquent peut-être d'une complète précision scientifique, mais nous pensons qu'elles doivent peu s'éloigner de la vérité quand il s'agit d'oiseaux tenus en espaces limités ou en volière, comme ceux du Muséum ; en Angleterre, M. Lewis Wright a trouvé que, dans les mêmes conditions, la fécondation s'étendait à onze œufs. S'il est question de poules tenues en basse-cour, c'est-à-dire recevant ou se procurant un régime mixte dans une liberté illimitée, nous pensons qu'on peut accepter le chiffre de dix-huit œufs indiqué par M. Magne.

La durée de l'incubation est, en moyenne, de vingt à vingt et un jours, et les rares extrêmes sont de dix-neuf et de vingt-deux jours pour les œufs de poule. Après ce temps a lieu l'éclosion : les poussins naissent le corps recouvert seulement d'un duvet épais, mais court, de couleur jaunâtre, avec quelques bandes noires transversales au corps. Ce n'est que vers le cinquième ou sixième jour que les plumes de l'aile et de la queue commencent à pousser, et le corps ne se trouve complétement emplumé qu'à l'âge de trois semaines environ ; cette croissance des plumes constitue toujours une crise de développement plus ou moins dangereuse. Les poussins courent dès leur naissance ; ils ne commencent à manger cependant que le deuxième et le troisième jour, et ont besoin d'une nourriture préparée et spéciale ; ce n'est que vers l'âge de quatre à cinq semaines environ qu'ils sont en état de chercher et de trouver eux-mêmes leur nourriture. La mère, qui jusque-là les a abrités sous ses ailes, protégés contre leurs ennemis, promenés et instruits, la mère les abandonne alors et recommence à pondre. Les poussins sont devenus des poulets dès qu'ils ont quitté la poule ; ils seront eux-mêmes coqs et poules lorsque, âgés de six à quinze mois, suivant leur race et la saison où ils sont nés, ils deviendront adultes et aptes à se reproduire.

Il est à remarquer : 1° que le nombre des œufs annuellement pondus varie selon le climat, les races, le degré de liberté accordé aux animaux, la qualité, la nature et la quantité de la nourriture mise à leur disposition; 2° que le volume et le poids des œufs ne sont pas en rapport direct avec la taille et le poids moyens de la race; 3° que l'aptitude à la ponte et à l'incubation s'exclu presque toujours; 4° que l'aptitude à prendre la graisse et le développement précoce coïncide plutôt avec une ponte abondante qu'avec l'aptitude à l'incubation. Il est évident, en effet, qu'un même animal ne peut produire à la fois ou successivement, en abondance, de la viande, des œufs et des poulets; une ou deux aptitudes dominent les autres, et c'est au profit de celle-là ou de ces deux-ci que l'assimilation a lieu; il y a, il est vrai, des races mixtes, ni précoces ni tardives, pondeuses et couveuses médiocres, non mauvaises; mais celles-là payent mal la nourriture et les soins, et doivent être reléguées dans la volière de l'amateur que séduira peut-être la beauté de leur plumage ou quelque autre singularité.

Nous allons avoir, d'ailleurs, à revenir avec détail sur ces divers points de la direction des basses-cours, lorsque nous aurons traité en quelques mots de la volière.

§ 5. — LA VOLIÈRE.

Nous avons dit déjà (p. 19) quelles étaient les races plus spécialement destinées à la volière, bien que toutes y puissent être entretenues; mais, répétons-le, la volière, qui ne laisse aux oiseaux qu'une liberté, un espace limités, qui nécessite la distribution régulière et journalière de toute la nourriture indispensable, est plus favorable à l'engraissement qu'à la ponte, à l'élevage des races délicates que de celles rustiques, à la production des oiseaux de vente que des animaux de consommation ordinaire; elle peut être une source de profits, une industrie lucrative pour certains commerçants, mais elle est le plus souvent employée par des amateurs qui y cherchent une source de jouissances pour les yeux en multipliant de belles races ou des races singulières, les croisant entre elles, sans se soucier de la dépense ni des produits.

La volière est construite avec plus ou moins de luxe, elle est plus ou moins spacieuse, suivant la population qu'on y veut entretenir, selon la somme qu'on entend y consacrer; elle est l'ornement d'une maison de campagne, comme une faisanderie celui d'un parc. Tantôt, elle est construite à peu près sur le même plan général que le pigeonnier-volière [1]; d'autres fois, plus simple, elle consiste en un petit bâtiment adossé à un mur et précédé d'une clôture en treillage de bois, de fer ou de cordes goudronnés (fig. 23). La volière doit se composer d'autant de parquets complétement séparés qu'on désire entretenir l'une à côté de l'autre de différentes races pures, en réservant à la population de chacun d'eux un espace proportionné à la taille des animaux, aux mœurs de la race à laquelle ils appartiennent, etc. Chaque parquet aura, bien entendu, une porte spé-

---

[1] Voy. fig. 26 et 27. *Les pigeons de volière, de colombier, messager, militaire,* etc., par A. Gobin. Un vol in-18 prix 3 fr. Même librairie.

ciale comme son logement et une porte aussi dans le treillage; les clôtures seront soigneusement entretenues pour empêcher à la fois et le mélange des races et l'invasion des ennemis. Chaque compartiment sera garni d'une mangeoire à trémie (fig. 22, 24 et 26) ou autre, et d'un petit bassin en maçonnerie, en pierre ou en ciment Coignet, dans lequel les oiseaux puissent se baigner s'ils le désirent pendant les grandes chaleurs, et boire commodément en toutes saisons; la cour sera sablée et le sable fréquemment remué et renouvelé, afin que ses habitants puissent se poudrer et se procurer les petits graviers que nous savons être indispensables et à leur digestion et à leur ponte.

Nous ne saurions mieux faire, pour être utile au lecteur, que de décrire l'installation des poulaillers de volière installés par M. E. Lemoine dans son magnifique élevage de Crosne.

Le poulailler simple, en bois, couvert en chaume, élevé à 0^m,80 sur quatre poteaux, pouvant contenir vingt-deux bêtes, revient à 75 francs; il a 2^m,20 de largeur sur 1^m,80 de profondeur; les perchoirs sont séparés de 0^m,50. Pour loger quarante-cinq têtes, il faudrait lui donner 2^m,20 sur 2^m,70. Un poulailler double, c'est-à-dire pouvant servir à loger les volailles de deux parquets, avec séparation intérieure et deux portes d'entrée, construit en bois de 0^m,027 d'épaisseur, et pouvant loger quarante-cinq têtes, revient à 150 francs.

Un poulailler double, servant pour deux parquets, pouvant loger quarante-cinq têtes en deux compartiments, à double porte d'entrée et construit tout entier en ciment de Portland, revient à 260 francs.

Chaque case de poulailler, en bois ou ciment, est munie de deux portes : l'une pour les volailles, de 0^m,25 sur 0^m,35 ; l'autre pour la récolte et le nettoyage, de 1 mètre sur 0^m,40.

Chaque case est munie : d'un perchoir ; d'un pondoir, simple boîte de 0^m,35 sur 0^m,12 de hauteur ; d'une augette pour le grain et la pâtée ; d'un seau en terre pour la boisson, et d'une échelle pour donner accès aux volailles. Contre les piliers de chaque poulailler, est déposé un paravent mobile que l'on déplace à volonté selon la saison et la direction du vent.

La clôture des parquets consiste en un grillage en fil de fer anglais galvanisé, de 1^m,83 de hauteur, fil n° 10, mailles de 0^m,057, fixé sur des pieux en châtaignier ou acacia ; et cette clôture, fil de fer et pieux, revient à 2 fr. 90 le mètre courant. Avec les accessoires, portes de parquet, scellement, poulailler et mobilier, un parquet double en ciment revient à 527 fr. 30 ; avec poulailler double en bois, à 417 fr. 30.

M. Lemoine, qui fait l'élevage en grand et opère industriellement sur un assez grand nombre de races, était dans la nécessité d'isoler ses animaux par catégories, afin d'assurer la pureté des produits ; d'un autre côté, cet isolement était nécessaire afin d'éviter la mortalité par maladies contagieuses : « Avec cent sujets, dit-il, on doit réussir, toujours bien réussir ; mais il est très-difficile d'en élever deux ou trois mille. » Aussi ses quatre-vingt-cinq parquets sont-ils disséminés sur un parcours de plus d'un kilomètre, dans un beau parc de huit hectares.

Fig. 20. — Nouveau poulailler mobile, système Voitellier.

Le poulailler mobile de M. Voitellier (fig. 20) a le grand avantage de pouvoir être transporté à volonté, au nord et au midi, suivant la saison, dans une prairie quand il fait sec, sur une hauteur par les temps humides, de pouvoir parquer chaque jour, si on le veut, les volailles dans un endroit différent, et d'éviter ainsi les maladies et les épidémies causées par les agglomérations et le séjour trop prolongé des volailles sur un même point.

Il arrive un moment où le sol se fatigue de produire de la volaille, comme des céréales, et toutes les tentatives de modifications, tous les amendements, les produits chimiques deviennent inutiles. Le sol est saturé ; il lui faut du repos. Il faut qu'il dépense, sous une autre forme, l'excès d'engrais qu'il a reçu.

La plupart des grandes entreprises d'élevage de volailles échouent par ce seul fait, que l'on s'obstine à opérer toujours sur le même terrain.

Le poulailler mobile est donc la plus heureuse innovation que l'on puisse offrir aux éleveurs et aux amateurs. — La question de dépense n'est rien, quand il s'agit d'élever des volailles de race et des oiseaux de grande valeur : la réussite est tout.

Le poulailler mobile Voitellier peut s'appliquer aux faisans, aux volailles et à toutes espèces d'oiseaux.

C'est une petite cabane montée sur roues, divisée en deux compartiments. Le plus grand sert de poulailler et de pondoir ; le plus petit, de magasin dans lequel on resserre le parc et tous les accessoires. Le dessous de la cabane sert d'abri aux volailles en cas de pluie.

Le parc est composé de panneaux mobiles qui s'assemblent par des tringles ; il est entièrement recouvert d'un filet qui se fixe aux panneaux et au poulailler. Une fois monté, l'ensemble est aussi solide que s'il était fixe.

La mise en place du poulailler et le montage entier du parc demandent 7 minutes ; pour démonter et

Fig. 21. — Vue du poulailler mobile, renfermant à la fois son parc et ses volailles.

resserrer le tout dans la voiture, 6 minutes à peine suffisent. Quand les poules sont couchées, on peut rouler la cabane où l'on veut, et remonter le parc le lendemain. Les volailles ont ainsi toujours à glaner sur un sol propre et pourvu d'insectes et de verdure.

Quand, par haasrd, il ne sert pas, le poulailler mobile est une petite voiture propre, légère, peu encombrante, qui peut se resserrer sous une remise et ne se détériore pas. Prix : 275 francs. (Fig. 21.)

M. Voitellier est aussi l'inventeur d'une trémie autoclave. (Fig. 22.)

Les poules, en venant manger, ouvrent elles-mêmes
la trémie, de sorte que le grain est toujours à l'abri
des oiseaux et qu'il ne peut y avoir aucune perte.

Pour les habituer à trouver ainsi leur nourriture,

Fig. 22. — Trémie autoclave pour toutes volailles.

il suffit de lever le couvercle pendant une journée,
puis, le lendemain, les bêtes viennent l'ouvrir elles-
mêmes sans appréhension.

On se rappelle que la mastication des grains et
graines, chez les oiseaux, s'accomplit dans un dernier
renflement musculeux de l'estomac, renflement dont
les contractions produisent ce résultat en froissant
contre les petits cailloux ingurgités par l'animal les
aliments déjà ramollis, préparés dans le jabot et le
ventricule succenturié; il faut donc mettre toujours ces

graviers à portée des oiseaux privés de liberté. D'un
autre côté, il arrive souvent que les poules tenues en
volière pondent des œufs sans coquille ; cela tient à ce
qu'elles ne trouvent point dans la nourriture qu'on

Fig. — 23. Poulailler-volière.

leur donne les éléments calcaires nécessaires à la sécrétion de cette coquille. On y remédie en sablant les
parquets avec des sables calcaires, ou mieux encore,
en mêlant aux aliments présentés sous forme de pâtée,
la poudre des os du ménage, que l'on écrase facilement après les avoir calcinés en vase clos. Cette poudre
d'os a pour double résultat de solliciter la ponte, et

de donner des œufs à coquille plus épaisse, d'une conservation plus assurée, d'un transport moins dangereux. A l'aide de ce moyen, on peut entretenir au milieu d'une ville, dans une cour pavée, une volière productive.

A l'intérieur, le mobilier se composera, ainsi que nous le décrirons en parlant de la basse-cour, de pondoirs, perchoirs, nids ou paniers à couver, mangeoires, abreuvoirs, etc. Tout cela est plus élégant de formes, construit de matériaux d'un prix plus élevé sans doute, mais n'en doit pas moins recevoir les mêmes soins de propreté.

La basse-cour-volière faisant le plus souvent *fabrique* dans une maison de campagne, on la place non loin de la maison même et sans choisir l'exposition. La meilleure, la plus favorable à la santé des oiseaux est cependant celle du midi, avec abri contre les vents froids du nord, contre les pluies de l'ouest et contre les chaleurs extrêmes du sud; après celle-ci vient le levant, et enfin le couchant. Tantôt les abris sont fournis par les bâtiments auxquels la volière est adossée; d'autres fois, par des plantations existantes ou à créer.

La nourriture des poules en volière, les soins à leur donner, soit pour la reproduction, la ponte, l'incubation, soit pour l'élevage, l'entretien ou l'engraissement, étant les mêmes que pour les poules de basse-cour, nous renvoyons le lecteur à ce que nous en dirons dans les paragraphes suivants. Nous ne saurions pourtant trop répéter ici que la réclusion complète est pour nos races gallines un régime anormal, et que leur

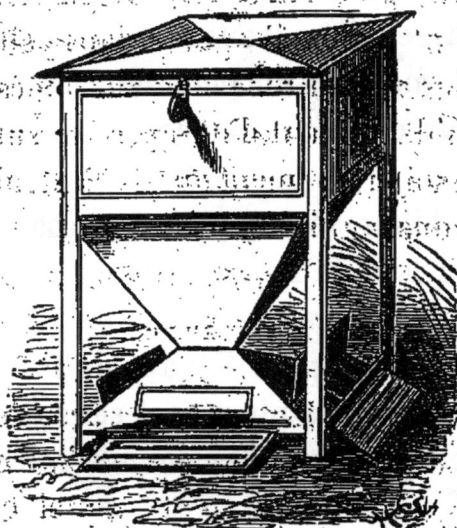

Fig. 24. — Trémie-mangeoire pour volière. Un réservoir supérieur remplace successivement le vide produit par la consommation.

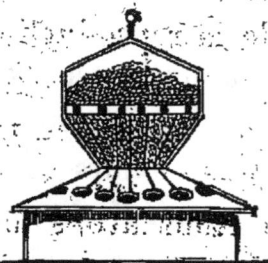

Fig. 25. — Vue debout et coupe de la mangeoire à trémie et à divisions. Les mangeoires à trémie sont d'une grande utilité pour les jours de mauvais temps et de clôture forcée.

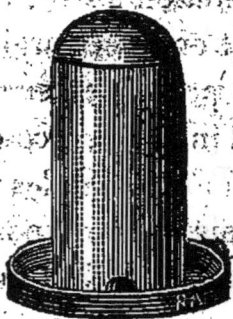

Fig. 26. — Abreuvoir siphoïde, système Roullier-Arnoult, contenant 1 litre.

Fig. 27. — Vase siphoïde. L'abreuvoir siphoïde doit être entretenu plein et d'eau pure.

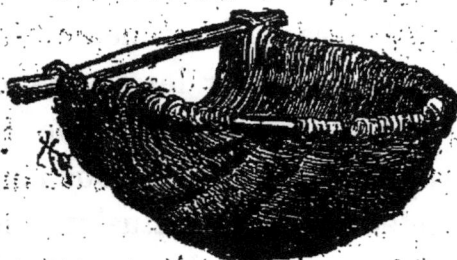

Fig. 28. — Nid en osier ou pondoir.

hygiène doit être d'autant plus surveillée qu'on leur accorde moins de liberté et moins d'espace ; dans cette espèce, comme dans celles des autres animaux domestiques que l'on prive semblablement d'un exercice suffisant en plein air, il faut soigneusement aussi s'abstenir de la reproduction par consanguinité.

§ 6. — LA BASSE-COUR. — LE POULAILLER.

Nous avons indiqué déjà quelles sont les races les plus avantageuses dont on puisse meubler la basse-cour où les poules occupent un logement auquel on donne le nom de *poulailler*. Le poulailler, comme les logements de tous les autres animaux, à quelque espèce qu'ils appartiennent, sera placé sur un sol perméable, élevé plutôt que bas, dans une situation saine, en un mot. Si le sol de la basse-cour était enfoncé, argileux, humide enfin, il faudrait élever le poulailler sur plusieurs marches et le remblayer à l'intérieur, ce qui a d'autant moins d'inconvénients que les poules gravissent volontiers les échelles. La meilleure exposition sera celle du levant ; en second lieu, celle du midi, et en troisième, celle du couchant. Il ne doit y avoir, au nord, que quelques rares ouvertures, destinées à rafraîchir en été ; au sud, des fenêtres qui fourniront de l'air, de la lumière et de la chaleur en hiver, au printemps et à l'automne, et que l'on garnira de volets ou de paillassons pour l'été. La porte ou les portes de service seront indifféremment placées à n'importe quelle exposition.

Les murs extérieurs doivent être construits en pierres

ou briques bien jointives, pour rendre impossibles les incursions des rats; les murs intérieurs pourront être établis en briques sur champ ou à plat. Les portes seront percées d'une chatière fermant avec une trappe à coulisse. Les fenêtres seront garnies de persiennes à barrettes mobiles; s'il y a des barbacanes pour l'aération, elles seront soigneusement garnies de fine toile métallique. Le plancher sera composé de la même façon que les aires de grange, d'argile épurée, mélangée de crottin ou de bouse de vache, et bien battue. Le plafond sera en plâtre, comme celui des habitations. Les dimensions du poulailler en largeur et en longueur varieront nécessairement avec le chiffre de la population qu'il devra contenir; mais il ne devra jamais avoir moins de deux mètres trente centimètres de hauteur sous plafond.

Dans une basse-cour importante, le poulailler comporte plusieurs divisions : 1° quatre ou cinq compartiments spéciaux, destinés chacun au logement des oiseaux de même âge, qui ont pris ensemble l'habitude de s'y rendre; cette pratique permet une surveillance prompte et sûre, une exacte comparaison des produits individuels, une réforme rationnelle des animaux disqualifiés; 2° une chambre d'incubation où sont mises les couveuses, afin que les autres ne les viennent point les déranger, et pour qu'on les puisse régulièrement et facilement surveiller et soigner; 3° une chambre d'élevage pour les jeunes couvées, depuis l'éclosion jusqu'au moment où elles pourront se passer des mères et entrer dans l'habitation commune; 4° une chambre servant de magasin à œufs ou de lieu de conservation; 5° enfin, un dernier local dans lequel est déposé l'approvisionnement de nourriture pour la distribution journalière

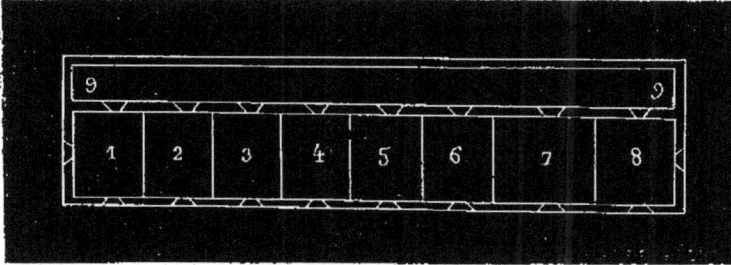

Fig. 29. — Plan d'un poulailler.

1. Magasins à œufs.
2. Poulettes et poulets de l'année.
3. Coqs et poules de deux ans.
4. — trois ans.
5. — quatre ans.

6. Chambre à incubation et à engraissement.
7. Chambre d'élevage.
8. Magasin de grains et graines,
sons, farines, etc.
9. Couloir de service.

(voir plan, fig. 29, et perspective, fig. 30). Chacune
des cloisons intérieures peut être percée d'une porte

Fig. 30.

pleine pour la facilité du service. Le mieux serait encore
d'établir un couloir en arrière des diverses chambres,

couloir qui donnerait accès par une porte dans chaque
compartiment, et procurerait une aération précieuse
en même temps qu'une température plus égale.

La chambre ou magasin à œufs sera garnie de
tablettes sur lesquelles on placera les corbeilles destinées à recevoir la récolte quotidienne ou les petites
caisses contenant les œufs à conserver. Le magasin à
graines sera carrelé ou dallé; on y placera les provisions dans des caisses ou des cylindres en tôle reposant sur des madriers. Les logements des volailles seront
garnis de perchoirs et de nids ou pondoirs. Ces perchoirs pourront être disposés, selon l'emplacement, à
plat ou en gradins (fig. 31 et 32); il tombe sous le
sens que les gradins peuvent loger plus de poules dans
un même espace. L'utilité des perchoirs est tirée de
ce que la poule redoute l'humidité et le froid, et de ce
qu'elle a hérité de ses ancêtres sauvages la coutume
de se percher sur les arbres. Ce sont donc des barrettes
plates, larges de 0^m,05 à 0^m,07, placées horizontalement ou disposées en gradins, qu'il lui faut offrir,
avec les moyens d'y accéder par échelons. La distance
de ces échelons, ou du moins du premier au sol, varie
un peu avec la race qu'on élève; ainsi, pour les cochinchinois, qui sont lourds et volent mal, la distance
maximum au sol est de 0^m,50; pour des races plus
légères ou plus alertes, elle peut être de 0^m,90 à 1 mètre.
Les perchoirs enfin doivent être mobiles, afin qu'on
puisse les changer de place, nettoyer dessous et enlever les fientes. Dans la chambre d'élevage, les échelons du perchoir sont d'un moindre diamètre et placés
plus près du sol, pour la plus grande facilité des pous-

sins. Une poule ou poulette, un coq ou poulet, occupent

Fig. 31. — Perchoirs plats ou horizontaux.

en moyenne chacun 0^m;30 de longueur de perchoir, un

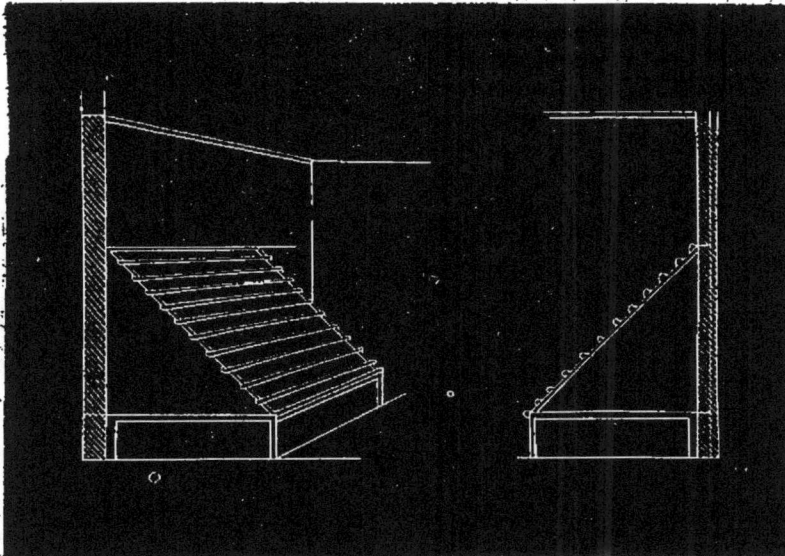

Fig. 32. — Perchoirs en gradins, coupe et perspective.

peu plus ou un peu moins suivant la taille, le volume ou le poids de la race.

M. Roullier-Arnoult a adopté, pour les poulets, les perchoirs à plan incliné et superposés ; « sans cette précaution, dit-il, si le perchoir était rond ou à angle aigu, les jeunes poulets, qui s'appuient sur le bréchet en dormant, auraient, à l'âge adulte, le sternum déformé ». Pour les volailles adultes, il préfère le perchoir horizontal, placé de 0^m,70 à 0^m,80 du sol, afin d'éviter les rivalités des poules qui cherchent toujours à se placer le plus haut possible, se battent, se poussent et se renversent. Les barres plates de tous les perchoirs doivent être simplement placées dans des encoches pratiquées aux tasseaux et maintenues à l'aide d'une cheville, afin qu'on puisse les démonter rapidement et facilement, et les nettoyer fréquemment.

Les nids ou pondoirs peuvent être organisés de façons diverses : tantôt, ce sont des cases ménagées dans l'épaisseur des murs, par rangs alternés, depuis 0^m,30 jusqu'à 1^m,60 du plancher ; d'autres fois, ce sont des paniers en osier placés le long du mur et semblables à ceux que nous avons figurés pour les pigeons (fig. 28). Nous préférons de beaucoup des cases en planchettes étagées le long du mur, de 1^m,30 à 1^m,50 de hauteur au-dessus du sol, disposées enfin comme les nids de pigeons que nous avons indiqués, moins les dimensions, qui sont les suivantes : largeur de la case, 0^m,30 ; profondeur, 0^m,40 ; hauteur, 0^m,40. Une petite planchette mobile (à taquets ou charnière), et de 0^m,12 à 0^m,15 de hauteur, ferme le devant du pondoir, retient la paille et les œufs, tout en permettant de nettoyer complétement de temps en temps. On emploie encore des boîtes en planches de peuplier, de 0ᵐ,32 carrés en tous sens ; le dessus vient en pente comme un toit d'appentis (fig. 33 et 34). Il faut environ soixante pondoirs pour cent poules adultes ; toutes ne pondent pas en même temps.

Le reste du mobilier consiste dans un escabeau roulant à trois ou quatre marches, indispensable pour la récolte des œufs et le nettoyage des pondoirs ; en une bassine plate en fonte, toujours tenue pleine de

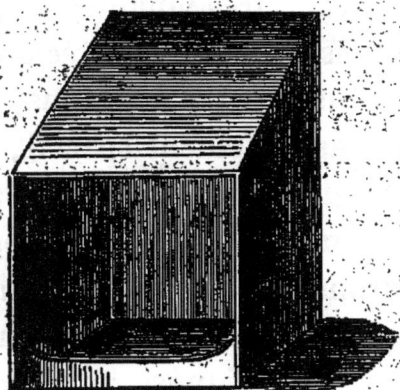

Fig. 33. — Nid vu de face.   Fig. 34. — Nid vu de profil.

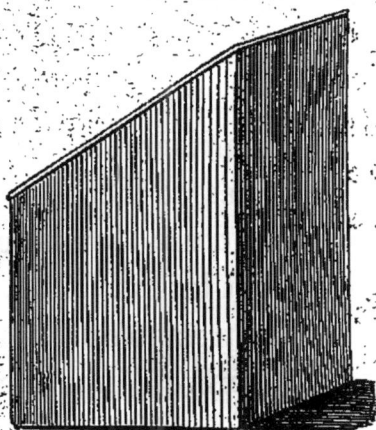

0ᵐ,10 de hauteur d'une eau pure ; en balais, pelles, râteaux, nécessaires pour entretenir la propreté du plancher.

Comme abreuvoir, M. Roullier-Arnoult conseille, pour les adultes, l'abreuvoir siphoïde en fer galvanisé (fig. 65), contenant quinze litres d'eau et du prix de 15 francs. Ce système a l'avantage de conserver l'eau plus fraîche et plus propre, les poules souillant souvent celle des vases ouverts de fiente, de sable et de plumes. Un autre abreuvoir siphoïde, aussi en fer galvanisé, contenant six litres seulement, est de forme cylindrique, du prix de 9 francs. Le petit modèle (fig. 26), 1 litre, 3 francs.

La nourriture se distribue aux volailles adultes par une trémie à bascule pour les grains, contenant quinze litres, du prix de 12 francs (fig. 64) ; dans une augette en bois (fig. 66 et 67), pour les pâtées, coûtant de 2 francs à 3 francs 50.

La chambre d'incubation est garnie de nids ; dans nos fermes, la poule couve d'ordinaire dans le panier où elle a pondu, au milieu des autres volailles qui la dérangent ou que dérangent les soins qu'elle réclame. Il est préférable, pour la réussite des éclosions, de loger les couveuses dans un appartement spécial, au milieu d'une demi-obscurité, du calme, du silence ; là on peut les surveiller et soigner sans nuire à la ponte des autres. Nous conseillerons donc d'installer dans la chambre d'incubation des cases en planchettes analogues à celles que nous avons indiquées pour pondoirs, mais ayant cette fois $0^m,40$ en tous sens, et fermant à volonté, par devant, à l'aide d'une trappe mobile à coulisse, trappe composée d'un cadre sur lequel sont clouées de petites barrettes (fig. 35). Ces mêmes cases serviront à l'engraissement des volailles, qui s'opère en général à une saison où l'on ne fait plus couver, c'est-à-dire à l'automne et en hiver. Il suffira pour les approprier à ce but, d'accrocher sur des pitons fixes de petites augettes mobiles devant contenir la nourriture.

Devant la chambre d'élevage, il sera bon de ménager un petit parquet enclos de treillages en bois ou en fil de fer, dans lequel les mères pourront promener leurs couvées au soleil et sur le sable, à l'abri des autres volailles ; si ce parquet est couvert, les jeunes oiseaux y seront garantis des fréquentes déprédations des chats, des pies et des oiseaux de proie. Ce parquet peut sans inconvénient s'étendre devant les chambres nᵒˢ 6, 7 et 8 (voir fig. 29 et 30), pour lesquelles le

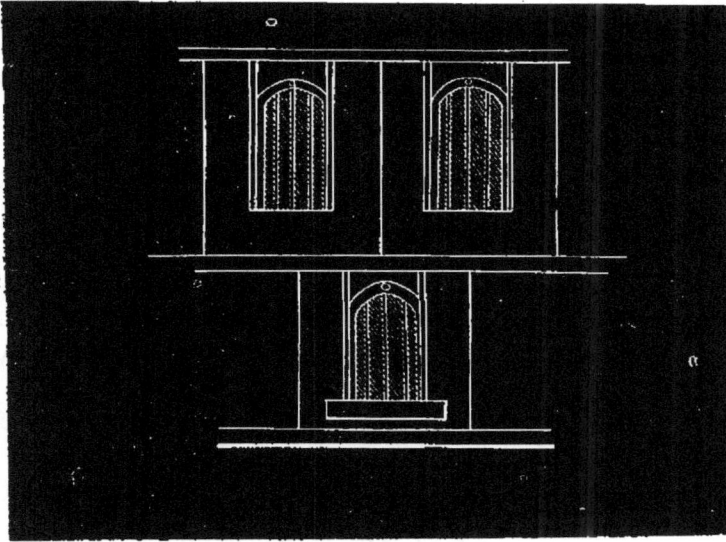

Fig. 35. — Cases à incubation pouvant servir à l'engraissement.

service se fait par le couloir nᵒ 9, et donner ainsi un espace suffisant à un nombre de couvées proportionné à la population de la basse-cour.

Nous avons dit que le plancher devait former une aire battue et régulière ; on y répandra une couche de sable calcaire fin et sec ; le sable de rivière est le meilleur ; ce sable, dont la couche sera d'un centimètre environ, sera râtelé tous les jours pour en séparer les excréments, enlevé tous les huit à dix jours, et remplacé immédiatement. Les murs seront entretenus

dans le plus parfait état d'enduit, sans fissures, et fréquemment blanchis à la chaux. Les poules ont pour
ennemis, ainsi que les pigeons, de microscopiques
parasites, les acares, qui se logent dans les moindres
fentes du sol, des murs, des boiseries, et que la
plus grande propreté peut seule empêcher de se multiplier, au point de nuire à la santé des oiseaux.
Ustensiles et mobilier seront donc souvent nettoyés à
l'eau chaude, chargée de potasse en dissolution. Les
pondoirs seront garnis de paille et non de foin, de
paille d'avoine ou de froment surtout, et non de seigle
ou d'orge, à cause des barbes, et elle sera fréquemment renouvelée. Un thermomètre enfin sera placé
dans chacune des chambres, excepté dans le magasin
à grains, afin qu'à l'aide des ouvertures on puisse
maintenir aussi régulièrement que possible, en toute
saison, la température entre quinze et vingt degrés
centigrades.

On atteindrait plus sûrement ce but, si dans la
chambre d'élevage n° 7 (fig. 29) on établissait un
poêle ou mieux un calorifère à eau chaude, dont les
tuyaux distribueraient à volonté, en hiver, la chaleur
dans les chambres n°ˢ 6, 5, 4, 3 et 2. On obtiendrait
ainsi des pontes plus précoces au printemps, et même
quelques œufs en hiver, des éclosions plus certaines
et plus nombreuses, des couvées plus égales et mieux
réussies. Quelques agriculteurs adossent leur poulailler à une étable, écurie, vacherie, bouverie ou berge-
rie, et établissent à travers le mur, dès lors mitoyen,
des ouvertures qui servent de prises de chaleur. C'est
une pratique économique et recommandable, à la

condition que ces ouvertures seront garnies d'une fine toile métallique qui s'oppose au passage des plumes, dangereuses pour le bétail lorsqu'elles se trouvent mêlées à ses aliments. Elle a cependant un mauvais côté, en ce sens que les acarus de la volaille vont se fixer sur le bétail, notamment sur les chevaux, auxquels ils causent des démangeaisons et un dépérissement dont on ne devine pas toujours la vraie cause.

Nous croyons être utile à nos lecteurs en reproduisant, d'après M. Roullier-Arnoult, le devis de construction d'un poulailler économique de quatre mètres carrés de superficie, construit en pisé d'argile et de paille hachée, sur fondations de pierres meulières de un mètre de hauteur, et couvert en chaume :

Fondation en meulières, $4^m + 4^m = 16^{mc}$ à 4^f . . .	64 fr.	
Murs en terre, $2^m + 16^m = 32^{mc}$ à 3^f50	112 »	
Deux sablières à 5^f l'une.	10 »	
20 chevrons de $3^m = 60^m$ à 0^f35.	21 »	
Façon de couverture, 24^{mc} à 0^f60.	14 »	40
Faîtage.	3 »	
12 solives à 5^f l'une.	60 »	
Lattes, environ.	5 »	
Plancher, 16^m à 0^f60.	9 »	60
Enduits intérieurs, 40^m à 0^f40.	16 »	
Une fenêtre de menuiserie.	25 »	
Une porte de menuiserie.	20 »	
Total.	360 fr. 00	

Nous compléterons successivement, en parlant de la ponte, de l'incubation, de l'élevage, de l'engraissement et de la nourriture, les soins qui doivent présider à la direction du poulailler.

§ 7. — LA PONTE.

La poule, comme du reste les femelles des autres oiseaux, est munie d'un appareil reproducteur consistant essentiellement en un ovaire et un oviducte. L'ovaire est situé en dessous de la colonne vertébrale, dans la région du dos, en avant des reins proprement dits; c'est un corps charnu, glanduleux, d'un brun rougeâtre, ayant la forme ou la disposition d'une grappe de raisin et composé d'ovules ou petits œufs à différents degrés de développement. Les jeunes oiseaux ont deux de ces organes sécréteurs d'ovules; mais lorsqu'ils sont parvenus à l'âge adulte, l'ovaire droit s'est atrophié : il n'existe plus que le gauche, chargé de la reproduction. De ces ovules, les uns, très-jeunes, petits, en voie de développement, sont de couleur blanchâtre; les autres, plus âgés, plus gros, sont de couleur jaunâtre plus ou moins prononcée; ces derniers sont enveloppés d'une membrane celluleuse très-vasculaire, qui, à l'époque de leur maturité complète, se fend circulairement pour les laisser échapper; c'est ce qu'on nomme le stigmate; l'enveloppe devenue vide porte le nom de calice; l'ovule, à ce moment, ne se compose encore que du jaune ou vitellus, et de son enveloppe propre ou membrane vitelline.

L'ovaire, dès la naissance, contient le germe, le principe de tous les ovules qui seront pondus durant l'existence entière de l'oiseau, et on en a pu compter jusqu'à six cents; telle est, du moins, l'opinion de M. Mariot-Didieux, un habile vétérinaire, qui s'est beaucoup occupé des oiseaux de basse-cour, et qui répartit ainsi la ponte successive de ces six cents ovules : Première année de la naissance au printemps, 20 œufs ; deuxième année d'âge, 120 œufs ; troisième

Fig. 36. — Ovaire de la poule, d'après Wagner.

A. Jaune ou vitellus de l'ovule, arrivé à maturité dans son calice.
BB. Stigmate du calice, ou ligne par laquelle s'opérera la déchirure destinée au passage du jaune.
CC. Jaunes incomplétement développés.
D. Calice vide après la sortie d'un œuf descendu dans l'oviducte.
E. Cicatricule des jaunes qui n'ont pas encore atteint leur maturité.

année, 130 œufs ; quatrième année, 110 œufs ; cinquième année, 80 œufs ; sixième année, 60 œufs ; septième année, 40 œufs ; huitième année, 20 œufs ; neuvième année, 10 œufs ; total 590 œufs. Il nous paraît physiologiquement plus que probable, néan-

moins, que dans la poule, dans les oiseaux, comme
dans les mammifères, la glande ovarienne sécrète successivement des ovules qui, suivant les conditions
particulières dans lesquelles se trouve placé l'individu,
parviennent ou non à maturité.

L'ovule parvenu à maturité et s'échappant du calice est
reçu dans le pavillon non frangé de l'oviducte, sorte d'entonnoir de ce conduit, long de 0^m,06 à 0^m,10, flexueux
et étroit, très-dilatable, qui se termine au cloaque, et
aboutit presque directement au dehors par le gros
intestin et l'anus. L'œuf, à son entrée dans l'oviducte,
n'était composé, nous l'avons dit, que du vitellus, de
la membrane vitelline et de la vésicule germinative; à
mesure qu'il chemine dans l'oviducte, s'avançant avec
lenteur, l'ovule s'entoure des sécrétions produites par
les parois internes de l'oviducte, du blanc ou albumen d'abord, puis du test ou coquille calcaire. Ce
n'est que lorsqu'il est complétement organisé, parfaitement mûr, que la ponte ou l'expulsion de cet œuf se
produit.

Mais cette ponte ne suppose pas nécessairement
accouplement et fécondation. Quand, où et comment
s'accomplit cette fécondation, nous l'ignorons. Car
nous voyons tous les jours des femelles vierges
d'oiseaux produire des œufs qui, il est vrai, sont
stériles, mais d'une conservation plus longue et plus
assurée, et possèdent toutes les qualités alimentaires de ceux qui ont été fécondés. Voyons maintenant de quoi se compose l'œuf parvenu à maturité et
expulsé.

L'œuf, au moment de son expulsion ou ponte, se

compose : 1° extérieurement, d'un test ou d'une coquille calcaire plus ou moins épaisse, destinée à le préserver des causes de destruction ; 2° en dessous du test et lui adhérant intimement, excepté au gros bout de la chambre à air, une membrane testacée de structure fibreuse, assez mince ; 3° de l'albumen

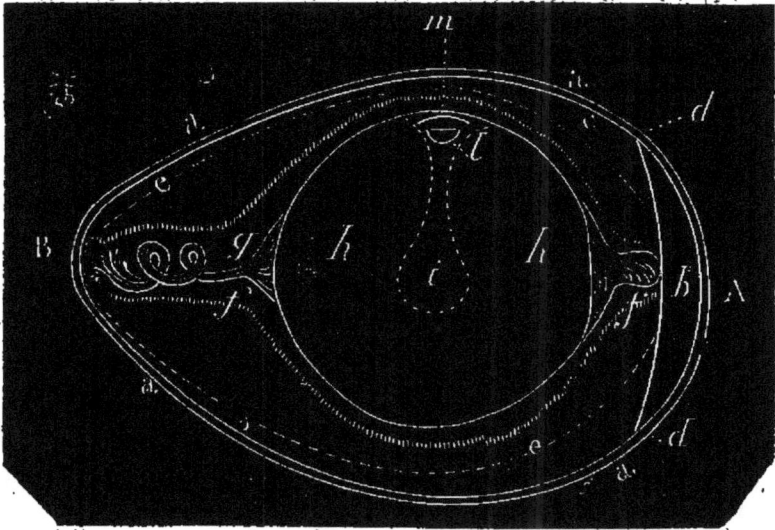

Fig. 37. — Anatomie d'un œuf de poule.

A. Pôle obtus ou gros bout.

B. Pôle aigu ou petit bout.

a. Coquille calcaire ou test.

b. Chambre à air ou gros bout.

cc. Membrane testacée adhérente au test, excepté aux points dd, où elle s'en sépare pour former la chambre à air. On l'appelle encore le chorion.

ee. Limites de l'albumen épais.

ff. Limites de l'albumen très-épais qui tient aux chalazes gg.

hh. Jaune ou vitellus contenu dans la membrane vitelline.

i. Apparence de cavité dans le vitellus.

k. Apparence de canal dans le vitellus.

lm, Cicatricule ou germe de l'embryon.

ou blanc, divisé en trois couches : l'une plus externe, fluide ; la seconde, moyenne, épaisse ; la troisième,

ou interne, liquide ; 4° d'une membrane dite chalazi-
fère, entourant le vitellus, formée d'albumine con-
densée, et à laquelle adhèrent les prolongements dits
chalazes qui se dirigent chacun vers un des pôles de
l'œuf ; 5° du jaune ou vitellus contenu dans une
enveloppe très-mince et vasculaire dite membrane
vitelline ; 6° d'une apparence de cavité, appelée latebra, au centre du vitellus ; 7° d'une apparence de
canal destiné à mettre en rapport le latebra avec la
cicatricule ; 8° du germe, vésicule germinative ou
cicatricule, dans laquelle se développeront les premiers
linéaments du poulet.

L'ovule parvenu à maturité, échappé de l'ovaire,
entrant dans l'oviducte, et alors composé simplement
du vitellus et de son enveloppe, a une forme sphérique ; dans son lent trajet à travers le canal qu'il
parcourt, il reçoit successivement les diverses couches
albumineuses, et comme il est en même temps
animé d'un mouvement de rotation sur lui-même, il
en résulte une torsion qui forme les chalazes destinées
à immobiliser à peu près le vitellus au milieu de cette
masse fluide. Ce n'est que dans la dernière partie de
l'oviducte qu'est sécrétée la matière calcaire du test
ou coquille, et en même temps la matière colorante
qui, dans certaines races, en nuance la surface. L'œuf
est ensuite versé dans le cloaque et expulsé ou pondu.

L'œuf présente quelquefois pourtant des anomalies
de structure : tantôt l'enveloppe testacée ou chorion
le recouvre seul, les matériaux nécessaires à la sécrétion du test calcaire ont fait défaut ; ceci se présente
surtout dans les poulaillers-vollières, quand les

oiseaux sont privés de sable ou de craie, mais parfois aussi dans les basses-cours libres, chez les poulettes à leur première ponte ou chez les très-vieilles poules. Tantôt l'œuf, d'un diamètre alors presque toujours plus considérable, renferme deux jaunes, parce que deux ovules sont parvenus ensemble à maturité, se sont détachés simultanément, et ont cheminé de concert dans l'oviducte.

La proportion entre la coquille, le blanc et le jaune, varie dans certaines limites, selon le volume et le poids de l'œuf. Voici les différents rapports qui ont été trouvés :

	OEUF de 53 gr. Pour 100.	OEUF de 60 gr. Pour 100.	OEUF de 64 gr. Pour 100.	OEUF de 71 gr. Pour 100.
Coquille.	12.90	11.58	12.49	11.71
Blanc.	59.12	60.00	58.85	59.19
Jaune.	27.98	28.42	28.66	29.10
Blanc et jaune réunis.	87.10	88.42	87.51	88.29

La coquille est formée, pour 97 parties sur 100, de carbonate de chaux; le blanc est formé d'eau et d'albumine; le jaune est composé de vitelline (matière azotée particulière), de matière colorante et de graisse. Il est rationnel d'en conclure que pour pondre, la poule a besoin de carbonate et de phosphate de chaux, de principes azotés, de matières grasses et de fer.

Les œufs les plus gros et les plus lourds seraient donc les plus avantageux à la consommation, et la vente de cette denrée devrait se faire au poids, et non à la douzaine ou au mille; le prix du kilogramme

s'établirait, comme pour les grains, d'après le volume.
Il faut croire d'ailleurs que l'éducation de nos volailles
s'est sensiblement perfectionnée depuis moins d'un
siècle, puisque, d'après Buffon, le poids moyen des
œufs n'était, de son temps, que de 44 grammes,
tandis que le poids moyen des œufs du commerce à
Paris est de 62 grammes, et le poids moyen des œufs
pondus par la nombreuse collection de poules au
Jardin d'acclimatation du bois de Boulogne s'élève à
64 grammes, en y comprenant les grandes et les
petites races. En même temps, le nombre moyen des
œufs obtenus par tête, dans l'année, a suivi une
augmentation plus que proportionnelle. La moyenne
était de 100 œufs par poule et par an en moyenne [1] ;
aujourd'hui, cette moyenne atteint le chiffre de 160.
Si nous cherchons maintenant le poids total des
pontes moyennes, nous trouvons au temps de Buffon
4 kilogr. 400, et au temps actuel, 10 kilogr. 191.

Voici comment, après nous être entouré d'un grand
nombre de renseignements écrits et oraux, nous
croirons pouvoir établir pour les principales races le
chiffre du produit moyen annuel des poules et le
poids moyen de leurs œufs [2] :

[1] Bosc, dans le *Dictionnaire d'agric.* de Déterville, n'évalue
le produit moyen annuel d'une poule de la race commune qu'à
54 œufs.

[2] On suppose dans ces calculs que la poule pond toute
l'année sans qu'on la laisse couver.

Races, sous-races ou variétés.	NOMBRE MOYEN D'ŒUFS PAR AN.	POIDS MOYEN D'UN ŒUF.	POIDS TOTAL DE LA PONTE MOYENNE.
		Grammes.	Kilogr.
Espagnole, andalouse. .	220	85	18.700
Crèvecœur.	150	85	12.750
Padoue.	210	60	12.600
Bréda-Gueldre.	200	60	12.000
Campine.	230 [1]	50	11.500
Houdan.	150	70	10.500
Hambourg.	160	60	9.600
La Flèche, Caux. . . .	120	65	7.800
Dorking.	120	65	7.800
Cochinchine, Brahma-pootra.	120 [2]	60	7.200
Bruges.	100	65	6.500
Bantam.	180	30	5.400
Moyennes. . .	163	63	10.191

Les pondeuses les plus actives ne sont donc pas les plus fructueuses, surtout si l'on tient compte du poids vivant des poules qu'il faut nourrir pour obtenir un poids quelconque d'œuf, et en admettant que la production des œufs est le but unique que l'on poursuit. Aussi mettrons-nous en regard, dans le tableau suivant, le poids vif moyen du coq et de la poule, en le comparant pour cette dernière au poids des œufs obtenus :

[1] Et jusqu'à 300 au Jardin d'acclimatation du bois de Boulogne.

[2] Et jusqu'à 180 dans le même établissement.

Races, sous-races ou variétés.	POIDS VIF MOYEN		RAPPORT DU POIDS DES OEUFS
	du coq adulte	de la poule.	Au poids vif de la poule
Espagnole, andalouse...	3.250	2.600	::7.198:1.000
Gueldre.............	3.250	2.000	::6.000:1.000
Campine.............	2.250	2.000	::5.750:1.000
Padoue..............	2.750	2.250	::5.600:1.000
Bréda..............	3.500	2.250	::5.333:1.000
Hambourg...........	2.250	2.000	::4.800:1.000
Houdan.............	2.750	2.250	::4.666:1.000
Crèvecœur..........	3.750	3.000	::4.249:1.000
Caux..............	3.000	2.500	::3.120:1.000
Dorking............	4.000	3.000	::2.600:1.000
La Flèche..........	3.750	3.000	::2.600:1.000
Cochinchine; Brahma..	4.500	3.200	::2.248:1.000
Bruges.............	4.000	3.000	::2.166:1.000
Moyennes....	3.307	2.561	::4.317:1.000

Nous ajouterons que la race commune, formée du mélange d'une foule de races, dont le coq pèse vif, en moyenne, 2 kilogr., et la poule 1 kilogr. 500, produit par année environ 80 œufs lorsqu'on ne la fait point couver; ces œufs pesant 60 grammes l'un dans l'autre, c'est un poids total de 4 kilogr. 800, et un rapport du poids vivant de la poule de 3,200 à 1,000. La race malaise, dans laquelle le coq pèse environ 5 kilogr. et la poule 4 kilogr., ne donne guère que 50 œufs du poids moyen de 70 grammes, soit ensemble 3 kilogr. 500, soit un rapport de 0,875 à 1,000. La race de combat anglaise, dont le coq pèse 2 kilogr. et la poule 1 kilogr. 500, produit environ 60 œufs, du poids de 60 grammes ou 3 kilogr. 600, soit une proportion de 2,400 à 1,000.

La race de Bantam, dont le coq pèse 0 kilogr. 500 et la poule 0 kilogr. 400, produit environ 180 œufs, pesant 30 grammes ou en total 5 kilogr. 400, soit un rapport de 1,350 à 1,000, etc., etc. Il ne faut point oublier, d'un autre côté, que la proportion du test ou coquille dans le poids total de l'œuf s'élève d'autant plus que l'œuf est plus petit, est d'autant plus faible que l'œuf est plus gros, et constitue à peu près 14,50 pour 100 dans un œuf de 30 grammes, 14 pour 100 dans celui de 40, 13,50 pour 100 dans l'œuf de 50, 13 pour 100 dans celui de 60, 12 pour 100 dans celui de 70 grammes, 11 pour 100 seulement dans l'œuf de 85 grammes ; de telle sorte que la proportion de matières alimentaires y varie de 85,50 pour 100 à 89 pour 100.

Lorsqu'on veut obtenir le maximum d'œufs pour la vente, il faut d'abord choisir une bonne race ayant aptitude à la ponte plutôt qu'à l'incubation, puis dans cette race choisir les meilleurs individus mâles et femelles, et enfin leur procurer un logement convenable, leur donner des soins suffisants, leur distribuer une nourriture rationnnelle.

Nous avons suffisamment indiqué dans les paragraphes précédents les qualités et défauts des diverses races françaises et étrangères ; nous nous bornerons à rappeler ici que les unes sont bonnes pondeuses et ne couvent que rarement et mal, comme celles de Crèvecœur, de Houdan, de la Flèche, de Bréda, de Gueldre, espagnole, andalouse, de Bruges, de Padoue, hollandaise huppée, de Hambourg, de la Campine, etc. On comprend aisément qu'une race couveuse par instinct de nature comme le dorking, cochinchinois, Bantam, courtes-pattes, ne puisse être en même temps bonne pondeuse; chez ces dernières races, les pontes sont courtes, et la poule, après avoir pondu de dix à vingt œufs, demande à couver; l'incubation dure de dix-huit à vingt-deux jours, puis la conduite des poussins d'un mois à six semaines, soit environ soixante jours perdus pour la ponte, dont la saison normale ne dure que cinq à six mois.

Dans toutes les races il se rencontre des poules bonnes, médiocres ou mauvaises pondeuses, relativement aux autres, et il est précieux de les pouvoir reconnaître. Quant à l'*âge*, nous avons dit que c'est pendant la seconde, la troisième et la quatrième année de sa vie, que la poule fournit son maximum d'œufs. On reconnaît l'âge plus ou moins avancé des poules et coqs à la rudesse de leur crête et de leurs pattes; les jeunes, au contraire, ont les tarses et les doigts recouverts d'écailles épidermiques lisses, luisantes et non détachées; la crête n'est pas rugueuse. Quant aux *caractères extérieurs*, une bonne poule, d'après Pline, devait avoir la crête droite ou même double, le bout de l'aile noir, le bec rouge, les doigts inégaux, quelquefois même un cinquième doigt placé transversalement; celles qui avaient le bec et les pieds jaunes n'étaient pas réputées pures pour les sacrifices; on choisissait les poules noires pour les mystères de la Bonne Déesse. Aujourd'hui, on choisit de préférence les bêtes qui ont les pattes lisses et de couleur bleuâtre, l'épiderme mince autour des doigts, le plumage bien lustré, un cercle d'un blanc mat autour

des oreilles, la crête rouge et gonflée, les barbillons
rouges et volumineux, les plumes qui entourent l'anus
disposées en forme d'artichaut; la bonne pondeuse
donne des fientes vertes et non blanches, parce qu'elle
emploie les matières crétacées à la confection de la
coquille de ses œufs. En ce qui regarde le *plumage*,
la poule pondeuse doit présenter celui qui est caractéristique de sa race pure. Dans la race commune,
on rencontre des préférences que rien ne paraît justifier; telle ménagère préfère les blanches, telle autre
les noires, celle-ci les jaunes, les rouges, celle-là les
cailloutées; il est bien préférable de s'attacher à la
largeur du bassin, à la grosseur de l'abdomen, qui
doit être pendant et abondamment garni de plumes
fines, à une certaine grossièreté de squelette, à l'épaisseur et à la rugosité de la peau. Ajoutons que dans
les races bonnes pondeuses, la différence de taille et
de poids n'est pas très-considérable entre le mâle et la
femelle.

Le *coq*, suivant la race tardive ou précoce à laquelle
il appartient, est apte à se reproduire dès l'âge de trois
à cinq mois; ce n'est qu'à ce moment qu'on doit lui
ouvrir l'accès de la basse-cour commune, afin d'éviter
de dangereux combats dans certaines races. S'il ne
présente pas des indices d'énergie, de fierté, de sollicitude pour les femelles, il faudra le chaponner, le
sacrifier ou le vendre. Il ne doit être conservé que
jusqu'à l'âge de trois ou au plus quatre ans. Un seul
coq adulte (d'un à trois ans) peut suffire, selon sa race,
à dix, quinze, vingt et même vingt-cinq poules; la proportion ordinaire, dans nos basses-cours, est d'un coq

pour vingt femelles. Sa présence stimule la ponte et est indispensable pour obtenir des œufs féconds ; si on s'attache exclusivement à produire des œufs pour la consommation, on peut néanmoins se passer de coqs ; les œufs stériles se conservent plus sûrement aussi que ceux qui ont été fécondés.

La *poule* née de bonne heure au printemps (de février à avril) commence d'ordinaire sa ponte à l'âge de six mois (août à octobre) ; celle née en été ne pondra qu'au printemps suivant ; la ponte des poulettes devance en général de trois à cinq semaines celle des adultes, mais leurs œufs sont naturellement plus petits, et le premier est souvent taché de sang. Nous avons dit dans quels nombre et ordre se succédaient les œufs, et conseillé d'opérer la réforme des pondeuses à quatre ans au plus. Dans une basse-cour bien exposée, bien nourrie et bien soignée, la ponte des adultes commence avec le mois de février et se prolonge jusqu'en août et septembre ; elle est surtout abondante en mai et juin, se ralentit en juillet et août, et reprend en août et septembre pour s'arrêter en octobre, époque où commence la mue. La race cochinchinoise présente cet avantage qu'elle donne quelques œufs en hiver, à une époque où les autres sont stériles.

Il y a des poules qui pondent un œuf presque chaque jour, pendant un temps plus ou moins étendu, d'autres qui ne pondent que tous les deux ou trois jours, d'autres enfin qui pondent jusqu'à deux œufs dans un même jour, à intervalles de six à huit jours. Mais la ponte n'est point continue ; elle est séparée par des intervalles de ralentissement ou d'arrêt complet. La poule sauvage ne pond successivement que le nombre d'œufs (dix ou quinze) qu'elle peut couver, puis elle se livre dès lors à l'incubation. La plupart de nos poules domestiques agiraient de même si on laissait leurs œufs s'accumuler dans le nid ; aussi faut-il avoir soin de les en enlever à mesure de leur production, en n'y en laissant qu'un seul, ou mieux encore en le remplaçant par un œuf artificiel en plâtre. On obtient ainsi de suite des pontes de vingt-cinq à quarante œufs, puis un ralentissement d'une quinzaine de jours est suivi d'une nouvelle ponte, et ainsi de suite, à trois, quatre ou même cinq reprises. Si on fait ou laisse couver la poule, chaque incubation, avec l'élevage qui en est la conséquence, diminue d'un quart environ la production annuelle des œufs.

On reconnaît que l'époque de la ponte arrive lorsque la crête et les barbillons de la poule deviennent plus rouges et turgescents, les oreillons plus blancs ; que la ponte approche de sa fin, au contraire, lorsque crête et barbillons pâlissent ; dans le premier cas, les fientes sont vertes, et plus blanches dans le second.

Certaines poules pondent régulièrement dans le poulailler, soit le matin avant la sortie, et c'est le cas le plus ordinaire, soit dans la journée, soit le soir ou la nuit ; ce sont en général celles des races plus sédentaires ; d'autres, d'un naturel plus farouche, d'habitudes plus vagabondes, pondent au dehors, couvent quand leur ponte est terminée, et ramènent ensuite leur couvée à la ferme, lorsque les bêtes puantes, les maraudeurs, les renards, les chats, etc., n'ont pas croqué la mère et les poussins ; de celles-là, il faut se défaire au plus vite. Nous ne pouvons d'ailleurs que répéter ici ce que nous avons dit des pigeons : rien ne coûte plus cher que la volaille qui vit aux dépens des récoltes sur pied, tandis que dans la basse-cour de la ferme elle utilise une foule de débris qui n'ont de valeur que pour elle ; encore dévaste-elle les tas de fumier, les jardins et l'enduit des murs.

§ 8. — L'INCUBATION OU COUVÉE NATURELLE.

Nous avons dit que, dans certaines races, un grand nombre de poules demandent à couver dès qu'elles ont pondu un certain nombre d'œufs. On reconnaît ce désir à un certain changement de voix : la poule glousse, elle tient les ailes écartées, se gonfle, hérisse souvent ses plumes, semble chercher la nourriture sur le sol, mais ne mange pas ; elle monte souvent dans le pondoir et y reste longtemps accroupie. Si l'on ne veut utiliser cette disposition, il faut enfermer l'animal dans une chambre à température un peu fraîche et bien éclairée, dont le mobilier ne se compose que d'un perchoir, lui donner une nourriture rafraîchissante, et lui faire prendre deux ou trois fois par jour un bain de siége froid. Lorsqu'au contraire on veut tenter de déterminer une poule à couver, il faut la mettre dans une pièce chaude et obscure, garnie d'un nid où sont déposés des œufs en plâtre, lui arracher quelques plumes sous l'abdomen, lui frotter le ventre avec de l'eau légèrement vinaigrée, lui donner une nourriture échauffante, des vers, de l'avoine, du chènevis. On y parvient ainsi quelquefois, mais la réussite est assez rare. Il est préférable d'avoir, dans une basse-cour, quelques poules cochinchinoises, dorking, bantam ou courtes-pattes, pour couver et élever les poussins indispensables au renouvellement de la population [1].

Chaque poule peut, suivant sa taille et son poids, couver un mombre d'œufs variable si ces œufs appartiennent à une race différente, toujours à peu près le même s'ils proviennent de la race même, c'est-à-dire, dans ce dernier cas, de dix à quinze. Mais une poule de Bantam ne peut utilement couver que quatre à six œufs de Crèvecœur, d'espagnole ou de Houdan, six à huit de la Flèche, Caux, Dorking, Bruges ou autres, tandis qu'elle en peut faire éclore dix à quinze des siens propres. Une poule commune et du poids vif de 1 kilogr. 500 à 2 kilogr. peut couver douze à quinze œufs de sa race ; une poule cochinchinoise, espagnole, Crèvecœur, de la Flèche, Dorking, etc., du poids vif de 3 kilogr., peut amener à bien quatorze à quinze œufs de race ordinaire. En d'autres termes, le nombre des œufs donnés à une couveuse doit être proportionné à sa taille, à son volume ou à son poids [2].

---

[1] On peut encore employer, pour l'incubation, des chapons ou des dindes, ainsi que nous le dirons plus loin ; mais la réussite des couvées n'est jamais aussi certaine qu'avec de bonnes poules.

[2] On ne saurait attribuer qu'à des croyances fétichistes la pratique des ménagères qui mettent toujours à couver un nombre impair d'œufs ; le nombre pair est considéré comme devant presque fatalement amener l'insuccès de l'incubation. Ce préjugé général n'est pas le seul qui règne en France, et malheu-

Reste à choisir les œufs : inutile de dire que l'on ne doit prendre que ceux réputés fécondés d'après l'âge des poules et coqs, leur nombre proportionnel, leur état de santé, etc.; ils ne doivent pas avoir été pondus depuis plus de trois semaines au maximum et avoir été, depuis lors, conservés dans un lieu frais, sec et obscur; dans une température de $+ 10$ à $+ 12°$ c. régulièrement entretenue; on rejettera tous ceux trop gros ou trop petits relativement à chaque race; les œufs à deux jaunes avortent ou donnent des monstres. « Bien des personnes, dit M. E. Lemoine, recherchent des coquilles fines, pensant que le poussin la percera plus facilement qu'une coquille dure; c'est une erreur. Entre la coquille de l'œuf et le poussin, il y a une pellicule, une membrane (fibreuse); lorsque la coque est dure, cette membrane est mince, et, au contraire, quand la coquille est fine, la pellicule est épaisse. Le poussin bêche facilement une coque cassante, résistante, et ne peut traverser une peau parcheminée. » (*Élevage des animaux de basse-cour*. Paris, G. Masson, 1880, page 70.) D'après le même éleveur, les œufs qui ont une coquille irrégulière produiraient des infirmes, ce qui s'explique assez facilement. Cette irrégularité de la coquille provient d'une irrégularité dans le fonctionnement des glandes de la dernière portion de l'oviducte chargées de sécréter le carbonate de chaux qui constitue cette coquille; l'épaisseur variable du test

reusement il y en a de plus dommageables. Celui-ci est un legs de nos ancêtres, car Pline nous dit : « On doit mettre les œufs sous la poule en nombre impair. » (Livre X, LXXV, 54.)

ne transmet au germe que des températures variables ;
à l'épaisseur plus faible correspond une chaleur plus
élevée et un développement plus rapide des régions qu'il
recouvre ; inversement, aux épaisseurs plus grandes,
température plus basse et développement plus lent.
Lorsque les œufs sont salis de fiente ou d'ordures quel-
conques, il faut préalablement les laver à l'eau tiède,
afin de favoriser la fonction perspiratrice de la coquille.

Lorsque ces œufs doivent voyager avant d'être soumis à l'incubation, ils ne doivent pas être âgés de plus
de quinze jours. En effet, il se produit toujours dans
l'œuf une évaporation qui porte principalement sur le
blanc ou albumen qui diminue de volume ; le cube de
la chambre à air augmente d'autant, et par conséquent le ballottement du jaune et du germe dans les
cahots du voyage ; plus l'œuf est frais et plein, et mieux
il supporte le transport. M. E. Leroy, aviculteur à
Fismes (Marne), emploie depuis longtemps le procédé
d'emballage suivant : les œufs sont plantés verticalement par le petit bout ou couchés horizontalement,
suivant les dimensions de leur prison, dans une boîte
à moitié remplie de gros son ; après les avoir disposés
de manière à éviter tout contact ; on ajoute du son que
l'on tasse un peu, pour remplir complétement la boîte,
de façon qu'il ne puisse se produire à l'intérieur ni
jeu ni ballottement, puis on cloue ou mieux on visse
le couvercle. (*Aviculture*. Paris, Firmin Didot, 2ᵉ édition.) A l'arrivée, on doit déballer les œufs avec précaution et les descendre dans une cave saine, à l'abri
de tout ébranlement produit par le passage des voitures
ou par les machines industrielles, et les y laisser repo-

ser durant vingt-quatre heures avant de les mettre en incubation.

Nous ne croyons pas devoir passer sous silence un résultat obtenu par la patiente et délicate habileté de madame Lemoine. Elle avait mis à couver des œufs auxquels elle tenait beaucoup; c'étaient des « Scotch-Greys » qui lui avaient été envoyés d'Angleterre; après quinze jours d'incubation, le côté du gros bout où est placée la chambre à air fut légèrement cassé; par cette petite ouverture, elle s'aperçut que la membrane qui recouvre le poussin était intacte; elle en fut très-heureuse et eut recours à un moyen dont elle avait entendu parler; elle saisit l'occasion de l'expérimenter elle-même. Vivement, elle prit un œuf frais; elle le cassa par le gros bout, comme pour le manger à la coque. Elle nettoya avec beaucoup de soin le morceau le plus petit, pour qu'il ne restât absolument que la coquille, la petite pellicule aurait pu être un sujet de fermentation; elle plaça cette espèce de chapeau sur la partie cassée, et elle l'assujettit avec une bande de taffetas gommé (épiderme factice), en rapprochant hermétiquement les deux coquilles. Au vingt et unième jour, elle eut la joie de voir éclore le poussin, qui était aussi vif que ses frères. (E. LEMOINE, *ut supra*, p. 71-72.)

Nous avons dit comment doit être faite la case à incubation et dans quel local elle doit être placée; on la garnit de paille d'avoine, et on y dépose le nombre d'œufs voulu. Ce n'est que lorsque la couveuse a fait preuve suffisante, pendant vingt-quatre heures au moins, de son désir de couver, qu'on lui confie ces œufs. Mais encore faut-il faire un choix parmi les couveuses, lorsqu'on en a plusieurs dans cette disposition.

La bonne couveuse est d'un caractère sociable, non farouche ; elle se laisse approcher lorsqu'elle est sur son nid, sans se lever, sans fuir, tout au plus en hérissant ses plumes ; elle se laisse prendre sans défense, elle change souvent ses œufs de place et les retourne, enfin elle n'abandonne son nid que pour manger et boire à la hâte. Les poules farouches cassent leurs œufs ; celles qui fréquemment quittent leur nid n'en font réussir qu'un petit nombre ; il y a, par contre, des poules qui se laisseraient mourir d'inanition. Il faut donc les surveiller soigneusement, ce qui est facile si, comme nous l'avons conseillé, on place les couveuses dans un local spécial ; les lever du nid trois fois par jour, pour les faire manger, boire et fienter, puis les renfermer dans leurs cases. Ce qu'il leur faut, durant ce temps, c'est un régime mixte, ni trop rafraîchissant, ni échauffant à l'excès. Il est de bonne pratique de marquer à l'encre, d'un côté, les œufs mis à couver, afin de s'assurer que la poule les a plus ou moins fréquemment retournés : le côté de l'œuf qui serait le plus exposé à la chaleur se développerait davantage que l'autre, et on obtiendrait des poulets difformes et mal proportionnés. La durée du repas peut, sans inconvénient, se prolonger durant une demi-heure.

Après huit jours d'incubation, on doit mirer les œufs afin de rejeter ceux dont le germe ne se serait point développé, qui seraient stériles conséquemment. Pour cela, après avoir fait obscurité complète dans la pièce, on présente les œufs devant la lumière d'une bougie, en les entourant des doigts repliés de la main gauche, tandis que la main droite fait abat-jour par-dessus, de façon que la lumière les traverse transversalement à leur grand axe ; les œufs féconds présentent un point obscur, près du gros bout ou de la chambre à air ; les œufs stériles sont restés clairs. On pourrait encore, après quinze jours d'incubation, plonger les œufs dans de l'eau tiède à la température de 15 à 16° c. ; ceux qui sont bons s'agitent sensiblement, les autres restent immobiles ; ces derniers, d'ailleurs, lorsqu'on les agite vivement, prouvent, par le bruit qui s'y produit, que l'élévation de température y a fait du vide par évaporation à travers la coquille.

Fig. 38.
L'Indiscrète.
(Roullier-Arnoult)

Le mieux serait de se servir, soit de la lampe à mirage dite *l'Indiscrète* (fig. 38), inventée par MM. Roullier et Arnoult (prix 15 à 20 francs), soit de *l'Ovoscope* inventé par M. Voitellier (prix 5 francs) (fig. 44). Les personnes qui n'ont pas une très-grande pratique de l'opération du mirage obtiendront, avec ces instruments fort simples, des résultats bien plus précis qu'avec la main et la bougie. Il est important, en effet, de reconnaître le plus tôt possible, parmi les œufs placés sous la poule, quels sont ceux qui sont inféconds ou mal conformés, pour les utiliser d'abord [1], puis pour assurer d'autant la réussite

[1] Les Chinois, dit-on, font couver les œufs pendant 10 à 12 jours avant de les manger ; sans aller jusque-là, ce qu'on

des autres. Or, nous ne pouvons mieux faire que d'emprunter à MM. Roullier et Arnoult la description qu'ils ont donnée de l'opération et de ses résultats :

« La figure 38 représente l'appareil à mirer. Il est alimenté par l'essence minérale. La cuvette qui retient les œufs est mobile, afin de pouvoir la changer selon les différentes grosseurs d'œufs qu'on aura à mirer. A cet effet, trois cuvettes s'adaptent à la lampe, dont une première grandeur pour les œufs d'oie et de dinde; une seconde pour les œufs de cane et de poule, et enfin une troisième pour les œufs de faisan, pintade et perdrix.

« Pour mirer un œuf, il suffira de le poser, le gros bout en l'air, dans la cuvette et de le faire un peu tourner sur son axe avec le pouce et l'index, jusqu'à ce qu'on ait rencontré le jaune ou l'embryon.

« La figure 39 représente un œuf clair, ayant subi cinq jours d'incubation. On y remarque une opacité ronde qui remue à chaque mouvement imprimé à l'œuf. C'est ce qu'on appelle la boulette ou le jaune.

« La figure 40 représente l'œuf fécondé après cent vingt heures (cinq jours) d'incubation; le jaune s'est dilaté et forme un demi-cercle ombré par le bas; l'embryon s'est parfaitement formé dans son milieu et ressemble assez à une araignée dont les pattes sont représentées par les veines sanguines qui, déjà apparentes près de l'embryon, vont en diminuant et se perdant dans les contours de l'œuf. Si cet embryon est bien

peut hautement affirmer, c'est qu'après quatre ou cinq jours d'incubation, les œufs n'ont rien perdu de leur saveur ni de leur délicatesse, et ne présentent ni goût ni odeur particulières.

vivant et vigoureux, il oscillera de droite à gauche, de
bas en haut, à chaque impulsion imprimée à l'œuf,
absolument comme le ferait un bateau amarré par des
cordages sur une eau agitée. Si, au contraire, il est
mort, les veines seront ternes et peu apparentes;
l'embryon sera collé après la coquille, et malgré les
oscillations ne bouge pas; il ressemblera à une tache
d'encre dans l'intérieur de l'œuf.

« La figure 41 représente un œuf de huit jours d'incu-

  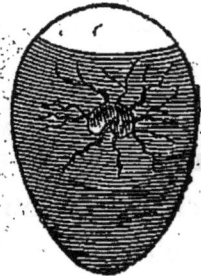

Fig. 39. Fig. 40. Fig. 41.

bation; il a les mêmes caractères qu'au cinquième jour,
mais beaucoup plus prononcés. La chambre à air est
aussi un peu plus grande.

« La figure 42 représente un œuf à deux jaunes,
après huit jours d'incubation. Ces œufs, le plus souvent
clairs, ont pourtant quelques exceptions; mais il est
bien rare qu'ils arrivent à éclore. Nous sommes cependant parvenus à les pousser jusqu'au *béchage,* mais ils
n'ont pas éclos. La coquille devient trop petite pour
contenir les deux poussins, quoique l'un des deux ait
tué l'autre quelques jours avant l'éclosion, car on remar-
quera, d'après la figure, qu'il y en a un bien plus fort
et qui déjà a fait la part du lion; il arrive donc que

le faible meurt, et après sa mort, sa putréfaction tue le second. Lorsque par hasard ils arrivent jusqu'au moment d'éclore, ils se trouvent toujours étouffés dans leur coquille trop étroite.

« L'œuf, après quinze jours d'incubation, est presque noir; la chambre à air est grande; on n'aperçoit plus, vers le haut, que quelques veines ou filaments.

« L'œuf prêt à éclore, le vingt et unième jour, est complétement noir; la chambre à air occupe le tiers

Fig. 42.　　　Fig. 43.

de l'œuf, et dans ce vide on peut voir, si l'on regarde attentivement, les mouvements de tête que fait le petit pour briser sa prison avec son bec.

« Enfin, la figure 43 représente ce que l'on appelle un *faux germe*, après cinq jours d'incubation. Au lieu de ressembler à une araignée, il forme un cercle de sang plus ou moins régulier, ou un demi-cercle, ou un quart de cercle; ordinairement, rien n'apparaît au centre, mais il arrive aussi quelquefois qu'il s'y forme une ou plusieurs taches noires. C'est donc un œuf à rejeter pour servir de nourriture aux volailles. » (*Guide pratique illustré de l'éclosion et de l'élevage artificiels.* 1880, 3ᵉ édition, p. 54 à 57.)

Pour se servir de l'ovoscope (fig. 44), il faut le prendre de la main droite, le pouce appuyé sur les

Fig. 44. — Ovoscope. Appareil à mirer les œufs.

cannelures du coquetier, et le tenir verticalement devant une bougie, le plus près possible de la flamme ; placer avec la main gauche l'œuf dans le coquetier, le gros bout en l'air, puis le faire pivoter doucement, en pressant avec le pouce de la main droite. Si l'œuf est fécondé, on devra voir très-distinctement, après trois jours d'incubation, le germe affectant la forme d'une araignée rouge (fig. 46). Si l'œuf n'est pas fécondé, et s'il était frais au moment de la mise en couvée, il paraît presque aussi frais que le premier jour.

En effet, l'œuf, pour éclore, a besoin d'être soumis

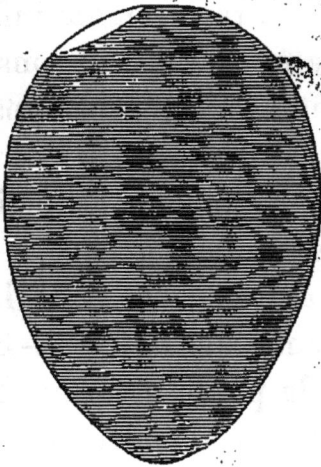

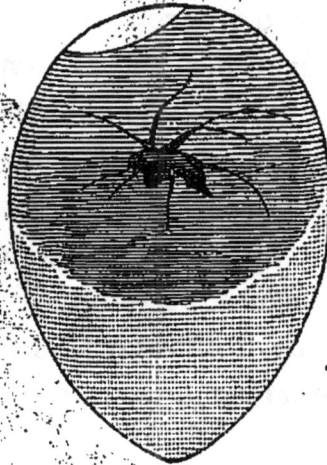

Fig. 45. — OEuf frais.   Fig. 46. — OEuf
vu après trois jours d'incubation.

à une température de 37 à 41° c., ce qui est la température moyenne du corps des oiseaux ; quand la température de l'air ambiant est plus basse, l'éclosion n'a lieu qu'après un temps un peu plus long ; quand elle est plus élevée, après un temps plus court. Chez la poule, la durée de l'incubation ne varie guère qu'entre dix-neuf et vingt-deux jours ; presque toujours elle a lieu le vingtième ou le vingt et unième.

D'études faites sur la poule par M. Féry d'Esclands

(*Bulletin de la Société zoologique d'acclimatation*, octobre 1875), il semble résulter que : 1° la température normale du corps de la poule, durant l'incubation, est en moyenne de + 40°,29 c., le minima étant de 38°, le maxima de 42°,50 ; celle normale, en dehors de l'incubation, varie, on le sait, de 37 à 38° c. — 2° La température est plus élevée au commencement de l'incubation (environ 42°,5) et diminue successivement jusqu'à la fin (environ 39°,5), s'abaissant ainsi graduellement d'environ 3° c. — 3° La race semble influer sur l'élévation de cette température initiale et conséquemment sur celle finale, les petites races développant plus de chaleur que les grandes (poule nègre, 40 à 42° ; poule normande, de 38 à 41°), et de même, les petits individus que les grands, dans une même race. — 4° La différence de température entre le corps de la poule et l'air ambiant est, en moyenne, de 2°,02. — 5° L'été, la chaleur développée par la poule est plus élevée et plus immédiate ; l'hiver, elle est moindre et plus concentrée. — 6° La température de la couveuse vivante varie du jour à la nuit, le minima se présentant de deux à cinq heures du matin. — 7° Les variations de température auxquelles sont soumis les œufs durant l'incubation s'étendent au moins à 3°, du commencement à la fin, du jour à la nuit, de la présence de la mère à son absence, et suivant la place qu'ils occupent dans le nid, au centre ou à la circonférence. — 8° Les œufs ont besoin de respirer, et aussi de recevoir sur toute leur surface une température moyenne ; c'est pourquoi la bonne couveuse change ses œufs de place et les retourne de temps en temps, et quitte son nid par intervalles pour satisfaire à ses propres besoins; celle qui demeure constamment sur ses œufs pêche par excès de qualité. — 9° Enfin l'éclosion favorable exige un certain degré d'humidité (60 à 62° hygrométriques), qui est en partie fournie par la couveuse, à laquelle on supplée en partie artificiellement en répandant sur les œufs quelques brins d'herbe verte.

Cette température relativement élevée, à laquelle les œufs sont soumis pendant un espace de vingt à vingt et un jours, est nécessaire au développement de l'embryon ; elle a aussi pour résultat de produire la vaporisation d'une partie de l'eau contenue dans les liquides de l'œuf, et notamment de l'albumen ou blanc ; la membrane fibreuse se rapproche de plus en plus du petit axe, et le diamètre de la chambre à air s'accroît d'autant, jusqu'à occuper le tiers de toute la coquille.

M. le Dr Robinet, le savant sériciculteur, étudiant en 1840 l'incubation des vers à soie, fut amené à expérimenter comparativement celle des œufs de poule et de canard, et constata les résultats suivants :

OEufs de poule. 1° Ces œufs, pesant en moyenne 60 gr. 52 l'un, perdirent chacun, pendant les douze premiers jours d'incubation, 5 gr. 88, soit 0,905 pour 100. Pendant les neuf derniers jours, les mêmes œufs perdirent encore chacun 3 gr. 12, soit 0,60 pour 100. La perte totale, durant l'incubation, fut donc de 9 grammes ou 1,55 pour 100.

OEufs de canard. 2° Les œufs, pesant en moyenne 60 gr. 46, perdirent chacun, pendant les vingt-neuf jours de l'incubation, 9 gr. 83, soit 1,47 pour 100.

Cette évaporation se produit sur les œufs inféconds comme sur ceux fécondés ; on la constate aussi, mais dans des proportions moins élevées et surtout moins rapides, sur les œufs conservés à l'air, dans du son ou des graines, mais non dans ceux plongés dans un liquide comme l'eau de chaux.

Le germe d'abord, l'embryon ensuite, ont besoin de respirer ; aussi le test ou coquille de l'œuf est-il perméable à l'air : des œufs qui, au moment de leur ponte, auraient été enduits d'une substance imperméable, bien que fécondés, seraient stériles, l'air contenu dans la chambre du gros bout n'étant point suffisant. Dans l'incubation, l'influence de la chaleur ne tarde pas à se faire sentir ; après douze heures, si l'on casse l'œuf, la cicatricule ou vésicule germinative est déjà devenue plus visible, les cercles blanchâtres qui l'entourent se sont agrandis et multipliés ; après vingt-quatre heures, apparaît une petite saillie au centre de laquelle se montrent les premiers linéaments du poussin ; de la trente-sixième à la quarante-huitième heure, les vaisseaux circulatoires s'organisent, le cœur s'accentue, prend la forme d'un tube courbé à trois dilatations et commence à battre ; la tête avec les yeux, la colonne vertébrale, l'abdomen et les intestins commencent à se dessiner. Le quatrième jour, le jaune a augmenté de volume (par le grossissement du germe), mais le blanc a diminué ; le système nerveux, les mâchoires, le foie, les pattes et les ailes sont déjà à l'état rudimentaire. Au cinquième jour, la poitrine est presque entièrement recouverte par les ailes ; on distingue les poumons et la moelle épinière. Au sixième jour, l'abdomen commence à se former, l'embryon exécute déjà quelques mouvements. Le septième jour, il a environ $0^m,03$ de longueur, l'appareil digestif s'organise, on distingue l'œsophage, le jabot, le gésier, la rate, la vésicule biliaire ; les côtes sont apparentes sous forme de lignes blanchâtres, la masse cérébrale commence à se scinder. Au huitième jour, apparaissent le sternum et les muscles ; au neuvième, le rudiment de la mandibule supérieure : le cœur bat douze fois par minute ; au dixième et au onzième jour, l'embryon replié à la tête presque entièrement cachée par les pattes et les ailes, la vésicule biliaire commence à fonctionner, la peau prépare la sécrétion du duvet ; au douzième et surtout au treizième jour, l'embryon atteint $0^m,06$ de longueur environ, le duvet apparaît sur le croupion, le dos, les ailes et les cuisses ; les tarses et les doigts se couvrent d'écailles ; le bec se forme et se durcit ; les organes génitaux se développent, le squelette commence à s'ossifier ; du quatorzième au quinzième jour, il atteint $0^m,07$ de longueur, le bec et les phalanges deviennent cornés, les plumes des ailes pointent ; du seizième au dix-neuvième jour, le blanc disparaît, la poche vitelline est absorbée et rentre dans l'abdomen par l'ombilic qui se referme, l'embryon respire et piaille ; il ne reste plus à ses organes qu'à se compléter, à se durcir, à percer sa coquille, puis à en sortir.

Du vingtième au vingt et unième, ou au plus tard au vingt-deuxième jour, l'embryon s'agite dans l'œuf, heurte le gros bout de la coquille de son bec, y produit des fentes, des crevasses, de petites ruptures ; il s'y fraye un passage enfin, aidé le plus souvent par sa mère ou par l'homme, et le poussin, étendant ses pattes, sort sa tête de dessous l'aile et abandonne sa prison.

On obtient une réussite plus certaine en trempant tous les deux jours, à partir du douzième ou du quatorzième, les œufs dans l'eau tiède, de 35 à 70° c., pendant une demi-minute environ, ou bien en plaçant sous les œufs, dans le fond du nid, de l'herbe verte, mais non humide de rosée ou de pluie; on fournit ainsi au poussin une atmosphère un peu humide, non moins chaude pourtant, qui attendrit la membrane testacée ou chorion, et rend sa sortie de l'œuf plus facile. Il arrive assez souvent, en effet, et particulièrement lorsque l'air est chaud et sec, et que la coquille est épaisse, il arrive, disons-nous, que le poulet ne peut s'y frayer tout de suite un passage suffisant; le chorion et le peu de vitellus et d'albumen qui le recouvrent encore se dessèchent, et contractent adhérence avec le corps du poussin, dont les forces s'épuisent, et qui finit par mourir dans l'œuf; dans ce cas, il faut imbiber les bords de l'ouverture pratiquée au test avec un peu d'eau tiède. Si la non-éclosion ne provient que de la dureté de la coquille et de l'affaiblissement du poussin, il faut simplement s'assurer que le bec et la tête sont dans une situation libre, et remettre l'œuf sous la mère sans chercher à en extraire le jeune animal, pour lequel la plus légère écorchure deviendrait mortelle. Enfin, lorsqu'on entend le poulet piailler dans l'œuf sans qu'il ait pu y pratiquer de fissures, on y en opère avec précaution vers le gros bout, et on remet l'œuf dans le nid.

Il y a des poules qui, après avoir couvé pendant quelques jours, abandonnent leurs œufs; celles-ci doivent être immédiatement réformées; d'autres, et surtout à la première ou à la seconde couvée, mangent leurs œufs; on peut tenter de les corriger de ce défaut en leur présentant des œufs durcis que l'on vient d'extraire de l'eau chaude; mais il est rare qu'on réussisse; elles continuent à manger non pas seulement leurs propres œufs; mais aussi ceux des autres poules, et il est prudent de s'en défaire.

Les poules appartenant aux grosses races écrasent ou brisent souvent leurs œufs; celles qui sont pattues les jettent souvent hors du nid en les voulant retourner; les poules de poids et volumes moyens, à tarses et doigts nus, sont plus adroites, plus agiles, et exposent la couvée à moins d'accidents. On emploie parfois la dinde pour couver les œufs de poule; la durée de l'incubation de ces œufs est de même, dans ce cas, de dix-neuf à vingt-deux jours, tandis qu'il en faut trente à ceux de la dinde; si donc on voulait ajouter des œufs de poule à ceux de la dinde, il ne les faudrait mettre dans le nid que vers le dixième jour d'incubation.

On ne fait point couver toute l'année dans une basse-cour de produit. Si on a adopté l'industrie des œufs pour la vente, on cherche à obtenir les poussins de février à avril, afin d'en obtenir déjà des œufs en août, septembre ou octobre; les couvées d'été ne pondraient pas avant le printemps suivant. Lorsqu'on a choisi l'élevage et l'engraissement, on fait couver de telle façon, suivant la précocité de la race, que les produits soient aptes à l'engraissement en octobre, novembre ou décembre, c'est-à-dire qu'on les fait naître de bonne heure, au printemps. En général, les couvées d'été et d'automne réussissent moins sûrement d'abord, et produisent des poulets qui supportent moins bien l'hiver. Dans les couvées de printemps, on calcule en général sur quatre-vingts éclosions pour cent œufs; la proportion n'est plus que de cinquante à soixante pour les autres couvées de l'année.

Nombre de fermières sont convaincues que les plus petits et les plus pointus du petit bout, les plus arrondis du gros, produiront des mâles; que les plus petits et les plus pointus au gros bout donneront des femelles; ce sont de pures hypothèses, que la pratique ne justifie que par hasard. Dans tous les cas, on doit choisir, pour les faire couver, les œufs de bonne grosseur moyenne relativement à ceux de la race; les poulets seront naturellement plus et mieux développés.

D'après M. le comte d'Abzac on pourrait, sinon choisir les œufs par sexe, du moins déterminer un plus grand nombre d'éclosions mâles ou femelles, en choisissant les premiers ou les derniers œufs de la ponte. Voici le résumé de ses expériences sur des œufs de faisans, en 1864-1865 :

	NOMBRE D'OEUFS.	OEUFS CLAIRS.	MALES.	FEMELLES.
2 juin 1864 (de la 1re partie de la ponte)	20	6	8	6
20 juin 1864 (de la 2e partie de la ponte)	25	17	7	1
20 mai 1865 (de la 1re partie de la ponte)	10	»	1	9
3 juin 1865 (de la 2e partie de la ponte)	12	»	10	2

Les œufs de la première période de la ponte ont donc donné neuf mâles contre quinze femelles, ou les femelles aux mâles : 165 : 100. Les œufs de la dernière période de ponte ont fourni dix-sept mâles contre trois femelles, ou les mâles aux femelles : 566 : 100.

D'un autre côté, un éleveur anglais prétend reconnaître le sexe des poussins au moment même de l'éclosion, dans les races portant crête, à la couleur plus foncée de cet organe rudimentaire chez les femelles et plus claire chez les mâles.

M. Lemoine dit avoir observé que les œufs provenant d'un vieux coq et de jeunes poules donnent une plus forte proportion de femelles, et, à l'inverse, ceux d'un jeune coq et de vieilles poules, plus de mâles.

Lorsqu'il arrive qu'une couveuse meurt ou abandonne ses œufs, il faut tenter de les faire adopter par une autre poule tourmentée du besoin d'incubation, ou, si l'on n'en a pas, en ajouter un ou deux dans chacun des nids des autres poules qui ont commencé à couver à une date semblable; mais cette opération ne doit se faire que tandis que la poule est levée pour manger. C'est dans le même but que nous conseillerons de mettre couver toujours plusieurs femelles à la même époque, afin de pouvoir opérer des substitutions. D'un autre côté, lorsqu'une couvée aura mal réussi, qu'un grand nombre d'œufs sont stériles ou ont été cassés, on pourra tenter de faire adopter le ou les poussins par d'autres mères, qui les élèveront avec leur famille de même âge; mais cette tentative ne doit se faire que le soir et dans l'obscurité, si l'on

veut qu'elle ait chance de réussir. Un grand nombre
de fermières font ainsi très-utilement élever deux
couvées par une seule poule ; l'autre reprend sa ponte
peu après.

Les soins à donner aux couveuses consistent, nous
l'avons dit, à tenir note de la date de mise en incubation, afin d'en pouvoir surveiller à coup sûr les derniers termes, à garnir les nids de paille propre, frois-
sée, en quantité suffisante ; à donner à ce nid artificiel
une disposition circulaire et demi-sphérique, et non
pas conique ; à lever les couveuses deux ou trois fois
par jour ; à mirer et tremper les œufs, enfin à surveiller l'éclosion pour l'aider prudemment. L'éclosion
terminée, on enlève la paille et les coquilles, et on la
remplace par de la paille nouvelle ; celle qui a déjà
servi doit être jetée au feu ou mise au fumier. Nous
traiterons dans un paragraphe suivant de la nourriture convenable aux poules pondeuses et couveuses,
et aux poussins et poulets.

Nous n'avons jusqu'ici considéré l'incubation qu'au
point de vue de sa pratique dans la volière ou dans la
basse-cour. Grâce à un intéressant travail de M. Eug.
Gayot, nous pouvons décrire sa pratique industrielle
dans les environs de Houdan

« A Gambais-lez-Houdan, a pris naissance la pratique de l'*acouvage,* un mot dont le premier je me sers
et que l'Académie n'enregistrera probablement pas de
sitôt. Dans ce pays, on ne l'a jamais commis, bien que
cet autre, *acouveur,* y soit en plein usage et compte
parmi les naturels de l'endroit, sans souci de ce que
pourront en penser un jour nos maîtres ès langues.

En fait, l'acouveur est celui qui, ayant acheté des œufs de poules dans les fermes, les donne à couver à des mère d'emprunt, qui sont ici des dindes, pour vendre ensuite les poussins âgés de quinze à vingt heures aux spécialités de l'élevage. Telle est, de A jusqu'à Z, l'industrie de l'acouveur. De Gambais, elle s'est promptement répandue dans la région entière de la poule de Houdan.

« .....Les couveuses (les dindes) ne peuvent être fournies que par un élevage spécial. En général, on les prend jeunes, âgées seulement de six à sept mois. On leur fait alors subir une manière d'entraînement que réprouvent très-ouvertement les doctrines de la Société protectrice des animaux. C'est en octobre que, les enlevant à la liberté si chère et si utile à la jeunesse, on les emprisonne dans des boîtes fermées, assez basses pour qu'elles ne puissent s'y tenir debout. Elles y sont à l'état de détention préventive, loin de tout bruit extérieur, plongées dans une demie-obscurité qui de la prison fait presque un cachot. Ce n'est pas tout : dans cette boîte à surprise, pauvres bêtes ! on a semé plusieurs morceaux de plâtre ayant forme plus ou moins achevée d'œufs ; c'est sur ce rembourrage étrange qu'elles doivent se poser, s'acouver. Le contact de ces faux œufs a pour objet de leur signifier plus ou moins clairement ce qu'on attend d'elles. C'est une invite à l'incubation. Toutes n'y répondent pas également. Les plus dociles témoignent de leur bon vouloir après cinq ou six jours de réclusion ; d'autres, plus réfractaires, ne se soumettent qu'après une longue quinzaine de résistance ; quelques-unes, c'est l'exception, se refusent opiniâtrément à prendre le nid, à couver des pierres. Il faut bien renoncer à une contrainte inutile. On les délivre alors et on s'en défait, tandis qu'on met les autres au couvoir.

« .....Ce couvoir exige une pièce d'autant plus spacieuse, d'autant plus haute sans plafond, que les couveuses doivent y demeurer en nombre plus considérable. Toutes les recommandations de l'hygiène doivent être ici scrupuleusement entendues et suivies.

« .....Une dinde, couvant aisément 24 œufs de poule, remplace au couvoir deux de ces dernières ; quarante dindes, couvant un millier d'œufs, laissent quatre-vingts poules à la ponte. Cela commence à compter. Là est l'économie du système, là est le premier avantage de la substitution de la couveuse d'emprunt à la couveuse de l'espèce..... Limitant l'opération à 5,000 œufs confiés le même jour à 210 couveuses d'élite, convenablement stylées, avec une réserve d'une quarantaine d'autres pour remplacer au besoin les malades ou celles qui veulent pondre, pour parer à d'autres éventualités encore, et répétant l'acouvage quatre ou cinq fois successivement dans l'année, on arrivait à un chiffre d'éclosion très-satisfaisant, à des ventes fructueuses. Mais tout ne va pas toujours comme sur des roulettes : les mécomptes, au contraire, s'aggravent en proportion même de l'importance de la spéculation prise dans son ensemble... L'épreuve imposée (à la couveuse) est assez rude, ainsi qu'en témoigne la dépréciation des rebelles qu'on va revendre au marché. Elle s'étend à celles qui ont subi l'acouvage : on l'estime à 1franc pour chacune des couvées. La dinde achetée 10 francs ne vaut plus que 6 francs après l'éclosion des œufs de sa quatrième station sur le nid. Le déficit est notable, soit qu'on le supporte en numéraire en vendant les couveuses après la saison, soit qu'on garde celles-ci pour les remettre en état, pour les refaire au profit des incubations ultérieures. Il y aurait à parler, à présent, de la nourriture, cinq centimes par jour et par tête; des soins journaliers à donner aux couveuses; de la casse des œufs, des révoltes, des maladies, de la mortalité. A quoi bon? cette simple énumération suffit à montrer que, si la médaille peut séduire par sa face, elle donne aussi à réfléchir lorsque, la retournant, on en considère l'envers, le mauvais côté. » (*La Culture intensive de l'œuf*, par Eug. GAYOT. Paris, Firmin Didot, 1878, p. 28 à 40.)

§ 9. — L'INCUBATION ARTIFICIELLE.

Il est arrivé dès longtemps, dans l'Inde, en Chine et en Égypte, que les besoins de la consommation se sont accrus plus que les ressources de la production; il fallut chercher les moyens de suppléer au déficit : on inventa l'incubation artificielle. Le même fait paraît tendre à se reproduire de nos jours en Europe et en France, et l'incubation artificielle, qu'on avait exclusivement reléguée dans les jardins d'acclimatation, pourrait bien entrer dans la grande pratique, à une époque où on engraisse la volaille par des procédés mécaniques, ainsi que nous le verrons tout à l'heure;

c'est même une conséquence forcée de ce dernier et récent progrès.

On employa d'abord, sans doute, la chaleur humaine, la chaleur du fumier, etc., puis les fours à poulets (*mamal el Katakgt, mamal el Farroug*), ou fabrique de poulets, vaste bâtiment composé de deux étages divisés en chambres ouvrant sur un corridor commun, dans lequel on faisait arriver la chaleur produite par la combustion de mottes de fumier et de paille hachée ; une autre division du *mamal* recevait les poulets éclos, et on les y conservait pendant quelques jours après leur naissance ; les femmes se chargeaient ensuite de les nourrir à la main et de les engraisser. Ce qu'il y a de particulier, c'est qu'il y avait un *mamal* au centre d'environ vingt villages ; qu'à cette fabrique de poulets les habitants apportaient leurs œufs, et recevaient après l'éclosion deux poussins pour trois œufs fournis ; que le *mamal* était fondé par actions, et que l'employé qui le dirigeait était rémunéré par la moitié des produits ; l'autre moitié était partagée entre les sociétaires. Ainsi, sur trois mille œufs fournis, deux mille poussins étaient rendus aux paysans ; si les mille autres réussissaient, le chef du *mamal* en gardait cinq cents, et les actionnaires s'en partageaient autant. Les chefs de mamals étaient presque toujours des Béhermiens, habitants ou originaires d'un petit village situé auprès du Caire.

On tenta à diverses reprises d'imiter en Europe le système égyptien : en Grèce et à Rome, dès une haute antiquité ; à Malte, en Sicile, en Italie, au moyen âge ; en France, au quinzième et au seizième siècle,

où Charles VII, à Amboise, et François Ier, à Montri-
chard, firent construire des fours à poulets. Puis se
succédèrent les essais de Réaumur, de Bonnemain,
de l'abbé Copineau, de Dubois, au dix-huitième
siècle ; de Lamare, Sorel, Cantelo, Vallée, du Mons,
Boine, Caffin d'Orsigny, sur différents procédés d'éclosion artificielle. Des établissements furent fondés par
M. Boine, au Plessis-Piquet ; par Cantelo, auprès de
New-York d'abord, puis à Brighton, près de Londres ;
par M. Caffin d'Orsigny, à la Varenne-Saint-Maur,
près de Paris ; par MM. Adrien et Tricoche, en 1848,
à Vaugirard, près de Paris ; ni les uns ni les autres ne
paraissent avoir complétement réussi. Depuis quelques
années on semble avoir repris le problème, et nous
avons vu apparaître plusieurs systèmes de couveuses
et éleveuses artificielles, et notamment celles de
Réaumur, Copineau, Lemare, Bonnemain, Dés-
champs, Sorel, Vallée, Robert, Roullier et Arnoult,
Voitellier, Carbonnier, Lagrange et Barillot, etc., etc.

Il pourra paraître singulier d'entendre dire que
l'incubation artificielle peut présenter certains avantages sur l'incubation naturelle ; rien n'est plus vrai
cependant. Nous avons dit déjà que chaque incubation
et élevage diminuait d'un quart environ la ponte de
chaque poule. Or, si nous possédons en France
douze millions de poules, pouvant pondre chacune,
par année moyenne, 100 œufs, à condition de ne point
les couver, 75 seulement en faisant une incubation, ce
sont 300 millions d'œufs de moins ou une valeur de
15 millions de francs. En outre, les poules ne couvent
généralement qu'après avoir fourni leur ponte, et elles

ne pondent que durant la belle saison ; c'est-à-dire
que l'on ne peut faire couver que dans un laps
de temps de six mois. Nombre de poules, dans nos

Fig. 47. — Hydro-incubateur avec sécheuse.

fermes, pondent à l'écart et couvent, qui dans un gre-
nier, qui dans un buisson, n'amenant à bien qu'une
faible partie de leurs œufs, car les chats, les belettes,
les renards, ont prélevé leur dîme.

L'incubation artificielle peut se faire en toutes saisons, avec quelque quantité d'œufs que ce soit ;

secondée par l'éleveuse ou hydro-mère, elle permet
de supprimer la poule couveuse et de la laisser tout
entière à la ponte. Or, nous savons que, dans beaucoup de nos races, l'incubation est un fait tout à fait
exceptionnel. Les chasseurs, les propriétaires de
volières trouvent dans l'incubation artificielle un
moyen précieux de multiplication du gibier à plume et
des oiseaux rares et délicats. Dans l'industrie, il n'est
pas douteux que la couveuse artificielle ne remplace
avec tous avantages l'acouvage par la dinde.

Les appareils à incubation sont tantôt chauffés avec
une lampe, tantôt, et mieux, par de l'eau chaude ; ils
comprennent des tiroirs sur lesquels on dispose les
œufs ; un réservoir d'eau chaude entretient à l'intérieur de la boîte, soigneusement capitonnée, la température voulue ; un système de tuyaux permet de retirer
l'eau refroidie et de la remplacer par de l'eau chaude.
Ces appareils doivent être disposés dans une pièce
saine d'un rez-de-chaussée, éloignée du bruit et des
ébranlements de la situation, prenant jour à l'est ou
au sud, mais non au nord, haute de plafond ; les
fenêtres seront garnies d'épais rideaux, le plancher
garni de sable fin pour amortir les pas ; la ventilation
en sera facile et facultative, enfin la température y
sera maintenue entre $+ 6$ à $+ 12°$ c.

Quant aux divers appareils d'incubation, on comprendra que nous ne nous attachions pas à les décrire :
on sait qu'ils consistent en une boîte à peu près hermé-
tique munie de tiroirs, contenant un ou plusieurs réser-
voirs à eau chaude qui, par des tuyaux, circule au plafond des tiroirs ; les parois de la boîte sont capitonnées,

afin d'empêcher la déperdition du calorique; des robinets diversement étagés permettent de tirer l'eau refroidie et de la remplacer par de l'eau réchauffée. Les appareils à lampe ont l'inconvénient de donner une chaleur sèche; on les entretient avec une lampe à alcool ou mieux à pétrole, placée sous un plancher métallique

Fig. 48. — Hydro-incubateur sans sécheuse.
Nouveau modèle.

suffisamment espacé des tiroirs placés au-dessus, de façon que la chambre de chaleur n'ait aucune communication directe avec les chambres d'incubation.

Il y a des incubateurs de diverses dimensions, pouvant contenir des nombres d'œufs variables, coûtant aussi des prix différents; nous donnerons ces renseignements pour les deux principales maisons .

Hydro-incubateurs de MM. Roullier et Arnoult.

(Fig. 47 et 48.)

	NOMBRE D'ŒUFS	PRIX SANS THERMOMÈTRE NI EMBALLAGE
Nº 1. 2 chaudières cartonnées, sans sécheuse. .	450	275 fr. [1]
Nº 2. 1 chaudière cartonnée, — . .	220	160
Nº 3. 1 chaudière cartonnée, — . .	100	120
Nº 4. 1 chaudière cartonnée, — . .	50	90
Nº 5. Système ordinaire, — . .	100	86
Nº 6. Système ordinaire, — . .	50	50
Nº 1. 2 chaudières cartonnées, avec sécheuse. .	450	310
Nº 2. 1 chaudière cartonnée, — . .	220	200
Nº 3. 1 chaudière cartonnée, — . .	100	140
Nº 4. 1 chaudière cartonnée, — . .	50	100

Couveuses de M. Voitellier. (Fig. 49.)

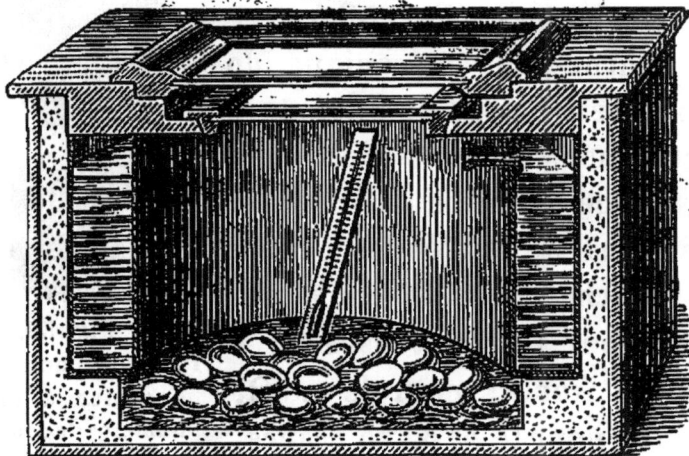

Fig. 49. — Coupe de la couveuse Voitellier pour 100 œufs.

Nº 1.	250	160 fr. [2]
Nº 2.	150	120
Nº 3.	100	100
Nº 4.	50	50

[1] Le prix de l'emballage est de : 40 francs pour les nᵒˢ 1 ; 20 francs pour les nᵒˢ 2 ; 10 francs pour les nᵒˢ 3 ; 6 francs pour les nᵒˢ 4, 5 et 6. Le prix des thermomètres est de 8 francs ; les nᵒˢ 1 en contiennent deux.

[2] Emballage et thermomètres non compris ; le prix des derniers est de 10 francs.

Le thermo-siphon de M. Odile Martin peut s'adapter à toutes les couveuses de tous les numéros; il est d'un usage très-pratique dans les maisons où le chauffage de l'eau est une difficulté. Il entretient l'eau chaude, dans le réservoir même de la couveuse, soit en donnant pendant une heure, matin et soir, une forte chaleur avec une grosse lampe, soit en maintenant constamment une petite lampe. Le prix est de 40 francs avec deux lampes. (Fig. 50.)

Le tourne-œufs mécanique de M. Voitellier (fig. 51) a l'avantage de retourner les œufs d'un seul coup, d'une manière précise, et sans secousses, et d'éviter l'ennui de se pencher dans la couveuse. Le prix pour les couveuses n° 1 est de 15 francs; pour le n° 2, 20 francs; pour le n° 3, 25 francs, et le n° 4, 40 francs.

Fig. 50.
Thermo-siphon pouvant s'adapter à tous les numéros de couveuses. Système O. Martin.

Casiers pour retourner les œufs (fig. 53 et 54). — Les casiers de M. Voitellier sont d'un usage très-pratique pour les personnes qui redoutent de se baisser pour retourner les œufs dans la couveuse. Matin et soir, on sort chaque casier de la couveuse, et pour retourner les œufs, on applique un casier vide sur un autre, puis prenant les deux entre les mains, et pressant légèrement, on retourne le tout à la fois. Les œufs font chacun ainsi un tour égal, sans secousses et

sans aucun risque d'être cassés. Ce système a aussi
l'avantage de faire refroidir les œufs hors de la couveuse, dans un air absolument pur, et d'éviter le

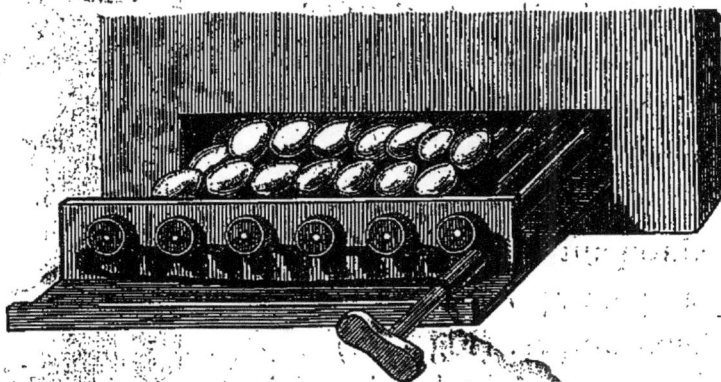

Fig. 51. — Vue du tourne-œufs, ouvert.

refroidissement de la couveuse. Le prix de chaque
casier pour les couveuses n°s 1 et 2 est de 2 francs;
le n° 3, 2 fr. 50; le n° 4, 3 francs.

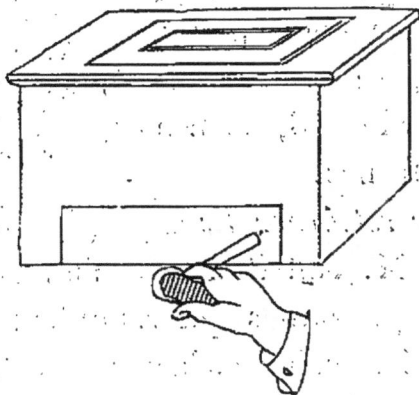

Fig. 52. — Vue d'une couveuse munie d'un tourne-œufs.

Il faut quatre casiers dans les couveuses n°s 1 et 2,
six dans les n°s 3 et 4, plus un de rechange dans
chaque numéro.

MM. Lagrange et Barillot, d'Autun (Saône-et-Loire),
fabriquent depuis peu de temps de petits incubateurs
d'amateurs, chauffés par une lampe, pouvant conte-

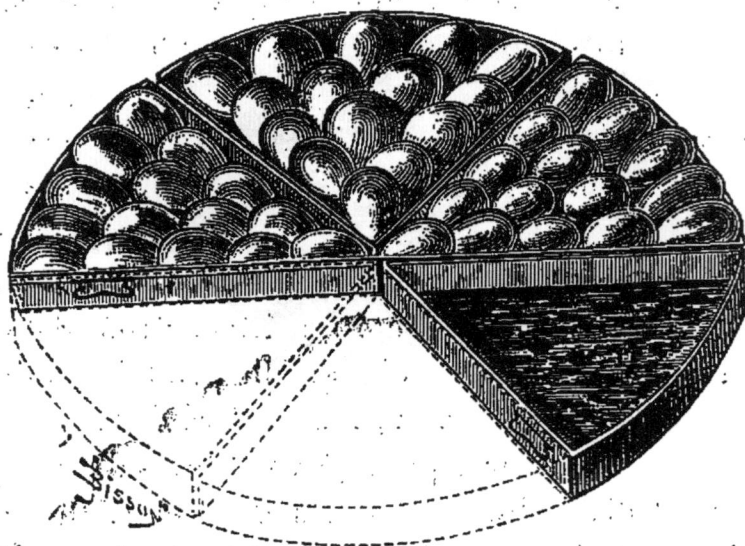

Fig. 53. — Casier pour retourner les œufs. Système Voitellier.

nir 50 œufs, et du prix de 44 francs, pris sur place,
emballage compris.

La manœuvre des appareils d'incubation artificielle

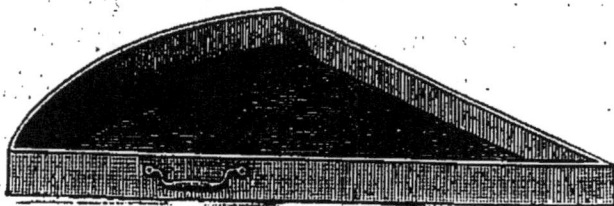

Fig. 54. — Casier pour retourner les œufs.
Système Voitellier.

ne présente aucune difficulté, mais la réussite, il faut
le dire, exige de l'intelligence, de la précision et une
grande exactitude. Les diverses manipulations nous

seront indiquées par MM. Roullier et Arnoult : « On disposera les tiroirs à recevoir les œufs en étendant sur le fond, de manière à toucher les parois, un morceau d'étoffe de laine ; puis on placera le thermomètre dans un des tiroirs *seulement*, sur le tasseau, en mettant la boule de mercure à peu près au milieu et tournée du côté du fond. Ceci fait, on repoussera les tiroirs dans leurs étuves en refermant les portes extérieures. Puis on remplira le couvoir d'eau chauffée entre 60 et 70° c., ce qui fera obtenir, dans les tiroirs, une température de 40 à 42° environ. S'il y a au-dessus de 40°, on attendra qu'elle y soit descendue, et à partir de ce moment on réchauffera deux fois par jour, à la même heure, quinze à vingt litres d'eau pour le n° 2, et dix à douze pour les n°ˢ 3 et 4. De cette manière, on fichera la chaleur des tiroirs à 39 ou 40°. Mais, pour obtenir ce résultat, il est bien entendu que les quantités d'eau à réchauffer indiquées ci-dessus peuvent varier selon l'influence de la température ambiante et de l'endroit où sera placé le couvoir. Si donc la chaleur des tiroirs n'atteint pas ou dépasse 40°, on augmentera ou on diminuera la quantité d'eau ; au bout de quarante-huit heures au plus, l'expérimentateur sera fixé, et le couvoir prêt à recevoir les œufs.

« A partir de ce moment, le travail est simple et facile ; deux fois par jour, aux heures que l'on aura adoptées pour régler la machine matin et soir, on sortira les tiroirs, afin de retourner les œufs et de les déplacer[1].

---

[1] MM. Roullier et Arnoult recommandent de ne jamais renouveler l'eau avant d'avoir préalablement retourné les œufs, et

« .....La sensibilité du thermomètre à mercure
étant très-grande, il faut constater la température
immédiatement à l'ouverture du tiroir; sans cette précaution, le contact de l'air extérieur faisant descendre
de suite le mercure, il en résulterait une erreur de 2 à
3°. Pendant dix à douze jours, si la température
ambiante ne varie pas, le chauffage de l'appareil se fera
toujours à peu près avec la même quantité d'eau chaude;
mais du douzième au vingt et unième jour, les embryons,
progressant considérablement, deviennent des êtres
vivants qui dégagent une chaleur qui leur est propre.
Cette chaleur, réunie à celle de l'incubateur, produirait une hausse de température qui étoufferait inévi-
tablement les petits dans l'œuf, si l'on n'avait soin de
diminuer la quantité d'eau chaude à mesure de la
progression des embryons.

« Voici, en moyenne, la marche d'un incubateur
dans une saison où la température est à peu près sta-
ble. Incubateur n° 2 : du premier au douzième jour,
vingt litres d'eau à réchauffer, matin et soir; du treizième au quinzième, seize litres; du quinzième au
dix-huitième, huit à dix litres; du dix-huitième à l'éclosion, six à huit litres. Souvent il arrive, pendant les
mois de juin, juillet et août, qu'on peut rester deux ou
trois fois sans réchauffer d'eau, la progression de la
chaleur des embryons balançant le refroidissement de
l'incubateur. Nous croyons devoir ajouter qu'à moins
d'avoir toujours à sa disposition de l'eau bouillante,

cela, par des motifs qu'ils diffèrent encore de rendre publics
(page 117).

on fera réchauffer celle retirée de l'incubateur ; ce sera une économie de temps et de combustible. » (*Guide pratique illustré de l'éclosion et de l'élevage,* 3ᵉ édition, p. 111-114.)

La manœuvre des couveuses de M. Voitellier est à peu près identique : « On emplit la chaudière d'eau à 50° c. environ, ou ce qui est préférable, on y verse à peu près moitié eau froide et moitié eau bouillante (à 100°), de manière à obtenir 40° c. à l'intérieur. On retire, le matin et le soir, pour les couveuses de 50 œufs, de cinq à sept litres d'eau que l'on remplace par autant d'eau bouillante ; pour les couveuses de 100 œufs, dix à douze litres d'eau (voy. fig. 49) ; pour celles de 150 œufs, douze à quinze litres d'eau ; pour celles de 250 œufs, dix-huit à vingt litres d'eau..... La température intérieure doit être de 38 à 40° c. Dans aucun cas il ne faut dépasser 41°, ni rester au-dessous de 37°, surtout au début de l'incubation, car alors les germes n'ont pas de chaleur propre..... Le mirage de l'œuf, à l'effet de retirer ceux qui sont clairs, s'effectue le quatrième ou le cinquième jour..... C'est à l'époque de l'éclosion que la couveuse exige le plus de soin, au moment où le poussin va naître. Tout œuf *bêché* doit être retourné, afin que le poussin puisse plus directement respirer l'air ; sans cette précaution, il pourrait se trouver étouffé ou noyé dans le liquide qui s'échappe de l'œuf. » (Rapport de M. Joubert. — *L'Incubation artificielle de la basse-cour,* par Voitellier, 1878, p. 13 à 16, 63 à 67.)

Quelques personnes trouvent un peu assujettissante cette manœuvre, deux fois par jour et à heures fixes, du remplissage ; d'autres attribuent, et sans doute avec raison , les insuccès a un défaut de régularité de la température entretenue dans les tiroirs. A celles-là, M. Abel Pillon, avenue de la Gare, à Beauvais (Oise), offre un moyen simple et peu coûteux d'obtenir cette régularité par des moyens automatiques.

« Il suffit, dit-il, d'adapter à une couveuse un réservoir d'une capacité de dix, quinze ou vingt litres, selon la dimension des couveuses ; il doit être enfermé dans une caisse en bois d'un diamètre plus grand. On remplit l'intervalle avec de la sciure de bois, pour conserver la chaleur ; ce réservoir est relié par un tuyau à l'orifice qui sert à l'introduction de l'eau chaude dans la couveuse ; on ferme le second orifice avec un bouchon à vis, pour laisser échapper l'air quand on remplit le réservoir. On adapte ensuite au robinet qui sert à extraire l'eau de la couveuse un tube de caoutchouc qui le relie à un régulateur indirect d'Arsonval (n° 310 du catalogue de Wiesnegg, constructeur, 64, rue Gay-Lussac, à Paris). Ce petit appareil est d'une simplicité extrême ; son prix est de 35 francs.

« Maintenant, voici comment fonctionne ce système : Le régulateur est relié à un thermomètre qu'on place dans le tiroir ; on remplit le réservoir d'eau bouillante que l'on renouvelle toutes les douze heures. Tant que la température reste à 40° c., rien ne bouge ; mais lorsque la température du tiroir baisse, le régulateur laisse écouler l'eau de la couveuse, qui est remplacée par une égale quantité d'eau chaude venant du réservoir, ce qui fait remonter la température dans tiroir. Aussitôt qu'elle a atteint 40°, le régulateur arrête l'écoulement, de sorte qu'il est facile de comprendre que la température reste la même dans le tiroir, quelles que soient les variations de la température extérieure. Tout le soin à donner à la couveuse se borne à retourner les œufs et à remplir le réservoir d'eau chaude. » (*L'Acclimatation*, 8 février 1880, p. 72.) M. A. Pillon ajoute que l'on peut s'adresser à lui pour renseignements. Nous nous bornerons à ajouter que nous pensons qu'il serait non moins urgent de limiter les maxima que les minima, et que le même moyen peut remplir le même but.

L'incubation artificielle ne saurait réussir qu'à la condition de se rapprocher le plus possible de l'incubation naturelle. — *Ars incubandi secunda natura.* — Or, nous savons que la bonne couveuse retourne ses œufs et les change de place dans le nid, de temps en temps ; c'est ce que l'on imite en tournant et changeant les œufs, du fond au devant, du centre aux bords des tiroirs, matin et soir. Une personne expérimentée manipule ainsi 200 œufs dans cinq minutes. Nous savons encore que, pour satisfaire aux besoins de l'alimentation et de la défécation, la couveuse quitte son nid une ou deux fois par jour, durant dix à vingt minutes ; le refroidissement des œufs qui se produit alors, non-seulement est sans danger, mais encore paraît salutaire ; de même, matin et soir, la manipulation des œufs dans les tiroirs extraits de la couveuse, renouvelle l'atmosphère et produit cet abaissement favorable de température.

Le résultat de l'incubation artificielle convenablement pratiquée paraît peu différer de celui de l'incu-

bation naturelle, parce que, avec la couveuse artificielle, il ne saurait plus y avoir d'œufs cassés comme
avec la poule ou la dinde.

D'après MM. Roullier et Arnoult, pendant la période
comprise entre les mois de septembre et mars, ils
comptent sur une moyenne de 50 pour 100 d'œufs
inféconds; le reste de l'année, la moyenne serait de
20 à 25 pour 100; sur la totalité des œufs fécondés,
ils obtiennent de 70 à 80 pour 100 d'éclosions, parfois même 90 et 95 pour 100. M. Voitellier affirme
des chiffres à peu près semblables; il obtient de 75 à
80 pour 100 d'éclosions en œufs fécondés; le chiffre
de 85 pour 100 a été officiellement constaté au Jardin
d'acclimatation.

Par contre, M. E. Lemoine, l'habile éleveur de
Crosne (Seine-et-Oise), dit en propres termes : « Sur
13 œufs que nous confions aux poules, nous n'avons
en moyenne que 10 poussins (soit une proportion des
éclosions de 77 pour 100). »

« On sera peut-être surpris, m'écrivait M. Roullier-
Arnoult, de voir, dans un pays où l'élevage se pratique
en grand, un si grand nombre d'œufs inféconds. C'est
justement parce qu'il y a *industrie* qu'il y a *tricherie*.
Ces bons paysans font commerce illégal en revendant
pour l'incubation, des œufs qu'ils ont déjà fait couver
pour leur compte et reconnus clairs; d'un autre côté,
le cours des œufs remontant forcément à partir du
mois d'août, ils gardent ceux-ci le plus longtemps possible, pour les vendre plus cher, et les œufs que les
acouveurs de profession mettent à couver n'ont plus la
fraîcheur suffisante pour éclore. »

Nous savons que nos ménagères, vers la fin de l'incubation naturelle, lorsqu'approche l'éclosion, mettent sur les œufs un peu d'herbe verte ; à la température de 40° (celle de la poule), une partie de l'eau de végétation de ces plantes est vaporisée et produit autour des œufs une atmosphère chaude et humide qui empêche la membrane fibreuse de l'œuf, membrane enduite d'albumine, de se dessécher aussi rapidement et d'adhérer au poussin, qu'il est très-difficile d'en débarrasser. C'est un point dont semble s'être préoccupé M. Voitellier, car nous lisons dans le rapport déjà cité de M. Joubert : « Ce qui constitue surtout une véritable innovation, c'est la vaste atmosphère de cette nouvelle couveuse, et son humidification, qui se règle à volonté, en raison de la saison et des exigences. A propos de l'état hygrométrique de l'atmosphère des couveuses en général, M. Voitellier fait depuis quelque temps des expériences d'un haut intérêt scientifique. Il cherche, et la question est sur le point d'être pratiquement résolue, le degré hygrométrique exact, pour avoir définitivement une atmosphère dans de bonnes conditions d'éclosion. » Nous ignorons ce qui est, depuis lors, advenu à ce sujet. Un excellent moyen d'obtenir cette humidité dans l'éclosion artificielle consiste à placer dans chaque tiroir une éponge légèrement humectée. MM. Roullier et Arnoult m'écrivaient à cet égard : « Les degrés hygrométriques sont très-problématiques pour l'incubation ; l'humidité varie selon les températures ambiantes, et les couveuses n'y sont pour rien. De nos appareils, le même fournit quelquefois beaucoup d'humidité et d'autres fois moins. Mais dans l'un et l'autre cas, nous avons obtenu jusqu'à 90 pour 100 d'éclosion, ce qui nous fait dire que l'humidité, dans ce cas, est encore un problème. Dans tous les cas, l'humidité donnée avec une éponge-ou une vapeur quelconque durcit et dessèche la coquille; il faut une moiteur imperceptible. » Nous ne contredisons point aux observations de MM. Roullier et Arnoult, mais nous pensons qu'il y a encore là des études à faire.

Mademoiselle Emma Schlumberger dit avoir observé que la mort des poussins dans l'œuf, durant la dernière période de l'incubation artificielle, si la température a été maintenue entre 39 et 41° c., et si l'on a eu soin d'humecter les œufs d'eau tiède, tient uniquement à l'asphyxie par l'acide carbonique, produit de la respiration des jeunes animaux; aussi, à partir du quatorzième jour d'incubation, place-t-elle dans les tiroirs de l'incubateur un petit morceau de papier de tournesol, qui a la propriété de passer du bleu au rouge dès que l'atmosphère se charge d'une quantité notable d'acide carbonique; dès que ce phénomène se produit, elle place dans chaque tiroir un petit morceau de carton de $0^m,06$ sur $0^m,04$, sur lequel elle dépose un petit morceau de chaux vive; celle-ci se délite et s'empare de l'acide carbonique, mais aussi de l'humidité; le premier résultat peut être favorable, mais le second peut être dangereux; néanmoins, elle dit avoir complétement réussi deux incubations par ce procédé. (*L'Acclimatation,* 20 juin 1880, p. 300.)

Le vingt et unième jour est arrivé, et dès le matin les premières éclosions ont lieu; elles sont fournies

par les œufs qui avaient été pondus le jour ou la veille
de la mise en incubation. (E. Lemoine.) Les nouveau-
nés peuvent sans danger rester douze et même quinze
heures sous les couveuses ou dans les tiroirs. Ceci suppose pourtant que la température des tiroirs ne dépasse
pas 38°. Lorsque les poussins sont devenus nombreux,
on les place dans la *sécheuse* dont sont munis certains
numéros des appareils Roullier-Arnoult (fig. 47), étage
supérieur de la couveuse, chauffé comme elle et protégé en dessus par un châssis vitré; ou dans une boîte
d'expédition convertie en sécheuse (fig. 63), en y
installant un nid de paille, la recouvrant d'une couverture de laine et y ajoutant, en hiver, un petit édredon;
ou dans la *sécheuse* de M. Voitellier, boîte distincte
avec réservoir d'eau chaude, recouverte d'un léger
duvet d'édredon.

A la question : Faut-il aider les poussins à sortir de
la coquille? MM. Roullier et Arnoult répondent :
« Non! cent fois non! à moins cependant que le
poussin ne soit plus retenu à la coquille que par
quelques lambeaux de membranes séchés. Sans cela,
si vous aidiez au poussin à sortir, vous le feriez iné-
vitablement périr en déchirant les veines, car il se
déclare alors une hémorrhagie, et le poussin est perdu :
ne perdrait-il qu'une seule goutte de sang, il meurt au
bout de trois ou quatre jours. » (Pages 124-125.)

Après avoir passé une journée dans la sécheuse, les
poussins sont transférés dans la *mère* artificielle (hydro-
mère de MM. Roullier et Arnoult). (*Voy*. fig. 55.)

La *mère* de M. Voitellier est un appareil dont toutes
les parties sont mobiles : la partie inférieure est un

plateau sur lequel repose un encadrement dans lequel vient s'introduire une boîte renfermant un récipient qui contient de l'eau chaude renouvelée selon les

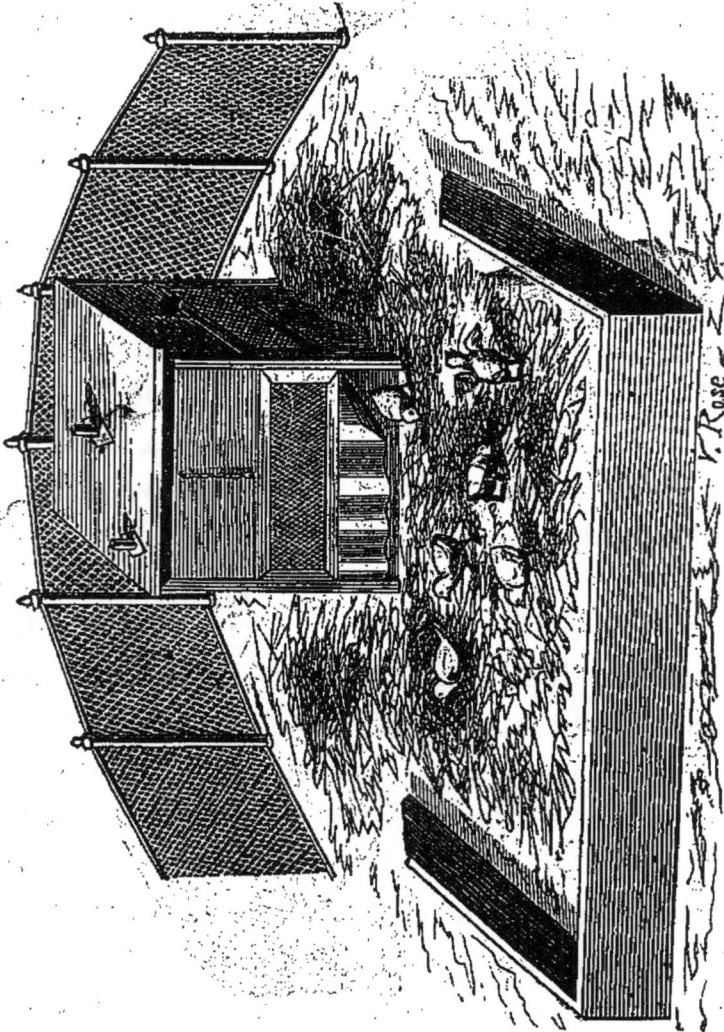

Fig. 55. — Éleveuse hydro-mère. (Système Roullier et Arnoult.)

besoins; la partie inférieure de cette boîte forme pla-fond, et son encadrement est garni d'une étoffe, afin que les poussins, logés dans l'espace vide ménagé entre le plateau inférieur et le récipient à eau chaude,

puissent frotter leurs plumes contre l'étoffe et se
débarrasser de leur duvet natif. Une porte ménagée
sur l'un des côtés permet aux poussins de sortir pour

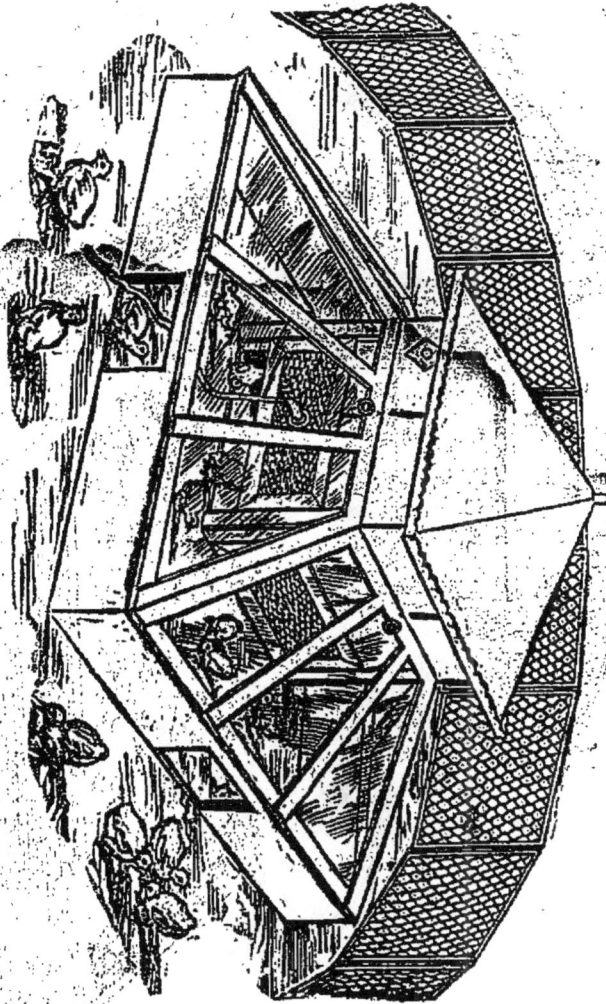

Fig. 56. — Éleveuse hydro-mère, vitrée. (Système Roullier-Arnoult.)

aller manger et boire ; un grillage articulé comme un
véritable garde-feu entoure la mère artificielle et
retient les poussins dans un espace limité. (fig. 59.)
Les sécheuses de M. Voitellier coûtent : le n° 1,
25 francs ; le n° 2, 40 francs : le n° 3, 50 francs. Ses

mères artificielles : le n° 1, pour 120 poussins, 75 francs ; le n° 2, pour 60 poussins, 50 francs ; le n° 3, pour 30 poussins, 30 francs. Les grillages pour

Fig. 57. — Sécheuse mère (Voitellier), avec promenoir.

parquer les poussins (fig. 62) coûtent : le n° 1, par panneau, 2 francs ; le n° 2, par panneau, 3 francs ; le n° 3, par panneau, 4 francs. La sécheuse de M. Voiteillier (fig. 57) est spécialement faite pour l'élevage du

gibier, quoiqu'elle puisse servir avec avantage aux
poussins. L'édredon n'est pas, comme dans les autres,
simplement posé sur le dessus et attaché de chaque
côté; il est tendu sur un cadre de bois, qui prend exactement la forme de la boîte; deux petites portes, réservées sur le devant, donnent aux poussins accès dans
un promenoir, muni d'un fond et d'un couvercle grillé
mobile, qui se tire et se replie comme un tiroir.
Mêmes prix que lessécheuses simples.

Les éleveuses hydro-mères de MM. Roullier et
Arnoult sont pareillement des boîtes reposant sur le
sol par quatre pieds, dont la partie supérieure contient un réservoir à eau chaude, dont le plancher est
en bois, le plafond garni de duvet, de peluche ou d'un
édredon; le pourtour est ceint d'un rideau d'étoffe,
que l'on place au milieu d'un petit parquet formé
de planchettes ou de panneaux à grillage métallique.
Pendant les premiers jours, le parquet est restreint et
complétement fermé; par la suite, on y laisse des
issues et on agrandit l'enceinte. On en fabrique de
divers modèles, dont les numéros correspondent à
ceux des couveuses des mêmes fabricants : 1° éleveuse
hydro-mère sans parc ni clôture, pouvant loger 40 à
50 poussins, facile à transporter de la chambre au
dehors, prix 30 francs, emballage compris; 2° éleveuse
hydro-mère pour 50 à 75 poussins, n° 4, prix 50 francs,
parc et emballage compris ; 3° éleveuse hydro-mère
pour 75 à 100 poussins, n° 3, prix 70 francs, avec
parc et emballage; 4° éleveuse hydro-mère pour 150
à 200 poussins, n° 2, prix 90 francs, parc et emballage compris; 5° éleveuse hydro-mère vitrée, n° 4,

pour 100 poulets ou 150 faisans, 120 francs ; n° 3, pour 200 poulets ou 300 faisans, 130 francs, emballage compris ; enfin, 6° éleveuse hydro-mère dite souterraine, avec hydro-mère vitrée et serre froide vitrée, pour 200 poulets ou 300 faisans, prix 260 francs, emballage compris. Le prix des grillages articulés en fer galvanisé (0^m,55 de largeur sur 0^m,60 de hauteur) est de 2 fr. 50 par panneau ; on compte douze panneaux pour une éleveuse ordinaire, et vingt-quatre pour une éleveuse vitrée. (Fig. 56.)

Le premier jour, les poussins ne mangent pas ; le second jour, on leur émiette dans leur boîte un peu de pain très-rassis ; on leur accorde successivement un peu plus d'espace et de liberté ; après huit jours, en été, ils peuvent rester libres toute la journée, lorsque le temps est beau ; en hiver, on les fait sortir quelques instants, tous les deux ou trois jours au moins, afin de renouveler l'air de la chambre. Lorsqu'on place l'hydro-mère dans une étable, il ne faut la chauffer qu'à 18 ou 20° c. La mie de pain, le riz bien cuit, le lait caillé donné chaud en hiver, les pâtées à base de farine d'orge constituent leur nourriture artificielle ; ils trouvent un supplément de nourriture naturelle dans les grains et les insectes qu'ils recueillent de plus en plus abondamment, à mesure qu'ils prennent plus de forces et reçoivent plus de liberté.

L'éleveuse vitrée de M. Voitellier sert pour l'élevage d'hiver, ainsi que pour l'élevage en plein air des faisans et du gibier. (Fig. 58.)

Toutes les pièces de cette éleveuse sont mobiles et s'ajustent sans crochets ni charnières ; elles sont sim-

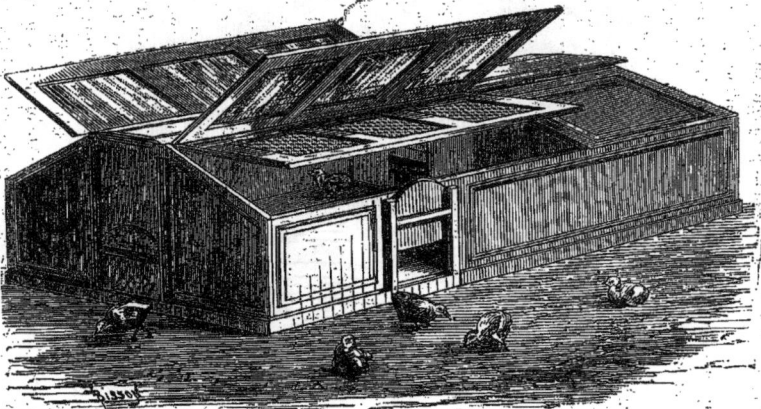

Fig. 58. — Éleveuse vitrée. (Système Voitellier.)

plement posées les unes sur les autres et forment un
ensemble très-solide. Tous les morceaux peuvent être
indifféremment placés de n'importe quel côté. Le tout
repose sur un parquet en bois. Une mère artificielle
est placée dans la partie couverte, et, tout en servant
de refuge aux poussins, elle développe de la chaleur

Fig. 59. — Mère ou éleveuse. (Système Voitellier.)

dans toute la boîte. Les poussins ont un vaste parcours
à l'abri quand il pleut ou quand il fait froid. Si le
temps est beau, on leur donne de l'air en levant les
châssis vitrés. Les poussins ou faisandeaux, retenus
par les châssis grillés, ne peuvent s'envoler. Des portes
sont ménagées sur les côtés et aux extrémités de l'éleveuse, pour donner la liberté aux poussins dès qu'ils
deviennent gros. Le prix est de 80 francs.

Le grand avantage de cette éleveuse sur les boîtes
à élevage de tous les autres systèmes, est de pouvoir
se démonter complétement et de ne pas encombrer ni

se détériorer quand elle ne sert pas. Elle est aussi facile à changer de place à cause de sa légèreté.

Largeur à la base, 0ᵐ,88 centimètres ; longueur, 1ᵐ,75 centimètres ; hauteur, 0ᵐ,56 centimètres.

Poids net, 50 kilogrammes ; poids, avec emballage,

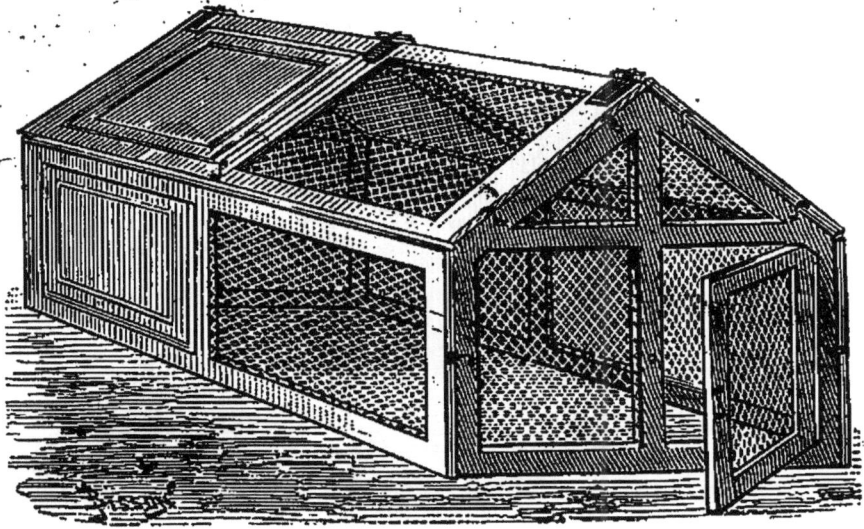

Fig. 60. — Cage pliante pour poussins, volaille ou gibier.
Système Voitellier.

88 kilogrammes ; cube, avec emballage, 0ᵐ,385 d. c.

Emballage : 10 francs.

Les cages pliantes ont l'avantage d'être à la fois solides et très-légères, de pouvoir facilement se transporter et surtout de se plier de façon à ne tenir aucune place quand elles ne sont pas en fonction. On peut indifféremment mettre une mère artificielle dessous ou dehors à l'extrémité. La mère s'adapte exactement devant la petite porte du bout, et les poussins passent directement sous la cage, sans pouvoir sortir.

Une large porte, ménagée à l'autre extrémité, permet
de soigner les poussins, sans qu'il soit besoin de lever
la cage. Prix : 35 francs. (*Voy*. fig. 60 et 61.)

MM. Roullier et Arnoult ont fondé, en 1873, à
Gambais-lez-Houdan (Seine-et-Oise), un grand établis-

Fig. 61. — Épaisseur de la cage pliée, 0^m,15 centimètres.
Système Voitellier.

sement d'élevage, auquel ils ont donné le nom de
« Grand Couvoir français ». Ils y ont entrepris l'élevage industriel de la race de Houdan dont ils ont
répandu le type pur dans toute la France et à l'étranger. Du 1er octobre 1874 au 30 novembre 1875, en
quatorze mois, ils ont fait éclore 13,317 poussins,
qu'ils ont vendus (et en partie expédiés sur un grand
nombre de points) à raison de 55 francs le cent, prix
moyen. (*Rapport* de M. A. Geoffroy Saint-Hilaire
à la Société zoologique d'acclimatation.) Ils furent
promptement conduits à installer une fabrique pour

leurs appareils et pour tous les ustensiles accessoires de l'aviculture. Du 1er janvier 1876 au 1er novembre 1879, ils avaient livré 2,056 incubateurs, 1,700 éleveuses, 600 indiscrètes, 100 gaveuses, etc. Enfin, ils ont constamment 300 poules pondeuses de race pure.

M. Voitellier a fondé en 1872, à Mantes (Seine-et-Oise), un établissement d'élevage industriel dans lequel il s'attache également à la multiplication de la race de Houdan, mais aussi de la reproduction des types purs de nos meilleures races : la Flèche, Crève-cœur, Cochinchinois, Brahma-pootra, Bantam, etc., et aussi de canards, pintades, pigeons, lapins, béliers, etc. Il fabrique aussi ses incubateurs, mères artificielles, ovoscopes, et tous les ustensiles accessoires.

« M. E. Lemoine est un amateur d'oiseaux. Il possède à Crosne, près de Montgeron (Seine-et Oise) et de Villeneuve-Saint-Georges, une magnifique propriété (partie des dépendances de l'ancien château de Crosne) de sept hectares, traversée par la jolie rivière d'Yerres. C'est après la guerre de 1871, à la suite des dévastations commises pendant l'occupation étrangère et tout en réparant les désastres, qu'il eut l'idée de donner une grande importance à sa basse-cour et surtout d'en faire concourir l'installation à l'enjolivement de son parc. » (J. Godefroy.) M. Lemoine installa donc des parcs pour les reproducteurs, des poulaillers d'élevage, un couvoir et enfin une lapinière. Il possède aujourd'hui environ 90 parquets, dans lesquels il entretient 950 coqs, poules et élèves, 110 canes et canards,

45 oies et 6 poules. En 1879, il a vendu 12,000 œufs pour la reproduction et a élevé 2,000 poussins appartenant à vingt-trois races, sous-races ou variétés.

Fig. 62. — Panneaux de grillage mobiles Voitellier, pour parquer les jeunes poulets. — Hauteur, 0m,56 cent.; largeur, 0m,45 cent. — Prix : 2 francs la pièce avec la tringle pour assemblage.

Plus amateur qu'industriel, M. Lemoine est un de nos plus habiles éleveurs, ainsi que le témoignent et ses succès dans les concours et son livre sur l'*Élevage des*

animaux de basse-cour; son parc est plus un splen-
dide jardin qu'une usine; l'utile s'y joint dans une
juste mesure à l'agréable, et c'est un spécimen à
imiter.

M. Lemoine emploie à la fois l'incubation naturelle
et l'incubation artificielle; les couveuses naturelles,
ce sont des poules cochinchinoise et bantam; les couveuses artificielles, ce sont des appareils hydro-incubateurs; et voici comment ils viennent en aide aux
premières : « Souvent, nous avons eu 60 couveuses
dans le couvoir, et il ne faut pas croire qu'elles nous
dispensent des couveuses artificielles, au contraire;
ces machines, quoique imparfaites, nous sont d'une
grande utilité, et voici comment : sur 13 œufs que
nous confions aux poules, nous n'avons, en moyenne,
que 10 poussins, et nous donnons 15 poussins à
chaque poule. Alors, quand nous avons 8 à 10 couveuses, nous mettons le même jour les œufs sous les
poules et dans la couveuse artificielle; et au moment
de l'éclosion, nous complétons les 15 poussins que
doit avoir chaque poule avec les poussins de la couveuse artificielle. De cette façon, nous obtenons des
résultats magnifiques. » (*Élevage des animaux de
basse-cour,* p. 82-83.)

Nous trouvons dans le *Rapport* de M. A. Geoffroy
Saint-Hilaire à la Société d'acclimatation le décompte
d'une opération dans un hydro-incubateur de 200 œufs,
en admettant comme résultat 100 éclosions seulement;
ces 100 poussins seront vendus, aux prix d'été, 45 fr.
Les dépenses auront été les suivantes :

Achat de 17 douzaines d'œufs à 0ᶠ80 (prix d'été). . 13ᶠ6)

Chauffage. . .	2ᶠ05	Pour réchauffer l'eau des appareils matin et soir et retourner les œufs dans les tiroirs. . . .	5ᶠ .
Main-d'œuvre.	2ᶠ50		

18ᶠ60

Revente, pour la consommation, des œufs reconnus clairs après quelques jours d'incubation à déduire. 3ᶠ ,

Reste net. 15ᶠ60

Les poussins étant vendus 45 francs, il en ressortirait un bénéfice net par incubation de 29 fr. 40. Cependant, pour calculer juste, il faudrait tenir compte de l'intérêt du prix d'achat, de l'amortissement et des réparations de l'appareil; du loyer, des impôts et des réparations du couvoir, etc.; le tout réparti sur chaque appareil à raison du nombre d'incubations produit dans l'année; en attribuant à ces dépenses une valeur de 9 fr. 40, le bénéfice net serait encore de 20 francs par opération, pour une première mise de fonds de 450 francs environ; car chaque appareil peut donner, si l'on veut, douze incubations par an.

Ajoutons que les hydro-incubateurs sont employés non-seulement pour les oiseaux de basse-cour (poules, canards, oies, dindes, etc.) et les oiseaux de volière, mais aussi pour les œufs de gibier-plume et d'autruche. M. Randouin, régisseur de M. le duc d'Uzès à Bonnelles (Seine-et-Oise), a obtenu, dans les hydro-incubateurs, sur 322 œufs de perdrix grise et rouge, de caille et de faisan, 229 éclosions, soit 70 pour 100; sur 470 œufs de perdrix et faisan confiés à des poules, il n'obtenait que 282 éclosions ou 60 pour 100. Enfin, il n'est pas jusqu'aux œufs d'autruche qui, au Caire même, d'après M. Merlato, ne soient confiés aux soins de la couveuse artificielle.

§ 10. — ÉLEVAGE DES POULETS.

Décrivons d'abord l'élevage ordinaire, celui de la volière ou de la basse-cour.

Les poussins ne commencent guère à manger que dix-huit ou vingt-quatre heures après l'éclosion. On les place au chaud avec leur mère, sous une mue, sorte de cage circulaire en osier tressé, fermée par en haut. Après dix-huit ou vingt-quatre heures, on donne aux petits, sous la mue, une assiette plate avec de l'eau pure, et tiède s'il fait froid; on leur jette un peu de pain rassis, finement émietté, du blanc d'œuf dur, haché très-menu, du millet blanc en grains, du son fin mélangé d'un peu de farine, des œufs de fourmi si l'on en a, etc. A la mère, on distribue son grain habituel. Si le temps est beau, on porte la mère et les petits dans un endroit abrité de la cour ou du jardin, et on les recouvre de la mue; si le soleil est trop ardent, on ombrage une partie de la mue avec un linge. Le soir, on rentre la couvée et on la replace dans la case ou le nid qui a servi à l'incubation et dont on a renouvelé la paille. Au quatrième jour, on laisse aux poussins la liberté de sortir de la mue et d'y rentrer, en la maintenant soulevée par un de ses bords; ils s'éloignent peu, la mère les rappelant fréquemment auprès d'elle. Il faut lui donner fréquemment à manger; dès le cinquième ou sixième jour, on leur distribue un mélange de mie de pain, de millet, de chènevis concassé et de petit blé; on commence, s'il fait beau, à rendre un peu de liberté à la poule, qui promène sa jeune famille au dehors pendant les heures les plus chaudes. Vers le huitième et le dixième jour, les plumes de la queue et des ailes commencent à pousser; c'est pour les poussins une crise qu'ils ne traversent pas toujours sans danger; c'est surtout alors qu'il faut avoir soin de les préserver du froid et de la pluie. Six à huit jours plus tard, la crise est passée, et ils n'ont plus besoin de soins particuliers. A cinq ou six semaines, les poulets commencent à abandonner leur mère, qui, de son côté, les néglige de plus en plus, et ne tardera pas à recommencer la ponte.

A trois mois, quand les poulets ont été bien nourris et bien soignés, et s'ils appartiennent à une race précoce, si leur naissance a été hâtive au printemps, la plupart d'entre eux sont bons à vendre sous le nom de poulets de grain, tels qu'ils sont, sans engraissement plus complet, et on en tire un prix fort avantageux. Les autres, les moins forts de la couvée, ou ceux des couvées postérieures, ne seront mis à l'engrais que successivement, de l'âge de cinq à dix mois, suivant la race à laquelle ils appartiennent et l'époque de leur naissance. Mais la saison la plus favorable à l'engraissement étant la fin de l'automne et l'hiver, il faut s'arranger pour obtenir les naissances en temps opportun.

Nous ne devons pas oublier que la poule vient de subir les fatigues de l'incubation, auxquelles vont succéder celles, moindres pourtant, de l'élevage. Elle peut être fort bonne couveuse et en même temps mauvaise éleveuse. La poule qui a charge de poussins doit déployer pour eux une très-grande sollicitude, les éloigner du danger, les défendre même contre lui, leur chercher de la nourriture et la leur partager, les abriter opportunément contre la trop grande chaleur, le froid, la pluie, les rappeler incessamment auprès d'elle afin qu'ils ne puissent s'égarer, ne les point mêler enfin avec une des autres couvées qui les poursuivraient en les battant. Les bantams et les courtes-pattes possèdent ces vertus à un très-haut degré, et conviennent mieux que d'autres dans ce but.

Si la poule a notablement souffert durant l'incubation, il faut la nourrir abondamment pendant l'élevage, afin de la préparer à une nouvelle ponte ou à un nouvel élevage, car souvent, par subterfuge, on parvient à faire successivement élever deux couvées à la même poule. Nous avons dit que les incubations de janvier, février et mars, pouvaient être plus lucratives pour la vente précoce; mais il ne faut guère compter sur une éclosion de plus de 60 pour 100, et sur une réussite de plus de deux tiers des poulets, de sorte que 100 œufs mis à couver ne donneront en moyenne que 40 poulets de vente. Les incubations suivantes, d'avril, mai et juin, produisent en moyenne 75 à 80 pour 100 d'éclosion, et la mortalité des poussins n'est guère que de 10 à 15 pour 100; de façon que 100 œufs mis au nid produiraient environ 70 poulets de vente; mais les poulets seront moins gros que ceux de la fin de l'hiver, et les poulettes ne pondront pas avant le printemps suivant; en retour, ils auront beaucoup moins coûté à élever, en soins et en nourriture.

A une bonne éleveuse on peut donner quinze à vingt poulets à conduire, suivant sa taille, c'est-à-dire selon le nombre qu'elle en peut abriter sous ses ailes pendant les quelques jours qui suivent la naissance. Une bonne dinde en peut conduire jusqu'à trente et même trente-cinq.

Pour exposer l'élevage industriel, il nous faut reprendre la suite de l'incubation artificielle. Nous avons vu les poussins sortir de l'œuf sous la bienfaisante influence des appareils hydro-incubateurs; nous les avons vus passer de là dans la sécheuse, puis dans la mère artificielle. Tout s'arrête là, il est vrai, lorsque, comme MM. Roullier et Arnoult, on a surtout en vue la production des poussins pour la vente ou l'expédition à l'âge de 24 à 30 heures.

En effet, ces messieurs fabriquent des boîtes d'expédition pouvant contenir 25 ou 50 poussins, qui parviennent parfaitement sains et saufs à des distances de près de cent heures de trajet, en France, Belgique, Suisse, Allemagne, Italie, Espagne, etc. Le fond de ces boîtes est garni de paille très-douce sur laquelle sont placés les frêles oiselets; un cadre de bois garni d'une étoffe chaude et légère les recouvre, et, pardessus ce cadre, on ajoute, suivant la température et les saisons, une poignée de plumes de poule. Sur un des côtés de la boîte est pratiquée une ouverture grillagée pour donner de l'air à l'intérieur; cette ouverture à coulisse reste baissée pendant les expédi

tions d'hiver ; pour celles d'été, elle se relève complétement, et les poussins sortent à volonté pour s'ébattre
dans une avant-cour attenante à la boîte, dont le
dessus est également grillagé. Dans cette avant-cour,
on a eu soin, au départ, de déposer la nourriture

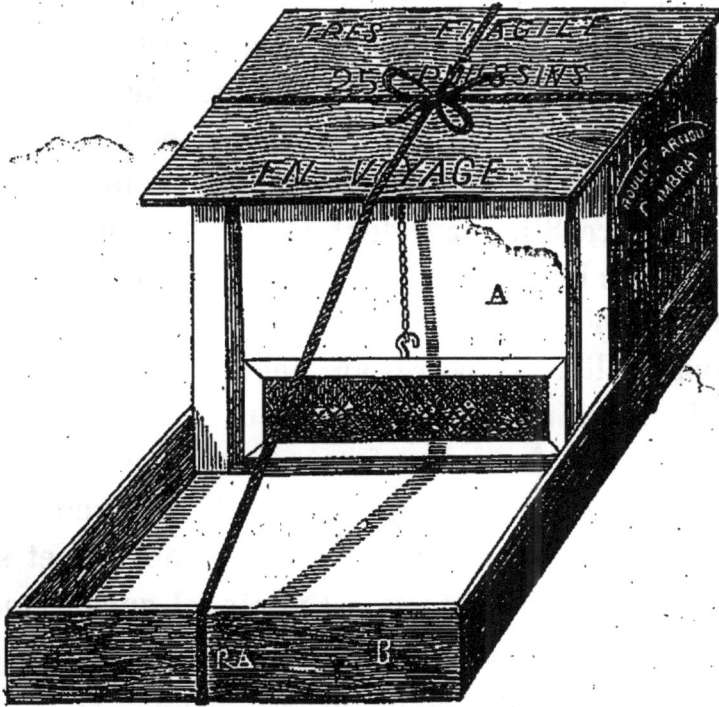

Fig. 63. — Boîte d'expédition. Système Roullier-Arnoult.

nécessaire pour le voyage, qui ne donne lieu à d'autre
mortalité que celle ordinaire. La boîte d'expédition
garnie de 25 poussins de race pure de Houdan se
vend 35 francs ; celle de 50 poussins, 65 francs.
(Voy. fig. 63.)

Lorsqu'on pousse plus loin l'élevage en grand, soit
en vue de l'engraissement ultérieur ou de la vente à

l'âge adulte, il est d'autres dispositions à prendre, d'autres soins à donner.

On sait que lorsque plusieurs mères suivies de leur couvée sont mises en liberté ensemble, les poussins qui quittent leur promeneuse pour aller se mêler à une autre bande sont souvent maltraités par la conductrice de celle-ci. Aussi M. Lemoine prend-il le parti de conserver les mères en une prison spacieuse, laissant la liberté aux seuls poussins. Durant les mois de février à avril, il porte mères et enfants dans un bâtiment spécial disposé absolument comme celui de notre figure 30, mais dont la porte, sans seuil, est garnie, rez le sol, d'une chattière à claire-voie, de telle sorte que l'une restant dans la chambre, les autres peuvent aller s'ébattre au dehors, se chauffer au soleil et venir se réchauffer sous la mère; lorsqu'il pleut ou fait froid, on ferme la trappe, pour ne la rouvrir qu'en temps opportun. Il est bien entendu que le sol de cette chambre est plancheyé et sablé; qu'une partie de la porte est vitrée, et que des moyens facultatifs de chauffage sont préparés.

Mais sitôt que viennent les chaleurs, en mai, juin, juillet, il devient dangereux de laisser les poussins en plein soleil. Eux et leurs mères sont alors mis dans les boîtes à élevage et transportés dans un petit bois, sous de grands arbres, le long d'allées sablées. Ces boîtes en forme de châlet suisse, à toit en double pente, sont à parois pleines sur trois côtés et à claire-voie sur le devant; le fond en est plancheyé, et la claire-voie se ferme la nuit, par un volet; ou mieux encore, cette face peut être formée d'une double claire-voie dont, par un mouvement de verrou, une partie s'efface pour former persienne ou s'avance pour former une paroi pleine. La mère reste dans la boîte, dont ses poussins s'éloignent peu.

L'âge de 30 à 40 jours arrivé, les poussins peuvent se passer de leur mère, qui, d'ailleurs, les abandonne spontanément et ne tardera pas à reprendre sa ponte. On peut alors réunir les poussins qui vont devenir poulets ; mais plus on les divisera par petits groupes, dans des parquets distincts, et mieux ils profiteront. Dès qu'on aura pu distinguer les sexes, il faudra encore opérer un triage ; les mâles réunis, vivront en bonne intelligence dès qu'il n'y aura pas de femelles.

La nourriture varie suivant l'âge : de l'âge de 12 heures à celui de 8 jours, on donne de la mie de pain rassis, du riz cuit, du millet ; de 8 jours jusqu'à 30 ou 40, M. Lemoine leur donne chaque jour un peu de graine de foin jetée sur le plancher de la boîte à élevage, du grain et des pâtées. MM. Roullier et Arnoult commencent à donner aux poussins, dès qu'ils ont 5 à 6 jours, et trois fois par jour, une pâtée de farine d'orge délayée avec du lait cuit, pâtée qui doit être assez ferme pour ne point couler, non point trop dure pour être entamée par les petits becs. Le lait cuit se prépare comme il suit : « Le lait versé dans les jattes ou dans les pots se coagule au bout d'un certain temps ; on l'écrème, et c'est ce caillé, ou pour parler comme les Normands, ces mattes qui se trouvent sous la crème, qu'on verse dans une marmite placée sur le feu et qu'on laisse bouillir cinq minutes ; après quoi, au moyen d'une passoire ou d'un tamis, on sépare la partie dure de la partie liquide ; le petit lait sert à confectionner la pâtée, tandis que la partie dure, si elle a été cuite à point, s'émiette comme du pain et est donnée aux poussins, qui en sont très-friands. Le riz

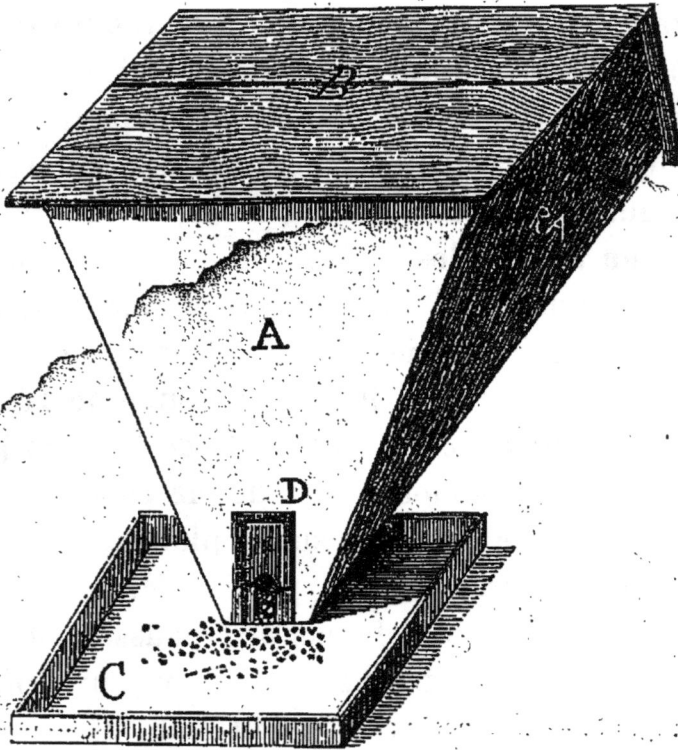

Fig. 64. — Trémie à grains. Poules adultes. Système Roullier-Arnoult. Cette trémie est précieuse dans les basses-cours ; le grain ne descendant qu'au fur et à mesure de la consommation, il n'y a aucune perte de nourriture.

est aussi une excellente nourriture ; on l'emploie cuit, ou pour mieux dire simplement crevé ; on peut en mettre environ 2 litres pour 10 litres de farine d'orge. Cette pâtée parsemée de petits points blancs plaît beaucoup aux poussins et leur est très-hygiénique. Cependant, cette alimentation n'est point exclusive : il

faut y joindre toutes sortes de friandises, du sarrasin
concassé, qui sera placé dans de petites augettes, du
pain trempé dans du café noir ou dans du café au lait,
du lait cuit, beaucoup de lait cuit.

« La verdure leur est indispensable; outre celle

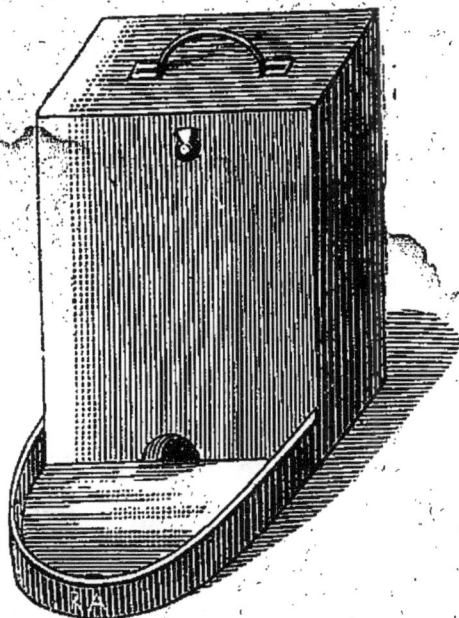

Fig. 65. — Abreuvoir siphoïde, 15 litres. Fer galvanisé.
Système Roullier-Arnoult.

qu'ils trouvent dans leur enclos, ils aiment beaucoup
à déchirer une salade. On ne leur donnera à boire
que quand ils auront deux jours; la boisson se composera de lait coupé avec de l'eau et sera donnée dans
de petits abreuvoirs siphoïdes spéciaux à cet usage, qui
empêchent les poussins de se mouiller, ce qui leur
serait très-préjudiciable. Autant qu'il sera possible, on
continuera ce breuvage jusqu'à l'âge d'un mois, après

quoi ils se contenteront d'eau fraîche. (Fig. 65.)

« Suivant la culture du pays qu'on habite, on pourra nourrir indifféremment avec de la farine d'orge, de maïs ou de sarrasin. La farine de maïs lutte avantageusement avec celle de l'orge. Le sarrasin bluté fait aussi une excellente nourriture, un peu plus échauffante cependant; aussi conseillons-nous d'y ajouter un dixième de son fin; du reste, cette précaution est toujours bonne à prendre. Le son est un rafraîchissement permanent.

« Nous qui avons élevé et vu élever des milliers de poulets, nous ne cessons de recommander aux éleveurs de surveiller la farine d'orge qui leur sera livrée; car, si elle contient de la farine de seigle, la vie de leurs élèves sera en grand danger. » (*Guide prat. illust. de l'éclosion et de l'élevage*, 2ᵉ éd., p. 130-132.)

M. Lemoine fait faire 4 repas par jour aux poussins (5 et 11 heures du matin — 2 et 4 heures du soir). La pâtée des 15 premiers jours se compose de mie de pain rassis, émiettée légèrement, et de salade hachée avec des œufs durs; au lieu de salade, il met parfois du cerfeuil ou du persil. Il alterne cette pâtée avec du millet ou avec une autre pâtée formée de farine d'orge et de sarrasin, intimement pétrie et sèche. Peu à peu, il supprime la pâtée à l'œuf et la remplace par du riz bien cuit qu'il abandonne, un peu plus tard, pour du blé ou du sarrasin. Il jette chaque jour une tête de laitue pour 15 poussins. A ceux qui paraissent souffrants, il donne des tonifiants, du pain trempé dans du vin ou une pâtée faite avec du cœur de bœuf cuit à l'eau, mélangé à du riz bien cuit et de la chicorée sauvage hachée ; quand le tout est malaxé, on sèche avec de la farine de maïs. Au moment où poussent la queue et les ailes, c'est-à-dire du 9ᵉ au 11ᵉ jour, il administre à ceux qui paraissent languissants un peu de poudre de quinquina ou de fer réduit qu'il

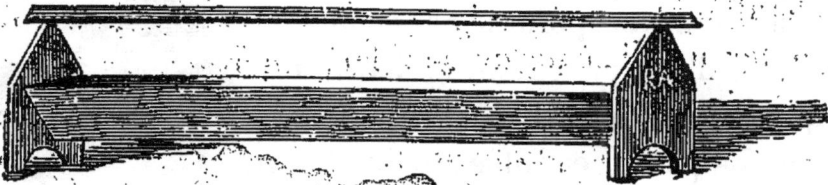

Fig. 66. — Augette courte (premier âge). Modèle Roullier-Arnoult.

mélange à la pâtée à l'œuf, et donne à tous de l'eau ferrée. (*Élev. des anim. de basse-cour*, pages 95 à 96.)

A ces précieux renseignements que nous nous som-

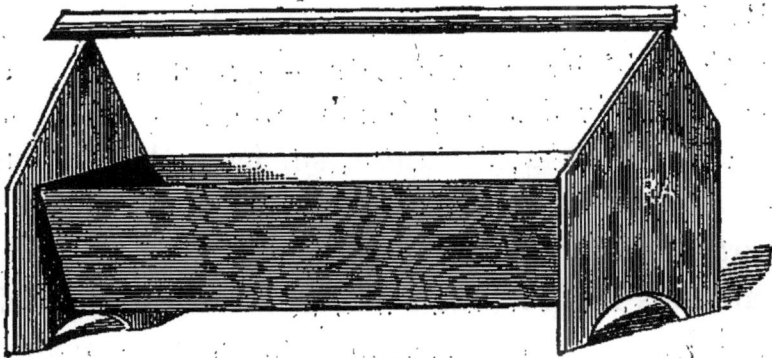

Fig. 67. — Augette courte (adultes). Modèle Roullier-Arnoult.

mes bien gardé d'abréger, de praticiens qui ont fait leurs preuves, nous n'ajouterons plus que quelques détails complémentaires.

La pâtée peut se distribuer aux volailles soit dans des augettes en bois (fig. 66, 67), dont la hauteur et la capacité sont proportionnées à l'âge des oiseaux, soit, mieux encore, au moyen de billots. On appelle ainsi des disques de bois dur, épais de 0ᵐ,06 à 0ᵐ,08, que l'on enfile, en les superposant, dans une broche centrale en fer, pointue par en bas, munie d'un renflement en haut et que l'on enfonce en partie dans le sol. La pâtée, enfaîtée sur le plateau supérieur, y est becquetée petit à petit, sans que les poussins puissent la gaspiller, la salir, ni se salir eux-mêmes. (Fig. 68.) Les augettes valent, suivant leurs dimensions, de 2 francs à 3 fr. 50; les billots, 1 franc.

Fig. 68. — Billot à pâtée.

§ 11. — CASTRATION.

On pratique la castration, sur les mâles, en vue de les convertir en neutres, de les rendre plus aptes à un engraissement rapide et complet, d'en obtenir une chair plus fine et plus savoureuse; sur les femelles, pour les soustraire à la reproduction, pouvoir les engraisser de meilleure heure, et en obtenir également une viande plus délicate et d'un engraissement poussé plus loin.

La castration des mâles s'appelle *chaponnage;* ce n'est point une opération nouvelle. Bien que le mot de *poularde* ne paraisse dater que des premières années du seizième siècle, le chaponnage fut pratiqué dès l'antiquité la plus reculée ; on en trouve des traces dans la Bible ; il était connu des Grecs du temps d'Homère, puisqu'il en est fait mention dans le poëme d'Hésiode, *les OEuvres et les Jours.* A Rome, le *gallus spado* (chapon) et la *galla spadonia* (poularde) étaient tenus en très-haute estime et valeur par les gourmets, si bien qu'il fallut porter à leur sujet plusieurs lois somptuaires [1] ; chez les Gaulois, le chaponnage était pratiqué par les médecins comme une opération chirurgicale. Néanmoins, la castration n'a recommencé à devenir d'un usage un peu général dans certaines contrées de la France qu'au commencement de ce siècle, et dans beaucoup de provinces encore, on ne veut ni même ne sait la pratiquer, pour si simple et si peu dangereuse qu'elle soit.

Le *chaponnage* consiste dans l'extirpation des testicules du mâle. Ces testicules, qui ont la forme et le volume de deux haricots de Soissons ou d'Espagne, sont situés à peu près à la même place que les ovaires de la femelle, c'est-à-dire en dessous de la région des reins, au-dessus de la masse intestinale, tenant médiatement à la face inférieure de la région lombaire. L'opération consiste, après avoir préparé le poulet par un jeûne de douze heures qui vide un peu le tube intestinal, à le faire tenir, par un aide, renversé sur le dos, l'une et l'autre patte alternativement

---

[1] « La castration, dit Pline, ôte le chant au coq. On pratique cette opération en lui brûlant les lombes ou le bas des jambes avec un fer chaud, et en couvrant la plaie avec de la terre à potier ; alors il engraisse plus facilement. » (*Hist. nat.*, lib. X, cap. xxv, 21.)

étendue ou repliée selon le côté sur lequel on opère ;
on commence par arracher les plumes en avant et en
dessous du croupion, puis, avec une aiguille, on soulève la peau et on y pratique une incision suffisante
pour y pouvoir facilement introduire un doigt (l'indica-
teur ou le médian), avec lequel, après avoir précau-
tionneusement déplacé les intestins, on va détacher
successivement les deux testicules, faisant replier la
jambe droite lorsqu'on opère à droite, et réciproquement la gauche lorsqu'on opère à gauche ; le testicule
détaché avec l'extrémité du doigt, on l'amène au
dehors par l'incision pratiquée, ayant soin de ne le pas
laisser échapper, parce qu'il se grefferait sur le point
de l'intestin où il tomberait, et l'oiseau ne serait qu'à
demi neutralisé ; durant ce temps, la main gauche
veille à ce qu'aucune portion d'intestin ne sorte par
l'incision. Ceci fini, on rapproche les lèvres de la
plaie et on les réunit, en ayant toujours soin de tenir
la peau soulevée, par une couture à gros points
obtenue d'une aiguille enfilée de fil ciré ; il ne reste
plus qu'à saupoudrer la couture d'un peu de cendre
de bois tamisé. On peut encore pratiquer l'opération
d'une manière identique en faisant l'opération au
flanc gauche, la cuisse droite étant fixée le long du
corps et la gauche reportée en arrière.

Les deux difficultés de l'opération consistent
d'abord à savoir choisir le poulet, suivant la race, à
un moment où les testicules sont assez développés
sans l'être trop, où ils sont faciles, mais non trop
éloignés à saisir ; en second lieu, il est indispensable,
le chaponnage terminé, de placer les opérés dans un

local où ils ne puissent faire d'efforts pour se percher.
D'ordinaire, on leur fait immédiatement avaler un peu
de pain trempé dans du vin; un régime mixte, plutôt
rafraîchissant qu'échauffant, leur suffit. Quelques fermières font suivre le chaponnage de l'excision de tout
ou partie de la crête ; d'autres, en outre, leur arrachent l'éperon et le greffent sur la crête même ou sa
base conservée, où il continue à se développer. Ce
sont autant de barbaries à peu près inutiles, car il est
aisé de reconnaître le chapon du coq à une foule
d'autres signes. Avec un opérateur un peu habile, la
mortalité, par suite de l'opération, ne dépasse guère
un ou deux pour cent. Au lieu de cendre, sur la plaie,
nous préférons une légère onction faite avec de l'huile
d'olive. Après cinq à huit jours, on rend les chapons
à la vie commune de la basse-cour; ils ne chantent
presque plus et ont beaucoup perdu de leur fierté et
de leur hardiesse ; humbles et même timides, ils
deviennent solitaires, s'isolent des autres volailles,
perdent de l'éclat de leur plumage et prennent déjà,
sans surcroît de nourriture, un embonpoint notable ;
aussi s'engraissent-ils rapidement lorsqu'on leur
donne une alimentation plus riche et plus abondante;
enfin, on sait en quelle estime les gourmets tiennent
la chair des chapons engraissés à point, c'est-à-dire,
ni trop ni trop peu, avec des substances de bonne
qualité.

Les Américains emploient un procédé plus perfectionné que celui que nous avons indiqué plus haut,
et qui consiste dans un tube muni à l'intérieur d'un
crin en double, à l'aide duquel on saisit le testicule,

après l'avoir détaché, pour l'amener plus sûrement au dehors ; l'incision doit être un peu plus longue, pour livrer passage à la fois au doigt et au tube ; mais cette pratique est préférable lorsqu'on opère sur des poulets déjà un peu avancés en développement, sur des dindons, des pintades, etc.

La saison à laquelle s'exécute le chaponnage influe notablement sur la réussite ; c'est d'ordinaire en mai et juin, ou en septembre et octobre, qu'on opère ; les grands froids, les grandes chaleurs, les temps humides sont contraires ; on choisit une journée de beau temps, une température modérée, et on opère de préférence le matin, les poulets étant à jeun depuis la veille. L'âge auquel se pratique le chaponnage varie suivant la race : de trois à quatre mois pour les fléchois, crèvecœur, la flèche et dorking ; de quatre à cinq mois pour les houdan, padoue, bréda, etc. ; de cinq à six mois pour les espagnols, cochinchinois, etc.

La *poularde* est une femelle à laquelle on a enlevé les organes attributifs de son sexe, *id est* l'ovaire. Autrefois, on castrait les poulardes en pratiquant l'extirpation de cet organe, opération beaucoup plus difficile que le chaponnage. Voici comment elle se faisait : on arrachait les plumes qui recouvrent la région du flanc gauche, auquel on pratiquait une incision par où le doigt allait détacher et chercher l'unique ovaire placé immédiatement sous les reins, pour l'amener au dehors ; cette opération étant délicate et dangereuse, bien que facile à faire, on a cru pouvoir se borner à pratiquer l'extirpation des glandes uropygiennes : ces deux petits corps glanduleux, situés sur le croupion et sous la petite éminence charnue vulgairement appelée le bouton, sont chargés de sécréter la matière huileuse que l'oiseau y vient prendre avec son bec pour graisser et lisser ses plumes ; on a pensé qu'elles avaient un rapport intime avec les organes femelles de la génération, et que leur ablation suffisait pour stériliser. C'est cette opération que M. A. Bixio décrit dans la *Maison rustique du dix-neuvième siècle*, t. II, p. 556, en la considérant, à tort, comme une avulsion des ovaires. « On arrache, dit-il, les plumes qui se trouvent entre le croupion et la queue ; on trouve précisément sous le croupion une petite élévation formée par un petit corps rond qui se trouve dessous ; on y pratique une incision en travers et assez large seulement pour pouvoir y introduire le doigt et faire sortir cette grosseur qui ressemble à une glande : c'est l'ovaire ; on la détache, on coud ensuite la plaie, on la frotte avec de l'huile et on la saupoudre de cendre. » M. Mariot-Didieux donne un manuel infiniment plus simple de l'opération : il se contente de retirer la peau qui recouvre les deux petites glandes, de les disséquer en dessous sur les os du croupion et de les extraire ; il graisse ensuite la petite plaie avec de la pommade camphrée. Tout cela n'a rien de commun avec une castration qui serait difficile et pleine de dangers.

On pratique encore quelquefois l'opération du chaponnage chez le mâle, mais très-rarement sur les femelles ; chapons et poulardes sont presque toujours maintenant des coqs vierges ou des poulettes préservées de la reproduction ; il suffit que les mâles n'aient point encore coché et que les femelles n'aient point encore pondu pour que les uns et les autres puissent atteindre un grand fini d'engraissement et que leur chair reste délicate et fine.

§ 12. — ENGRAISSEMENT.

Engraisser un animal, c'est détourner chez lui toute l'activité de l'organisme au profit de sa propre nutrition ; l'engraissement exagéré est une maladie qu'on a intentionnellement développée chez l'animal, et qui ne tarderait pas à causer sa mort si on ne le sacrifiait en temps opportun. Pour engraisser un animal exclusivement consacré à la consommation, il faut lui fournir, dès sa naissance, une alimentation régulière, abondante en principes gras et azotés ; à mesure que l'opération progresse, que l'animal grandit, se développe, s'accroît, la proportion des principes azotés diminue, et celle des principes gras doit augmenter. D'un côté, il ne faut pas commencer le régime d'engraissement proprement dit avant que l'animal ait à peu près terminé son développement ; de l'autre, on aura rarement profit à engraisser un animal qui a notablement dépassé l'âge adulte. En résumé, il faut élever dans l'abondance d'un régime nutritif sous un petit volume et riche en azote, les animaux voués à un engraissement précoce, et dès qu'ils approchent de leur développement complet, accroître dans la ration la proportion des principes gras. Pour les animaux âgés, la règle est la même, c'est-à-dire qu'on commence par développer les muscles à l'aide d'un régime azoté, auquel on ajoute,

en proportion croissante, des substances riches en
sucre, en fécule ou en graisse.

Pour développer la maladie de l'engraissement, il
faut placer l'animal au milieu de certaines circonstances : une température à la fois chaude et humide ;
une demi-obscurité ; le défaut d'exercice, de mouvements, aussi complet que possible ; une alimentation
régulière et raisonnée. Nous avons dit plus haut que
la chambre à incubation pouvait servir de chambre
d'engraissement ; elle doit être pourvue, dans les
deux buts, d'un poêle ou d'un tuyau de calorifère,
percée de fenêtres permettant un renouvellement
suffisant de l'air, et de persiennes à l'aide desquelles
on obtient l'obscurité désirée. Un vase plat et constamment rempli d'eau qu'on placera sur la tablette du
poêle ou devant la bouche du calorifère fournira à
l'atmosphère l'humidité désirée. Les mêmes cases
ayant servi à l'incubation conviendront parfaitement
encore pour les bêtes à l'engrais, si on y adapte des
mangeoires mobiles, ainsi que nous l'avons dit ; il n'y
aura plus qu'à garnir ces cases d'une litière convenable, à les nettoyer très-fréquemment, et nourrir ainsi
que nous le dirons dans un instant.

Occupons-nous d'abord, pourtant, du choix de la
race et des individus qui pourront nous faire espérer
le résultat le plus favorable dans l'industrie dont nous
nous occupons. Et disons qu'il y a des races précoces
et aptes à produire, en quantité, de bonne viande ;
d'autres tardives, plus rebelles à produire des muscles
d'abord, de la graisse ensuite, une chair enfin agréable à consommer.

Parmi les races précoces, faciles à engraisser et
fournissant la meilleure chair, nous placerons au
premier rang et dans l'ordre suivant : le crèvecœur,
qui peut être engraissé dès l'âge de quatre mois, et
qui peut fournir des chapons ou coqs vierges de six
mois pesant 3 kilogr. 500 et même 4 kilogr. 500, et à
cinq mois des poulardes de 3 kilogr., le tout de première finesse ; le houdan, qui peut être engraissé à
cinq mois, atteint presque les mêmes poids, mais ne
passe guère la seconde ligne comme qualité ; le fléchois, qui ne doit pas être engraissé avant l'âge de six
mois, mais dont une poularde de cet âge peut atteindre jusqu'à 4 kilogr. 500 et être classée en troisième
ligne ; le bressan, plus tardif encore, mais acquérant
facilement ce poids et fournissant une viande extrêmement délicate ; le dorking, égal en précocité au houdan,
mais acquérant moins de finesse, quoique son poids
soit plus élevé et son engraissement plus complet.

En seconde ligne, viennent les variétés du Merle-
rault et de Caux, qui fournissent les chapons et poulardes dits de Thorigny, (Manche), les padoues brédas,
gueldres, hambourgs, campines, courtes-pattes, om-
brés, coucous, bantams, etc. En troisième ligne, nous
placerons le cochinchinois et le brahma-pootras, l'espagnol, le bruges, etc.

L'animal qui présente le plus de dispositions à l'engraissement est celui qui a l'aspect général et extérieur le plus féminin, la tête fine et petite, les pattes
courtes et minces relativement à sa race, les formes
ramassées, arrondies, le corps trapu, les écailles
épidermiques des tarses fines et lisses, le plumage

lisse et collé au corps, la crête peu développée et pâle,
dans les races dotées de cet ornement. Il aura, suivant
la race à laquelle il appartient, de quatre à huit mois,
et nous supposons qu'il aura toujours été bien
nourri. Il est bien entendu que nous ne parlons pas
ici des poulets de grain, sur lesquels nous nous sommes expliqué au § 10 (p. 191). Enfin, nous supposons
encore que, mâles ou femelles, ils auront toujours été
séquestrés de façon qu'on soit certain de leur virginité,
condition indispensable à la fois à la promptitude de
leur engraissement et à la délicatesse de leur chair.

Placés donc isolément, depuis l'âge de deux mois,
dans une petite cour ou dans un parquet, poulets et
poulettes, chacun de leur côté, ont été bien et régulièrement nourris et se sont développés hâtivement.
Nés de mars à juin, ils ont, en octobre, époque où
l'opération est le plus favorable, de quatre à huit
mois. A cette époque, on les rentre pour les placer
dans les cases que nous avons décrites et auxquelles
on donne le nom d'épinettes. Quelques personnes
font à ces cases un fond à claire-voie, afin d'éviter la
litière, les excréments tombant à mesure sur le sol;
lorsque l'industrie se pratique en grand, les rangs
d'épinettes étant superposés, il faut bien employer les
planchers pleins, mais il sera préférable d'y répandre
du sable sec, qu'on renouvellera chaque jour, que de
la paille. L'augette placée temporairement devant la
porte à claire-voie de la case, et qui a de 0^m,05 à
0^m,08 de hauteur, recevra la nourriture solide ou
liquide mise à la disposition des reclus; dans l'inter-
walle des repas, la porte pleine sera abaissée, tant

pour que les prisonniers ne puissent se voir, qu'afin de régulariser les moments où ils doivent prendre leur nourriture.

Suivant le degré d'engraissement qu'on veut atteindre, on emploiera l'alimentation naturelle ou artificielle, c'est-à-dire qu'on laissera les animaux libres de manger à leur faim pendant des espaces de temps déterminés chaque jour, ou bien qu'on leur fera avaler de force des aliments préparés de diverses façons. Quelquefois, on suit le premier mode au début et le second dans la dernière période. L'essentiel est de composer des rations convenables au degré de l'opération, de les distribuer en repas suffisants et réguliers, d'entretenir les animaux à une température convenable (16 à 18° c.) et dans la plus minutieuse propreté. Toutes les volailles occupant le même local auront dû être mises ensemble à l'engrais, afin d'éviter le tumulte et le retard qu'apporteraient avec eux de nouveaux venus; toutes d'ailleurs n'arrivent pas simultanément à un même degré de graisse, et sur cent bêtes, on peut faire trois ventes ou expéditions successives.

L'engraissement naturel s'opère, en général, de la façon suivante : on distribue aux volailles, dans leur augette, pendant les quatre ou cinq premiers jours, une pâtée de pommes de terre cuites, à laquelle succédera de la pâtée de farine de sarrasin, d'orge, de maïs, de froment, mélangées et délayées avec du petit-lait ou du lait écrémé; après une dizaine de jours de ce régime, on remplace, en proportion de plus en plus élevée, les farines d'orge d'abord, puis

de sarrasin, par de la farine d'avoine, et on délaye
avec du lait pur ; toutes ces pâtées doivent avoir, bien
entendu, une certaine consistance, sans pourtant être
trop dures ; à partir du quatorzième ou quinzième
jour, on ajoute un peu d'avoine en grains à cette
pâtée, et l'un des trois repas de pâtée est remplacé
par de l'avoine également en grains. Vers le vingtième
jour de ce régime, le poulet est suffisamment gras
pour le commerce et bon à vendre. Mais quelques-
uns ont pu l'être déjà vers le douzième ou le
quinzième jour, d'autres ne le seront qu'après vingt-
cinq ou trente.

L'engraissement artificiel se fait avec des pâtées de
farines de divers grains, additionnées de lait, de saindoux, d'huile, etc. ; de ces pâtées bien pétries et amenées à une certaine consistance, on façonne de petites
boulettes ou pâtons que l'on fait avaler aux volailles.
Pour cela, une femme s'assied dans le local d'engraissement, une aide lui apporte les bêtes successivement,
et la première, leur ouvrant le bec avec précaution,
y introduit successivement les pâtons qu'elle fait un à
un descendre dans le jabot en pressant doucement le
conduit œsophagien ; le jabot suffisamment rempli, la
femme fait boire dans sa bouche un peu de lait, et
l'aide reporte la volaille dans sa case, puis en rapporte
une autre. Les farines surtout employées sont celles
d'orge, de sarrasin, de maïs et d'avoine. Après dix à
douze jours de ce régime, le poulet est gras pour le
commerce. Ailleurs, on fait avaler successivement des
grains de maïs bouillis dans de l'eau salée, ou simplement trempés dans l'eau froide ; ailleurs encore, on

ajoute aux pâtons, pour la dernière période, de la graisse de porc, ou saindoux, en proportions croissantes.

Dans la Bresse, l'engraissement se fait toute l'année, excepté pendant les grandes chaleurs de l'été; mais les chapons et poulardes, en même temps les plus finis et les plus fins, sont ceux produits en décembre et janvier, février et mars, pour les fêtes de Noël, du jour de l'An, des Rois et du Carnaval. On choisit des chapons de cinq à six mois, des poulettes de quatre à cinq; on les place en épinettes et on les empâte de boulettes formées de farines de sarrasin, de maïs blanc et de lait. Après vingt à vingt-cinq jours de ce régime, les poulardes pèsent environ 3 kilogr., et les chapons 4 à 5 kilogr.; leur viande est blanche, ferme et fine, leur graisse ferme aussi et savoureuse, mais un peu plus jaune que celle des volailles du Maine.

L'engraissement des chapons et poulardes du Mans et de la Flèche s'opère de la façon suivante : les uns et les autres ont de six à sept mois et sont déjà en bon état de chair; l'engraissement se fait à peu près exclusivement en hiver et dure de vingt à vingt-cinq jours. Les animaux sont mis en épinettes; on leur donne deux repas par jour, l'un le matin, l'autre le soir. Ces repas sont composés de pâtons façonnés d'un mélange de farine de sarrasin et de lait d'abord; un peu plus tard, de moitié farine de blé, un tiers de farine d'orge et un sixième de farine d'avoine, toutes blutées et délayées avec du lait. Les pâtons ont environ la longueur et la grosseur du petit doigt, et offrent une consistance moyenne. On en donne à chaque repas : au début deux, puis trois, quatre et jusqu'à douze, augmentant successivement le nombre, tant que le jabot se trouvé vide après le repas précédent. L'engraissement est terminé quand la base du cou présente un épais coussinet de graisse, que la peau est devenue très-blanche, que la respiration devient pénible. L'accroissement en poids a été d'environ un cinquième du poids vif; l'animal a consommé environ 4 kilogr. 500 de farines et 2 litres de lait tant écrémé que pur; les chapons atteignent le poids de 5 à 6 kilogr.; les poulardes, de 3 kilogr. 500 à 4 kilogr.; les uns et les autres valent de 6 à 20 francs pièce.

Les départements de la Sarthe, du Calvados et de l'Ain fournissent presque exclusivement les chapons et poulardes qui se consomment dans les grandes villes; nous verrons plus loin dans quelles proportions.

Ce sont, d'après Pline, les habitants de l'île de Délos (archipel grec) qui les premiers eurent l'idée d'engraisser des poules; en 160 avant Jésus-Christ, les Romains imaginèrent d'engraisser de jeunes coqs avec de la pâte détrempée de lait. Du temps de Caton (235-148 av. J. C.), on engraissait la volaille au moyen de pâtons introduits de force dans le gosier, et on pratiquait déjà une castration vraie ou prétendue. Columelle nous décrit le système de l'*épinette*. Enfin, les anciens pratiquaient l'engraissement à peu près par les mêmes moyens et avec les mêmes aliments que nous; autant que nous ils étaient gourmets, et ne se faisaient pas plus que nous scrupule de violenter les malheureux oiseaux sacrifiés à leur gourmandise.

Dans l'engraissement des volailles comme dans celui

des mammifères, le résultat est d'autant plus prompt et surtout d'autant plus économique, que l'animal consomme davantage et qu'il éprouve moins de déperditions. C'est pourquoi on place le patient dans une atmosphère chaude et humide, dans un local obscur, et où il ne peut se remuer faute d'espace, toutes conditions qui diminuent les pertes, mais aussi l'appétit, en même temps qu'une alimentation• très-condensée amène souvent la satiété. Considérant que l'engraissement pouvait être accéléré par une préhension artificielle des aliments, s'appuyant sans doute sur le vieux proverbe que « tout ce qui entre fait ventre », on a eu de bonne heure, nous venons de le voir, l'idée d'introduire artificiellement la nourriture dans le tube digestif des volailles, et de là sont nés divers procédés qui solliciteraient vainement l'approbation de la Société protectrice des animaux.

Nous emprunterons à un curieux travail publié par M. La Perre de Roo dans le *Bulletin de la Société zoologique d'acclimatation* (mars 1877) la description de ces diverses pratiques :

« A Strasbourg et à Toulouse, dit-il, le *gavage* se pratique par l'intromission forcée du maïs au moyen d'un entonnoir en fer-blanc qu'on introduit de tout le goulot dans l'œsophage de la volaille, et à l'aide d'un petit bâton qui chasse les graines dans le jabot de la victime.

« A la Flèche, en Bresse, l'intromission se fait d'une façon tout aussi cruelle : la personne chargée de nourrir les volailles en prend trois à la fois, les lies par les pattes au moyen d'une ficelle, les place sur ses genoux et leur fait avaler tour à tour des pâtons, malgré la résistance des pauvres bêtes.

« A Houdan et en Normandie, la torture de l'entonnage recommence le supplice de ces pauvres animaux, avec cette simple variante que l'on n'introduit plus dans le corps de la victime une graine quelconque, mais une pâte liquide dont on verse plein l'entonnoir, au moyen d'une cuiller.

« A Paris, chez les marchands, il existe une autre méthode, très en usage, de gaver les volailles. C'est d'ingurgiter la pâte liquide à l'aide d'une saucissoire semblable à celle dont se servent les charcutiers pour remplir les boyaux de mouton de viande finement hachée. Le tuyau de la saucissoire, qui fonctionne comme une seringue, est introduit dans le bec de la volaille, et l'on pousse dans son jabot la quantité de pâte voulue. Ce mode est peut-être le moins cruel et le plus expéditif de tous les systèmes de gavage à la main.

« Aux halles à Paris, la méthode en usage est plus primitive encore, et le gavage se fait à la bouche, c'est-à-dire qu'un individu quelconque, sain ou maladif, aspire dans un baquet la matière toute préparée et donne lui-même, pour ainsi dire, la becquée aux volailles qu'il veut engraisser. Ce système, peu appétissant, est celui qui semble être le mieux apprécié aux halles, comme étant celui qui exige le moins de temps et de soin. »

Aux environs de la Flèche et dans la Bresse, les pâtons ou boulettes, de la longueur et de la grosseur du petit doigt, s'obtiennent en délayant de la farine de sarrasin ici, de maïs là, et mieux encore d'un mélange de farines de maïs (variétés à grains blancs), de sarrasin, d'orge et d'avoine, toutes blutées, avec du lait. Aux environs de Dreux, les pâtons sont faits de farines de sarrasin où d'orge amalgamées avec de la graisse fraîche de porc (saindoux).

La pâtée s'obtient avec les mêmes farines, mais détrempées plus clair avec de l'eau pendant la première période d'engraissement, avec du lait pendant la dernière. Dans aucun cas, et même avec les pâtons, on ne donne point à boire ; c'est là une barbarie qui nous semble toute gratuite, car le lait dans lequel sont trempés les pâtons avant d'être poussés dans le gosier ne saurait constituer une boisson suffisante. Le sentiment de la soif produit à coup sûr une fièvre intense qui rend la viande peu salubre.

Les exigences toujours croissantes de la consommation semblent avoir motivé un progrès qui, supprimant en grande partie la main-d'œuvre, permet de constituer l'engraissement de la volaille en une véritable industrie, une usine à viande. L'engraissement à la mécanique, dont la première idée paraît avoir été réalisée à Strasbourg, vers 1837, a été bien perfectionné depuis lors et s'est installé aux portes mêmes de Paris. M. Odile Martin, l'inventeur, on peut le dire, de ce système, après l'avoir étudié et perfectionné à Vichy, est venu l'établir au Jardin d'acclimatation du bois de Boulogne en 1872. Voici en quoi consiste son installation, dont la gravure ci-après fig. 69 aidera à comprendre la description suivante :

Dans une salle vaste en tous sens et bien aérée,

sont disposés, en nombre variable, de grands tambours prismatiques de 2 mètres de haut sur $3^m,20$ de large, et composés de cases, ou épinettes superposées circulairement; le tambour tourne sur un axe, de telle façon que toutes les cases peuvent venir se présenter successivement sur un même point vertical; là se trouve un chariot mobile qui, montant ou descendant, vient se placer au niveau de chaque rangée circulaire et permet à un homme de visiter et nourrir successivement tous les habitants. Ce chariot est muni d'une trémie dans laquelle se meut un piston, lequel est lui-même mis en mouvement par un ressort à pédale. L'homme, après avoir saisi la tête du poulet, lui introduit dans le bec le petit entonnoir d'un tube en caoutchouc communiquant avec la trémie, puis il appuie son pied sur la pédale, et il arrive au poulet des gorgées de pâtée que l'on proportionne à l'état de plénitude de son jabot; l'animal gorgé, l'ouvrier fait tourner le tambour, et une autre case se présente dont l'habitant reçoit de même sa ration; la première rangée étant gorgée, le chariot monte à la seconde, et ainsi de suite. La machine s'appelle la gaveuse Martin; l'ouvrier qui la manœuvre se nomme le gaveur.

M. Odile Martin emploie des farines d'orge et de maïs mêlées et délayées avec du lait, de façon à obtenir une pâtée un peu consistante; la ration ordinaire, par repas et par tête, varie de 10 à 20 centilitres, mais on n'y arrive que graduellement. Il engraisse des poulets et des canards surtout, des dindes et des oies. Chaque case porte d'abord un numéro d'ordre; puis une petite plaque mobile sur laquelle est indiquée la

quantité de nourriture en centilitres que doit recevoir
chaque pensionnaire, suivant son âge, son poids, son
espèce, son appétit ou son degré d'engraissement.
M. Odile Martin engraisse constamment ainsi, dans son

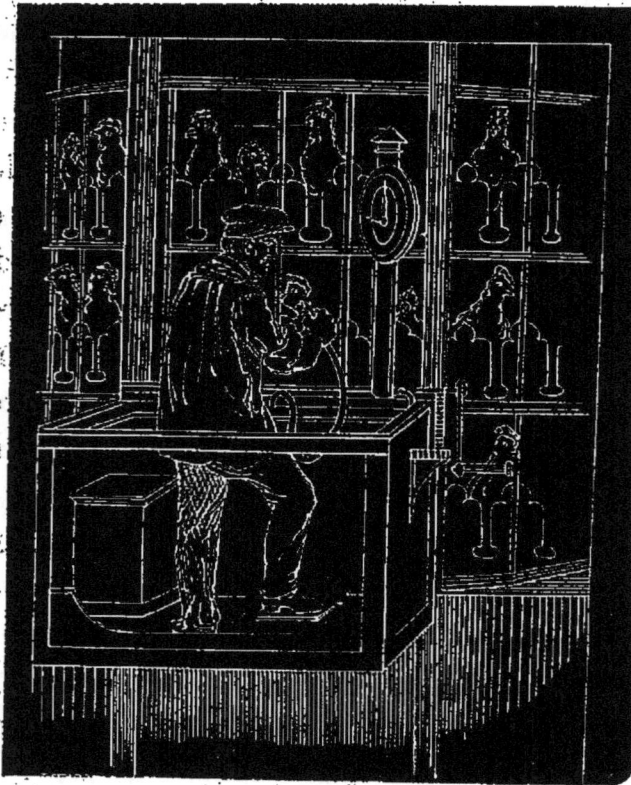

Fig. 69. — Gâveuse O. Martin.

établissement, deux mille volailles qu'il vend très-avan-
tageusement, avec leur marque plombée de fabrique,
sous le nom de *volailles du Phénix*.

Les poulets achetés maigres ou simplement en état
de chair ont trois mois au moins, six au plus; on leur
donne trois repas par jour, mais non point à boire.
Les canards reçoivent quatre repas par jour et ont un

réservoir d'eau à leur portée; de même les oies. Un seul homme peut, en une heure, administrer le repas à 400 ou 500 volailles. L'engraissement des poulets dure de 18 à 20 jours, celui des canards 12 à 15; celui des oies 20 à 25, lorsqu'elles sont seulement destinées à la broche. La mortalité moyenne durant l'engraissement n'est que de 1,50 pour 100.

Les appareils que M. Odile Martin a installés au Jardin d'acclimatation, où chacun peut les voir fonctionner au nombre de trois, contiennent chacun 210 volailles réparties en cinq étages. Le prix de cette gaveuse tournante à pédale, avec son ascenseur, est de 2,400 francs. Afin de propager son système pour le plus grand profit de la petite industrie et surtout des fermes de nos diverses contrées, M. Martin a inventé et fait construire par M. Voitellier, à Mantes, quatre systèmes et grandeurs de gaveuses dont voici les désignations (voy. fig. 69-70):

Nº 1 bis. Appareil complet à compression, avec épuisette, étagère, pour 6 bêtes. 175fr.
Nº 1. Gaveuse à compression, avec étagère, pour 12 bêtes. . . . . 250 »
Nº 2. — — avec épuisette tournante, pour 30 bêtes. . . 500 »
Nº 3. — — avec épuisette tournante, pour 60 bêtes. . . 800 »

MM. Roullier et Arnoult ont rendu l'idée plus applicable encore, non-seulement à la petite industrie rurale, mais encore à l'économie domestique, en séparant la gaveuse mécanique des épinettes. Pour cela, ils ont inventé une gaveuse dite compressive (fig. 71), qui se compose d'un cylindre métallique dans lequel descend un piston manœuvré par une pédale, et qui est muni, à son fond, d'un tuyau en caoutchouc terminé par un bec d'entonnage. Cet appareil, installé sur un bâtis à quatre pieds, en chêne, peut se transporter partout facilement. On peut y joindre un délayeur mécanique qui, adapté à un seau, y mélange rapidement et intimement la farine et l'eau ou le lait, sans y laisser subsister aucun grumeau. Le cylindre de la compressive contient la ration de 30 à 40 têtes à la fois.

Les épinettes sont à deux cases de chacune 20 volailles, avec claire-voie sur le dessus, ou à 4 cases pour 40 volailles, et montées sur pieds. Le fond de chaque case est mobile comme un tiroir, afin de faciliter le nettoyage. Il est bon d'avoir un double jeu d'épinettes, afin de pouvoir, à l'occasion du repas, faire transiter les habitants des unes dans les autres, et de pouvoir nettoyer celles qui sont vides. En effet, pour gaver les volailles, on les prend successivement dans leur case; on leur présente l'entonnoir auquel bientôt elles ouvrent spontanément le bec, on donne un ou plusieurs coups de pédale, et l'animal est replacé dans une autre case où viennent, les uns après les autres, le rejoindre ses compagnons. Un homme peut distribuer ainsi, à lui seul, la nourriture à 100 volailles par heure.

Le prix de la gaveuse compressive, avec emballage, est de. .   85 fr.
—   —   —   avec délayeur, et emballage. 105 »
Épuisette à 2 cases, pour 20 volailles. . . . .   20 »
—   à 4 cases, montée sur pieds, pour 40 volailles. .   50 »

A coup sûr, l'idée des gaveuses artificielles est née des procédés du gavage à la main. A première vue, le moyen paraît cruel; songez donc! introduire ce long tube métallique, à $0^m,08$ de profondeur, dans le gosier

d'un malheureux poulet! Et eu effet, durant les premières leçons, il l'y faut introduire de force et malgré
les défenses du pauvre volatile ; mais bientôt il faut
le voir ouvrir le bec, saisir le tube et donner des signes

Fig. 70. — Gaveuse Martin, pour 12 volails.

non équivoques de satisfaction. Le spectacle a bientôt
raison de la sensiblerie la plus raffinée !

Mais en attendant que la gaveuse ait pris place dans
nos fermes, il nous faut tirer parti de nos jeunes produits et de nos bêtes de réforme par un engraissement

poussé plus ou moins loin, suivant le débouché
dont on dispose. Mais encore faut-il, pour en tirer

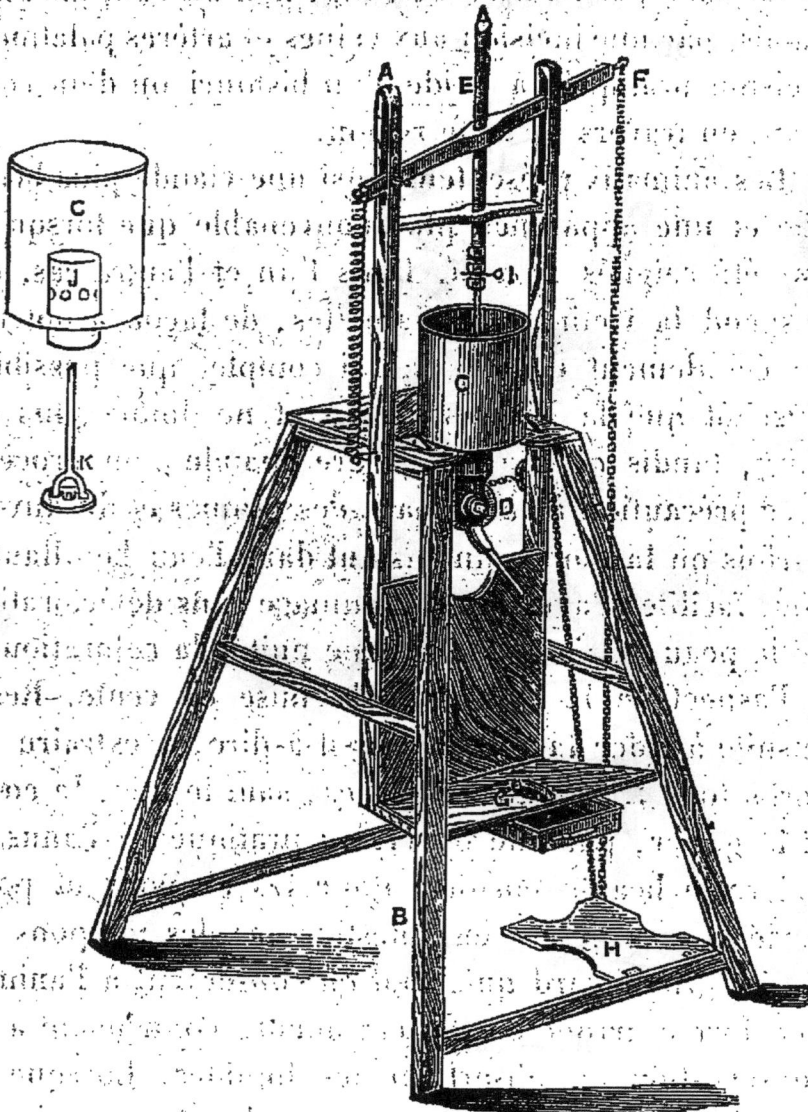

Fig. 71. — La compressive. Système Rouillier et Arnoult.

un parti avantageux, savoir les présenter sur le
marché.

On ne tue la volaille grasse que lorsqu'elle est à jeun depuis au moins douze heures; le mieux est de la sacrifier par effusion de sang, non au cou, mais au palais, par une incision aux veines et artères palatines, incision pratiquée à l'aide d'un bistouri ou d'un couteau, en travers de cette région.

Les animaux présentent ainsi une viande plus blanche et une apparence plus convenable que lorsqu'ils ont été saignés au cou. Dans l'un et l'autre cas, on suspend la victime par les pattes, de façon à obtenir un écoulement de sang aussi complet que possible. Aussitôt que la bête est morte et ne donne plus de sang, tandis qu'elle est encore chaude, on procède avec précaution à l'arrachage des plumes et du duvet; parfois on la plonge un instant dans l'eau bouillante, pour faciliter l'avulsion du plumage sans détérioration de la peau; mais cette pratique nuit à la coloration et à l'aspect de la bête pour la mise en vente. Reste ensuite à vider la volaille, c'est-à-dire, à extraire du corps tous les organes internes, sauf le foie, le cœur et le gésier, par une ouverture pratiquée à l'anus et qui reste béante ensuite. Pour les chapons et poulardes, on remplace les intestins par des tampons de papier gris buvard qui, tout en conservant à l'animal une forme arrondie extérieurement, contribuent à sa conservation en absorbant les liquides. Lorsque la température est élevée, on plonge la bête, ainsi préparée, dans de l'eau fraîche, après avoir recousu la plaie anale avec du fil ciré et à points rapprochés.

Après une immersion de vingt minutes, on retire

l'oiseau et on le laisse sécher au frais ; lorsqu'il est bien sec, on l'enveloppe soigneusement d'un fin linge de toile trempé dans du lait, que l'on coud très-serré sur le corps et qu'on n'enlève qu'au moment de la mise en vente, ou à l'arrivée de l'expédition. Cette pratique a pour but de conserver à la volaille la forme cylindrique qu'on lui a imposée, le fouet de l'aile plié le long du corps en dessous du bras et les tarses appliqués contre l'abdomen, en avant, les cuisses étendues en arrière ; de blanchir et de *chagriner* la peau, qui paraît ainsi plus fine. Les pâtissiers, charcutiers, marchands de comestibles, restaurateurs, maîtres de grands hôtels, sont d'ordinaire les meilleurs acheteurs en gros et les commissionnaires les plus avantageux des engraisseurs. Nous ne saurions trouver sur les volailles grasses un appréciateur plus compétent que M. Chevet aîné ; empruntons-lui donc ce qu'il a écrit à ce sujet dans la *Production animale et végétale,* études faites à l'Exposition universelle de 1867 par les membres de la Société d'acclimatation : « On a remarqué à différentes époques, dans les vitrines de l'Exposition, des volailles mortes venues du Mans et de la Flèche ; elles étaient d'une rare beauté et de bonne qualité ; malheureusement ces volailles, de forme plate et disgracieuse, ont très-peu de chair sur l'estomac ; celles de Caen, de Crèvecœur, de Houdan, de la Bresse, sont généralement recherchées pour la qualité de leur chair délicate et d'un goût franc. A Caen, on élève deux races de volaille (?) : une grosse, dite *chapons* et *poulardes,* et une petite, dite *poulets de bourriche ;* ils sont vendus à Paris sous ce nom et ne laissent rien à désirer par leur forme et leur charpente régulière. Les poulettes de bourriche sont rondelettes et potelées, les cochets ont la forme du corps et des membres carrée ; comme les chapons et grosses pièces, ils doivent être d'un aspect agréable et d'une couleur de blanc d'ivoire ; leur peau doit être nette de plumes et très-lisse au toucher. La poularde diffère du chapon, qui est un peu plus gros ; elle doit avoir l'ergot de couleur gris rosé et de forme arrondie. A la fin de février et de mars, les poulardes et les poulettes prennent la peau *chair de poule;* quand le printemps est précoce et qu'elles entrent en amour, leur peau se couvre de très-petits boutons ; quoique très-grasse, leur chair perd alors de sa délicatesse et devient d'une difficile digestion.

« Quant aux volailles vendues pour l'approvisionnement de Paris, un grand tiers est élevé dans les environs de Saint-Germain et de Versailles ; les grosses pièces, livrées sous le nom de *chapons* et de *poulardes,* de forme plate, ne laissent rien à désirer.

« Breda, en Hollande, a toujours été renommé pour ses excellentes volailles, qui approvisionnent en grande partie les marchés de l'Allemagne. Les poules et coqs blancs de grosse race, ainsi que les gros coqs et poules de Cochinchine (nankins), sont d'une rare beauté. Je considère ces deux races de volaille comme de très-bonne production, surtout comme viande de boucherie ; cuites en daube, en pâté, en galantine ou au consommé, elles donnent un jus excellent et une gelée qui a beaucoup de consistance, à cause de la gélatine que recèlent leurs os. Mais leur chair rôtie laisse fort à désirer ; leurs filets piqués de lard fin et apprêtés comme les fricandeaux de veau, sont servis avec toutes les variétés de légumes, ragoûts aux truffes, champignons, purées et sauces, suivant les goûts de la saison.

« A l'exposition de la faisanderie de M. Bocquet, j'ai remarqué avec plaisir une très-grande quantité de jolies petites espèces de volailles sous différents noms; elles m'ont rappelé une variété de très-petits poulets, dits *à la reine,* qui n'existe plus dans le commerce à Paris. C'est pour réveiller l'attention de MM. les éleveurs de volailles de Saint-Germain et de Versailles que j'écris cette note, en les engageant à faire renaître cette jolie petite race de poulets, dans l'intérêt de leur commerce et de leur industrie; ils rendraient à l'art culinaire un très-grand service. Ces jolis poulets se recommandaient par leur élégance et par la bonne qualité de leur chair, blanche, très-fine et de goût excellent; leur grosseur, n'excédant pas celle d'un perdreau rouge, permettait d'offrir un membre entier à chaque convive; servis entiers, il en fallait trois pour une entrée; découpés, ils donnaient six bons morceaux : les quatre membres, l'estomac et les reins, y compris le croupion. »

§ 13. — Nourriture.

Nous ferons une distinction fondamentale dans l'alimentation des poules pondeuses, des volailles à l'engrais et des jeunes bêtes à l'élevage; la nature comme la qualité des aliments doivent varier dans chacun de

ces cas. Mais posons d'abord quelques principes généraux :

On sait que plus les animaux sont de faible poids
ou de petite taille, plus ils sont jeunes, plus leur respiration et leur circulation sont actives, et plus ils consomment relativement à leur poids vif, mais plus aussi
ils assimilent à leur profit une forte proportion de cette
nourriture. C'est pourquoi une même quantité de
grains consommée produira plus d'accroissement en
poids chez un moineau que sur une tourterelle, sur
celle-ci que sur la poule et à plus forte raison sur le
dindon ; plus chez les oiseaux que chez les mammifères, etc. Dans les expériences de M. Alibert, neuf
poules et un coq, pesant ensemble 17 kilogr., ou
1 kilogr. 700 l'un, sans donner de produit, sans
augmenter ni diminuer de poids, ont consommé chacun, pendant dix jours, 65 grammes d'orge en grains
par jour et par tête ; pour obtenir des œufs, du poids
vif ou de la graisse, il fallait leur faire consommer
145 grammes de ce grain au moins ; c'était, comme
ration d'entretien, près de 40 grammes de grain d'orge
par kilogramme de poids vif, et, comme ration de production, 40 grammes à ajouter encore, soit 80 grammes
par kilogr., vif pour la ration complète. Dans les
expériences de M. Boussingault, des oies à l'engrais,
du poids moyen de 25 kilogr. vif l'une, consommaient
par jour 2 kilogr. 320 de grain de maïs, ayant à peu
près la même valeur nutritive que l'orge, soit pour la
ration complète, 93 grammes par kilogr. du poids
vivant. Enfin, M. Alibert a expérimenté que quatre
poussins, pesant ensemble 1 kilogr. 052, soit 263

grammes par tête, consommaient ensemble 300 gr.
de grain d'orge ou 75 grammes chacun, outre un peu
de fourrage vert, soit 285 grammes par kilogr. de
poids vif.

On pourrait dire que la poule est omnivore : lais-
sez-lui sa liberté, et vous la verrez parcourir les
champs, gratter le sol pour y déterrer les grains,
recueillir les graines, becqueter les baies et les fruits
des haies, manger les jeunes pousses des fourrages,
faire la chasse aux insectes, aux lombrics ou vers de
terre, manger même de la viande crue ou cuite si elle
en trouve. C'est qu'il lui faut, comme à tous les animaux, une nourriture variée ; elle la cherche d'instinct,
et lorsque nous restreignons sa liberté, nous devons
avoir soin de la lui offrir. Mais tout en variant son
régime, nous devons le lui composer en vue du produit que nous désirons en obtenir. C'est pourquoi le
régime d'élevage, celui de la ponte et celui de l'engraissement, sont forcément différents les uns des
autres.

Pour l'*élevage*, nous avons déjà dit que le pain blanc
émietté, le millet blanc, les œufs durs hachés, sont la
meilleure nourriture pour le premier âge ; un peu plus
tard, on donne du petit blé provenant des déchets de
battage et de vannage. Lorsqu'ils ont quitté leur mère
et courent en liberté, on leur donne matin et soir un
supplément de nourriture, composé, selon qu'on les
veut élever ou engraisser, de criblures ou de bons
grains ; cette distribution doit leur être faite à part, et
non au milieu des autres volailles. S'il n'y a point de
terres en culture aux environs de la basse-cour, il sera

bon de leur donner de temps en temps des feuilles
d'oseille cueillies dans le jardin, de la laitue ou de la
romaine, et à défaut, des jeunes pousses de luzerne
ou de trèfle, afin de les rafraîchir; en hiver, des betteraves ou des carottes crues coupées en petits morceaux.

Pour la *ponte,* le problème est un peu plus compli-
qué; il faut que la nourriture soit assez abondante,
sans l'être trop; les poules maigres, chétives, ne
pondent pas plus que celles qui sont trop grasses.
Pour obtenir un produit régulier et abondant, il faut
un régime fixe, ni trop rafraîchissant ni trop échauffant, ni parcimonieux ni excessif, calculé exactement
afin de compléter les ressources que, suivant la saison,
la volaille trouve dans la cour de ferme et dans les
champs voisins. Un excellent régime serait celui composé de grains mélangés d'orge, d'avoine et de chènevis, puis de son, de pommes de terre cuites, de navets,
de choux, ou d'autres légumes; ceci pour l'hiver. En
été, on donne les mêmes grains, puis on y ajoute de
la verdure, chicorée sauvage, salades, luzerne,
trèfle, etc.

« Le genre de nourriture, dit avec toute raison
M. E. Lemoine, varie suivant les localités; dans le
Nord, on doit donner plus de sarrasin que dans le
Midi, et dans le Midi plus de maïs que de sarrasin.
En général, les graines à donner aux volailles sont :
le blé, l'avoine, le sarrasin, le maïs, mélangés en
parties égales; elles doivent être de bonne qualité,
saines et lourdes... Au moment de la ponte, nous
donnons des feuilles d'oseille, pour que les coquilles

d'œufs soient bien résistantes. En été, les salades sont de très-bons rafraîchissements que les volailles picorent avec avidité. En hiver, nous faisons cuire des pommes de terre ; on les pétrit, pendant qu'elles sont chaudes, avec des farines d'orge, de maïs, de sarrasin ou des issues de riz... Les poules mangent beaucoup plus pendant la ponte que pendant la mue. Pendant cette phase, il y en a que nous sommes obligés de nourrir spécialement ; j'excite leur appétit par des pâtées de farine d'orge, de sarrasin, très-légèrement salées. » (*Élevage des animaux de basse-cour*, p. 92-93.)

MM. Roullier et Arnoult emploient, eux aussi, l'avoine, l'orge, le maïs, les brisures de riz, le tout au moins une fois par jour, cuit ou concassé. Dans les grands jours, ils donnent trois repas aux pondeuses : un d'aliments cuits, sarrasin, orge ou maïs, mélangés avec les dessertes de la table et un peu de son ; un second composé d'une pâtée de farines concassées ; enfin, un troisième, le soir, de petit grain. La verdure est considérée comme supplément. Rarement ils donnent de la viande, seulement à titre exceptionnel et en petite quantité. Après bien des tâtonnements, ils sont arrivés à adopter le chiffre de 80 grammes de grain ou de farine sèche quelconque par tête et par jour. Il s'agit, bien entendu, de poules adultes n'ayant qu'une liberté limitée. (*Guide pratique illustré de l'éclosion et de l'élevage*, p. 142-144.)

On se trouvera bien aussi de fournir aux poules un peu de nourriture animale, au moyen de verminières que l'on peut établir à peu de frais de la manière suivante : Dans un terrain léger on creuse une fosse d'en-

viron un mètre de profondeur ; on y dépose d'abord
un lit de 0^m,12 à 0^m,15 d'épaisseur de paille de seigle
hachée très-fin, puis une égale couche de crottin de
cheval, et on arrose le tout avec du sang pris dans les
abattoirs ou dans les établissements d'équarrissage ;
par-dessus, nouvelle couche de marc de raisin ou marc
de cidre, mélangés d'un peu d'avoine, de son et de
farine, puis de la viande d'équarrissage, des intestins, etc. ; on recommence ainsi une nouvelle succes-
sion de couches comme il a été dit, en élevant le tout
de 0^m,30 à 0^m,50 au-dessus du sol, et recouvrant la
dernière de 0^m,15 à 0^m,20 de terre légère, mais bien
battue. Par-dessus le tout, on place des épines, pour
que les chiens ne viennent point gratter et déterrer la
viande. Au bout d'un mois, les mouches de divers
genres étant venues pondre dans la verminière, on y
voit fourmiller les larves qui en sont résultées. On
peut dès lors, avec une bêche, enlever chaque matin
la provision de la journée, que l'on distribue aux
volailles ; cette nourriture, précieuse en hiver surtout,
est très-favorable à la ponte, lorsqu'on n'en fait qu'un
usage modéré ; mais elle ne convient ni à l'élevage ni
à l'engraissement. Il est bien entendu que la verminière doit être établie loin des bâtiments, et que
chaque fois qu'on l'ouvre, il faut la recouvrir d'épines.

Un intelligent cultivateur de Seine-et-Marne, M. Giot,
fermier à Chevry-Cossigny, a eu l'idée de faire servir
ses poules à la destruction des insectes nuisibles à ses
cultures, tout en utilisant ces insectes à la nourriture
de ses poules. Voici en quels termes M. Florent-Pré-
vost, l'un des rapporteurs officiels de l'Exposition uni-

verselle de 1867, appréciait cette invention pratique :
« Aujourd'hui, disait-il, ce n'est plus seulement la chair
de l'oiseau que l'éleveur veut obtenir, il s'attache aussi
à tous les autres produits, c'est-à-dire aux œufs pondus
dans presque toutes les saisons, à la plume du commerce, dont le revenu est considérable, mais aussi à la
plume de la mue et à la fiente, qui forment un engrais
très-fécond : il faut tenir compte encore des services
rendus sur les cultures par les volailles mises en liberté
dans le but de détruire les insectes et autres animaux
nuisibles dont elles font leur principale nourriture.
C'est à ce point de vue que l'agriculture doit une véritable reconnaissance à M. Giot pour l'invention de son
poulailler roulant. C'est une sorte d'omnibus aménagé
pour loger les volailles, et muni par derrière d'une
échelle donnant aux poules les moyens de rentrer.
M. Giot mène ce véhicule sur les terres cultivées, et le
change de canton selon la nécessité ; la volaille, ayant
la liberté de sortir et de rentrer, purge le sol des
insectes les plus nuisibles, particulièrement du ver
blanc ou larve du hanneton. Il a été constaté que les
œufs des poules ainsi traitées sont plus nombreux, plus
gros, à coquille plus épaisse que ceux des volailles plus
sédentaires ; mais la pratique a fait reconnaître aussi
que les œufs et la viande des poules et poulets ainsi
nourris de substances animales en contractaient un
mauvais goût particulier et se conservaient moins bien. »

Nous avons dit combien il était essentiel de fournir
aux poules privées de liberté l'élément calcaire dont
elles ont besoin pour former la coquille de leurs œufs,
et les graviers si indispensables pour qu'elles puissent

digérer les grains. Enfin, nous ajouterons que la volaille doit toujours, et dans tous les cas, avoir à sa disposition de l'eau pure et en quantité suffisante.

En parlant de l'*engraissement,* nous avons dit quels aliments convenaient le mieux et sous quelle forme il les fallait donner. Nous nous bornerons à répéter qu'ici surtout la régularité dans les heures de distribution des repas, la propreté la plus minutieuse dans le local et les ustensiles divers, sont plus importantes encore, s'il est possible, que dans l'élevage et l'entretien pour la ponte.

§ 14. — PRODUCTION ET COMMERCE DES ŒUFS.

Nous avons vu que du temps de Buffon la production moyenne en œufs n'était que de 100 par an, du poids chacun de 44 grammes, soit ensemble 4 kilogr. 400 ; la statistique officielle ne fixe aujourd'hui le produit moyen annuel d'une poule qu'à 91 œufs, mais il est de 133 dans les Bouches-du-Rhône et de 62 dans la Creuse ; le poids moyen étant de 64 grammes, le chiffre de 91 œufs donnerait un poids annuel de 5 kilogr. 824. Dans nombre de basses-cours bien tenues, ce produit moyen s'élève à 160 œufs par an, ou 10 kilogr. 240, ce qui est presque le double que du temps de Buffon, et de ce que nous indique, comme moyenne, la statistique. Si nous admettons qu'une poule pondeuse consomme par jour 80 grammes d'orge (le reste de la ration étant fourni par le parcours), et que ce grain vaille 18 fr. les 100 kilogr., cette consommation s'élèvera par an à 29 kilogr. 200 d'orge, représentant une somme de 5 fr. 25 c. ou

0 fr. 40 c. par douzaine d'œufs, dont la statistique officielle pour 1862 porte le prix de vente moyen à 0 fr. 56 c. Il est vrai qu'à ce prix de revient il faut ajouter l'intérêt du capital et son amortissement, le loyer, etc.; mais il faut faire entrer aussi en déduction de compte l'engrais produit et la valeur des animaux à l'âge de réforme.

Cette même statistique de 1862 évalue le nombre total de nos poules pondeuses en France à 19,040,000 têtes, produisant ensemble 1,140,000,000 œufs ou 92,000,000 de douzaines, valant en total 51,748,480 fr. Il faut déduire annuellement environ 10,000,000 d'œufs pour l'incubation, de sorte qu'il en reste 1,094,000,000 pour la consommation et l'exportation, ou 70,016,000 kilogr. De ce poids, une notable partie est vendue pour l'étranger. Cette exportation, qui ne s'élevait qu'à 130,915 kilogr. en 1815, qu'à 4,540,610 kilogr. de 1827 à 1836, à 6,182,973 kilogr. de 1837 à 1846, à 7,513,407 kilogr. de 1847 à 1854, a atteint depuis lors les chiffres et valeurs suivants :

1857 . . .	9,754,000	kilogr., valant	11,200,000	fr.
1858 . . .	10,418,000	—	11,500,000	
1859. . . .	11,340,000	—	13,100,000	
1860. . .	12,966,000	—	16,200,000	
1861. . . .	13,218,000	— -	17,900,000	
1862. . . .	14,087,000	—	17,600,000	
1863. . . .	18,626,000	—	23,300,000	
1864 . . .	22,379,000	—	28,000,000	
1865. . . .	30,121,000	—	37,700,000	
1866 . . .	33,869,000	—	39,000,000	
1867 . . .	33,720,000	—	33,800,000	

L'exportation totale se décomposait comme il suit, par destinations, dans les années 1864 à 1866 :

DESTINATIONS.	1864 kilog.	1865 kilog.	1866 kilog.
Angleterre. . . .	22,095,262	29,765,361	33,458,539
Belgique.	46,364	84,107	130,627
Allemagne. . . .	15,767	35,743	»
Espagne.	34,789	52,632	»
Italie.	14,799	16,117	»
États-Unis. . . .	2,156	3,370	»
Suisse.	143,200	133,753	278,659
Autres contrées.	27,120	29,719	»
	22,379,457	30,120,803	33,867,825

L'Angleterre nous offre, on le voit, le principal débouché, et notre exportation d'œufs pour ce pays n'a cessé de s'accroître ; elle se fait principalement par les ports du Havre, Calais, Cherbourg, Honfleur, Dunkerque, etc., et s'est élevée aux sommes et valeurs suivantes :

1859. . .	13,700,000 fr.		1864. . .	27,600,000 fr.
1860. . .	16,000,000		1865. . .	37,200,000
1861. . .	17,500,000		1866. . .	38,500,000
1862. . .	17,200,000		1867. . .	38,300,000
1863. . .	23,000,000			

Il faut noter que cette même exportation ne montait en 1836 qu'à 5,524,633 kilogr., représentant une valeur de 4,419,746 fr. 40 c., tandis qu'elle est arrivée aujourd'hui à 40 millions d'œufs, valant près de 40 millions de francs. En effet, le prix des œufs exportés de 1834 à 1836 était en moyenne de 0 fr. 80 c. le kilogr.; il est aujourd'hui d'à peu

près 1 fr. le kilogr. C'était donc respectivement
48 et 60 fr. le mille. A la halle de Paris, le prix de
ce même mille d'œufs ordinaires était de 45 fr. 73 c.
de 1823 à 1827, de 46 fr. 48 de 1828 à 1832, de
45 fr. 75 de 1833 à 1837; en 1873, il est d'à peu
près 80 fr., c'est-à-dire qu'il a presque doublé. Il
est vrai que la capitale, en 1856, consommait déjà
175 millions d'œufs, valant 50 fr. le mille, soit une
valeur de 8,750,000 fr.; en 1869, cette consommation devait s'élever à environ 225 millions d'œufs,
valant, à 70 fr. le mille, à peu près 15,750,000 fr.

Depuis 1867 pourtant, nos exportations ont très-
notablement diminué et semblent tendre à se restrein-
dre encore, par suite de la concurrence étrangère,
ainsi que nous l'indiquerons tout à l'heure. Le mouvement des exportations a, en effet, été le suivant :

1868.	28,747,506 kilogr.
1869	29,093,802 »
1870.	24,968,623 »
1871.	20,157,855 »
1872.	22,673,298 »
1873.	25,472,152 »
1874	29,089,894 »
1875.	34,416,843 »
1876.	32,721,815 »
1877.	27,122,035 »
1878.	26,393,935 »
1879.	33,714,026 »

Pour rendre la situation intelligible, il nous faut
placer en regard le mouvement comparé des importa
tions et des exportations, par périodes :

PÉRIODES.	IMPORTATIONS MOY. ANNUELLE.	EXPORTATIONS MOY. ANNUELLE.	EXCÉDANT DES EXPORTAT. SUR LES IMPORTATIONS.
1847 inclus à 1850 inclus. .	941,266 kil.	6,452,365 kil.	5,511,099 kil.
1851 » à 1860 » . .	1,651,438 »	9,380,234 »	7,728,896 »
1861 » à 1870 » . .	3,548,578 »	24,881,537 »	21,332,958 »
1871 » à 1880 » . .	5,315,802 »	24,176,182 »	18,860,380 »

« L'importation des œufs étrangers, disait à ce sujet M. Barral, a été constamment en augmentant, depuis trente-trois ans, mais elle reste toujours très-inférieure à l'exportation des œufs produits dans nos fermes. Cette exportation a cru rapidement à partir de 1857; elle a atteint deux maxima à peu près égaux en 1866 (33,868,635 kilogr.) et en 1875 (34,416,813 kilogr.); elle éprouve des oscillations assez fortes d'une année à l'autre; elle est tombée, en 1879, aux chiffres de 1872, qui sont encore doubles de ceux de 1861. » (*Enquête sur la situation de l'agriculture,* 1879, t. II, p. 199.)

L'Angleterre a été et continue à être le principal débouché pour nos exportations; mais après avoir joui d'une sorte de monopole à cet égard, nous avons maintenant à lutter contre la concurrence. Voici ce qu'est devenue notre exportation dans ces dernières années, à destination de l'Angleterre :

ANNÉES.	ANGLETERRE.	AUTRES PAYS.	TOTAL.
1876.	31,660,768 kil.	1,061,847 kil.	32,721,815 kil.
1877.	26,194,976 »	927,059 »	27,122,035 »
1878.	25,619,894 »	711,103 »	26,330,097 »

Quant aux importations, nous avons vu qu'elles ont presque doublé depuis 1870. Voici leur provenance pour les trois années 1876-1878 :

ANNÉES.	BELGIQUE.	ITALIE.	AUTRES PAYS.	TOTAL.
1876.	1,553,281 kil.	3,663,991 kil.	328,756 kil.	5,546,028 kil.
1877.	1,597,418 »	3,789,918 »	679,424 »	6,066,860 »
1878.	1,761,800 »	3,551,600 »	993,800 »	6,307,200 »

Nous avons vu qu'en 1879 ce chiffre total était monté à 7,481,900 kilogr. D'un autre côté, la consommation de Paris va toujours croissant à grands pas ; en voici la gradation, de 1870 à 1878 :

1870.	2,187,560 kilogr.
1871.	1,762,225 »
1872.	2,943,202 »
1873.	3,023,714 »
1874.	2,969,412 »
1875.	3,097,265 »
1876.	3,088,420 »
1877.	3,089,801 »
1878.	3,255,613 »

Faudrait-il ajouter, avec M. E. Lemoine (*Élev. des animaux de basse-cour*, p. 66), que la production des œufs diminue ? Nous ne le pensons pas, tant s'en faut. Tout nous porte à penser que la consommation générale s'accroît dans une proportion parallèle à celle de la capitale ; c'est un sujet sur lequel nous aurons d'ailleurs à revenir.

Les départements de Seine-et-Oise, Seine-et-Marne, Oise, Loiret, Loir-et-Cher, Yonne, Marne, Mayenne, Sarthe, Maine-et-Loire, etc., fournissent surtout à l'approvisionnement de Paris. Ceux de la Normandie et de la Bretagne, et depuis quelques années ceux de la Flandre, de l'Artois, du Périgord, de l'Angoumois et de la Saintonge, exportent surtout en Angleterre. L'exportation pour l'intérieur se fait simplement dans des mannes en osier, où les œufs sont stratifiés par couches avec de la paille ; celle pour l'étranger se faisait autrefois en caisses, avec du son, de la sciure de bois ou de la paille ; depuis quelques années, elle se fait toujours en caisses, mais les œufs sont stratifiés avec des haricots, des lentilles, de la graine de lin, etc., de telle sorte qu'on n'a à transporter aucun poids mort. Quant au commerce des œufs, il se fait en gros par les coquetiers qui achètent soit dans les fermes, soit sur les marchés, assortissent par grosseurs et expédient après emballage en mannes avec de la paille ou du foin. Sur les marchés de Paris, les œufs se vendent en gros, au mille, en nombre, mais avec bonne main de 4 pour 100, soit 1,040 pour 1,000 en paye. On les y distingue en trois qualités : de choix ou gros, ordinaires ou moyens, et petits ; les prix relatifs sont en général les suivants : de choix, 125 fr. ; ordinaires, 100 fr.; petits, 75 fr.

Les œufs étant rares et ayant une grande valeur en hiver, on a depuis longtemps cherché les moyens de les conserver pour cette saison. Pour cela, on les dépose dans un endroit sec, où la température soit régulièrement maintenue entre sept ou dix degrés centigrades, et où on les préserve autant que possible du contact de l'air. Voici les procédés le plus fréquemment employés : On dépose les œufs un par un dans un petit baril rempli d'eau de chaux, ou encore on les enduit d'un corps gras (huile d'olive, saindoux, etc.); ou on les stratifie dans du blé, de la graine de lin, du son, de la sciure de bois, du charbon pilé ; ou enfin on les trempe dans de la cire fondue à basse température ou dans de l'eau gommée; quelques personnes, qui ne conservent que pour leur propre consommation et non pour la vente, plongent les œufs un à un, durant quelques secondes, dans de l'eau bouillante, afin de coaguler la couche la plus externe de l'albumine. On peut reconnaître presque toujours les œufs conservés à ce que la coquille, à sa partie interne, dans la chambre à air du gros bout, offre de petites taches ou linéaments noirâtres, qui ne sont autre chose qu'un cryptogame plus ou moins développé. Nous avons déjà dit que les œufs de poules vierges, que les œufs non fécondés, sont d'une conservation plus assurée.

M. E. Vavin, président de la commission des cultures expérimentales à la Société centrale d'horticulture de France, a fait connaître, en 1878, dans le journal *le Nord-Est*, le procédé de conservation que voici : ayant observé que le jaune de l'œuf tend toujours à descendre, il a imaginé d'imprimer au récipient dans lequel il dépose ses œufs de garde un mouvement de rotation, soit continu, soit intermittent. Voici comment il procède, dans la pratique : il place ses œufs dans une boîte, de façon qu'ils soient debout, le gros ou le petit bout indifféremment en dessus ou en dessous, sur un lit de rognures de papier ou de liége, ou de son, etc., mais non de cendre de bois ou de poussière de charbon; il comble avec les mêmes substances le vide que laissent les œufs entre eux, les recouvre d'un lit semblable, cloue le couvercle ou le visse, colle du papier sur les joints et place la boîte dans un lieu frais. Chaque jour, il retourne ces boîtes, de façon que le dessus devienne alternativement le dessous et réciproquement. Un ami de M. E. Vavin, le docteur Lambert, de Toulon, l'informait peu après qu'il avait vu pratiquer déjà ce procédé, dès 1847, sur les côtes du Congo, par le capitaine Dubernard. Il n'en est pas moins vrai que le procédé réinventé par M. Vavin a fourni, après quatre mois de conservation, des œufs que M. Albert Geoffroy trouvait délicieux sur le plat, en janvier 1874.

La statistique officielle de nos richesses agricoles a été dressée pour la dernière fois, en ce qui concerne les volailles, en 1862. En admettant que ces résultats fussent l'expression de la vérité à cette époque, elle ne peut plus servir aujourd'hui que de base comparative. Tâchons donc de suppléer aux chiffres qui nous manquent.

Pour cela, nous admettrons, avec les statisticiens, que le poid moyen des œufs est de 50 grammes, bien que nous le croyons approximativement de 60. Nous ferons ensuite les rapprochements que voici :

Paris consomme actuellement et année moyenne 3 millions de kilogr. ou. .   60,000,000 d'œufs

La consommation de la France est, en général, considérée comme étant décuple de celle de Paris; ce serait donc 30,000,000 kilogr. ou.   600,000,000

Notre exportation annuelle est en ce moment d'en-

A reporter   660,000,000

Report   660,000,000

viron 24,000,000 kilogr.
ou 480,000,000.

Mais il faut déduire l'importation 7,000,000 kilogr.
ou 140,000,000

Reste pour l'exportation
nette.   340,000,000

Soit une production
moyenne annuelle de. . .   1,000,000,000

ou 50,000,000 kilogr. Cette production, en admettant que chaque poule ponde 100 œufs par an, comme
au temps de Buffon, suppose l'existence de 10,000,000
de poules pondeuses, qui, à 20 poules pour un coq,
suppose aussi 2,000,000 de coqs, et nous arrivons à
un chiffre de 12,000,000 de têtes de poules et coqs
adultes. Nous ne pensons pas que ces chiffres doivent
s'éloigner sensiblement de la réalité.

En effet, la statistique officielle de 1862, la plus
récente que nous ayons quant aux animaux de basse-
cour, porte le total des existences, sous la rubrique
de *poules et poulets,* à 42,855,790 têtes. Or, si nous
en retranchons 10 millions de poules et 2 millions
de coqs, il reste 30,455,790 têtes. La consommation moyenne annuelle de Paris en poulets, chapons, poulardes, s'élève en ce moment à peu près à
6,000,000 de têtes (5,292,638 en 1872); si nous
admettons que la consommation du reste de la France
est sur ce point cinq fois égale à celle de Paris, ce
seraient 36,000,000 de têtes par an, et si l'âge moyen
de ces animaux est de six mois, le nombre des exis-

tences moyennes de ce fait ne serait que de moitié,
soit 18 millions. Resteraient encore 12,855,790,
pour représenter les élèves, dont les uns destinés à
remplacer les poules et coqs tous les trois ans en
moyenne ou 4 millions par an; les autres pour parer
à la mortalité de tous les âges et de tous les sexes,
à raison de 10 pour 100, soit 4,285,579; et enfin
4,578,211 élèves de la naissance à l'âge adulte. Si
bien que, en récapitulant, nous obtenons les chiffres
suivants :

Poules pondeuses.	10,000,000 ⎫	12,000,000
Coqs.	2,000,000 ⎭	
Poulets et poulettes pour la consommation. . . .		18,000,000
Renouvellement des poules et coqs par tiers. . .		4,000,000
Élèves de tous âges.		4,570,211
Élèves pour la mortalité (10 p $^0/_0$).		4,285,579
Total égal.		42,855,700

Si nous estimons maintenant le poids vif de nos
36 millions de poulets consommés, à une moyenne de
1 kilogr. 700, et leur poids net à 72 pour 100, soit
61,200,000 kilogr. vif, et 44,064,000 net; si nous
évaluons à 2 kilogr. 200 le poids vif moyen des
4,000,000 de poules et coqs réformés et leur rendement à 70 pour 100, nous obtenons 8,800,000 brut
et 6,160,000 kilogr. net. De sorte que l'espèce galline
nous fournirait, année moyenne, pour la consommation, 50,224,000 kilogr. de viande ou environ
1 kilogr. 320 par tête d'habitant.

§ 15. — PRODUCTION EN VIANDE ET ÉLÈVES.

La statistique porte la valeur moyenne d'une poule à 1 fr. 38 c. et celle d'un poulet à 1 fr. 26 c.; si nous prenons comme chiffre moyen 1 fr. 30 c., nous obtiendrons une somme de 30,223,638 fr. 70 c. comme revenu de l'élevage de nos basses-cours, quant à l'espèce galline seulement. Mais ce revenu est en réalité beaucoup plus considérable, parce que l'industrie de l'engraissement augmente dans une forte proportion la valeur de la moitié au moins de nos élèves. On le comprendra après avoir comparé les chiffres suivants :

	POULET MAIGRE.	POULET GRAS ORDINAIRE.	CHAPON.
Poids vif.	1ᵏⁱˡ200	1ᵏⁱˡ850	4ᵏⁱˡ000
Viande.	70 p %	75 p %	80 p %
Graisse.	4 »	7 »	9 »
Os du squelette.	17 »	9 »	5 50 »
Plumes.	6 »	4 50 »	5 75 »
Sang et intestins.	19 »	12 »	7 »
Évaporation et perte.	1 »	1 50 »	1 25 »
Valeur commerciale moyenne. .	2ᶠ 25	4ᶠ	8ᶠ

Paris à lui seul consommait, en 1853, ou du moins on y vendait sur le seul marché de la Vallée, 329,250 chapons et poulardes, et 2,607,248 poulets, ensemble 2,936,498 têtes; mais il faut, pour être dans le vrai, doubler ce chiffre pour les envois directs aux restaurateurs, marchands de comestibles, particuliers, et les entrées en fraude, soit 5,872,996 têtes. Si nous estimons ces volailles à un poids moyen de 1 kilogr. 500, la population de la capitale étant alors de 900,000 habitants, c'était tout près de 10 kilogrammes de viande de volaille par tête. Un chapon ou une poularde se vendait en moyenne par tête 4 fr. 19 c., et un poulet ou une poule 2 fr. 66 c.; au taux moyen de 3 francs, ce serait une valeur totale de 17,618,988 francs.

Les départements de la Sarthe, du Calvados et de l'Ain sont surtout chargés de fournir les chapons et poulardes; les poules et poulets proviennent principalement de la Sarthe, de Seine-et-Oise, de l'Oise, de la Somme, d'Eure-et-Loir, du Loiret, de Seine-et-Marne, de la Seine-Inférieure et de la Loire-Inférieure. Le seul bourg de Lambey, dans Seine-et-Oise, expédie à Paris jusqu'à 1,000 volailles par semaine; le marché de Houdan en envoie par an pour près de 3 millions de francs.

On se ferait difficilement une idée de l'importance qu'acquiert le commerce des volailles dans certaines contrées voisines de la capitale et en particulier sur les marchés de Houdan, Dreux, Nogent-le-Roi, etc. Le premier est approvisionné surtout par les communes de Gambais, Bourdonné, Condé-sur-Vesgres, Adainville, Boutigny, Goussinville, Avelu, Marchezais, Bazainville, Thionville, Dannemarie, etc. En 1870, voici ce que nous apprenait un rapport de M. Delafosse, membre du conseil d'arrondissement de Dreux, propriétaire à Houdan : « Il est vendu, dit-il, au marché de Houdan, pour 1,920,000 francs de poulets gras par an, soit 160,000 francs par mois et 40,000 francs par semaine, sans compter, toujours par semaine, 3,000 francs au moins, applicables à la vente des poulets de cour et à celle des différentes autres volailles grasses ou de grain, et sans parler des poussins, qui composent une branche d'industrie à part et sont vendus en dehors des marchés, et dont le produit s'élève à un chiffre considérable.

« Il a été vendu sur le marché à la volaille de Houdan, depuis et y compris le 21 mai 1873 jusqu'au 13 mai 1874 inclus (52 marchés), 411,130 têtes de volailles grasses, qui, au prix moyen, la pièce, constaté sur place par chaque marché, de 5 francs au moins à 6 francs au plus, ont produit la somme de. . .   2,125,275 »

« On évalue à plus de 1,500 par semaine le nombre des poulets gras achetés au domicile des producteurs, à proximité de Houdan, de Dreux et de Nogent-le-Roi. Le prix de ces 1,500 poulets, porté à 5 francs l'un seulement, représente une somme de 360,000 francs, dont le tiers au moins doit être attribué à Houdan, soit   120,000   »

« Le marché dit au maigre, qui comprend la volaille de toute espèce non engraissée, les pigeons, les lapins, le gibier, a produit pendant les mêmes 52 semaines 420,700 francs, dont il faut appliquer spécialement aux poulets dits maigres ou de cour.   156,000   »

« Total. . . . . .   2,401,275 »

En 1862, la consommation de Paris montait à

20,300,000 francs de volailles et de gibier ; le gibier n'entrant dans ce chiffre que pour environ un dixième, il reste 18,270,000 francs pour la volaille seule. En 1868, cette même consommation en volaille et gibier était montée à 20,730,206 kilogrammes, représentant une valeur de 40,164,712 francs ; mais si nous en déduisons le dixième pour le gibier, il ne reste que 18,656,186 kilogrammes de volailles, valant 36,148,241 francs. Il est vrai que durant cet intervalle la population avait augmenté, par la suppression des barrières, de plus de 500,000 âmes ; mais c'était, à cette dernière époque, 12 kilogrammes de viande de volaille et 24 francs consommés par tête et par an.

En 1863, Paris a consommé 176,353 chapons ou poulardes valant ensemble 620,762 fr. 56 c., ou 3 fr. 50 c. l'un ; et 3,680,255 poulets valant ensemble 9,311,045 fr. 15 c. ou 2 fr. 53 c., l'un. En 1872, la consommation était déjà montée à 5,292,638 poulets valant 14,607,680 fr. 88 c., ou 2 fr. 76 c. par tête.

§ 16. — Production en plume.

Nous avons vu dans le paragraphe précédent qu'un poulet ou une poule adulte pouvaient, suivant leur taille et leur poids, fournir de 70 à 120 grammes de plumes et duvet. Pour les utiliser ou les vendre, ces différentes plumes doivent être triées. Des grandes plumes de la queue des coqs et surtout des chapons on fait des ornements de coiffures, des plumets de shakos pour la troupe (chasseurs de Vincennes), ou des plumeaux ; de la plume moyenne du corps on fait

des lits de plume ou des traversins, après l'avoir mise
en sacs et l'avoir fait, à plusieurs reprises, séjourner
plusieurs heures dans un four dont on vient de retirer
le pain ; la plume la plus fine, après avoir subi la
même préparation, est employée à la confection d'oreil-
lers ; mais cette plume moyenne et fine est beaucoup
moins estimée que celles des oies et des canards. La
plume de mue se trouve mélangée aux engrais et n'a
pas d'autre valeur. Dans une basse-cour importante,
la plume bien traitée peut fournir un produit d'environ 0 fr. 20 c. pour chaque animal mort ou sacrifié,
plus pour un coq ou chapon, moins pour une poule et
un poulet.

§ 17. — PRODUCTION EN ENGRAIS OU POULETTE.

Les excréments du poulailler portent le nom de
poulette ; ils sont mélangés de plumes de mue et de
quelque peu de sable employé comme litière. On calcule, en général, que chaque poule adulte, convenablement nourrie et tenue constamment au poulailler,
fournit 60 litres de cet engrais par an. D'après
M. Lemoine, ce produit en poulette, par jour, serait
en moyenne de 0 kilogr. 342 grammes, soit par
an 124 kilogr. 830 à 10 francs les 100 kilogr., ou
12 francs d'engrais. Cet engrais, bien qu'un peu moins
riche que la colombine, contient encore environ
7 pour 100 d'azote, et se vend environ 15 francs les
100 kilogrammes ; l'hectolitre pesant 50 kilogrammes,
c'est donc un produit annuel d'environ 4 fr. 50 par
tête adulte. On emploie la poulette ou poulaite après

l'avoir desséchée à l'air libre et l'avoir pulvérisée; on la sème alors à la volée pour les plantes en végétation, à raison de 300 à 400 kilogrammes par hectare.

§ 18. — Produit de la basse-cour.

Si nous recherchons quel peut être le produit moyen de l'espèce galline entretenue en liberté dans nos fermes, mais convenablement nourrie et soignée, nous devrons supposer que l'installation du poulailler est à son début, et qu'il se compose simplement de 100 poules et 5 coqs. Sur les 100 poules, 75 seront exclusivement considérées comme pondeuses, et nous fourniront, à 100 œufs par tête, 7,500 œufs par an, à 0 fr. 05 c. l'un, soit. . . . . . . 375f »

Les 25 autres poules seront destinées à l'élevage, et, à deux couvées chacune par an, nous fourniront 500 élèves, dont 30 pour remplacer les bêtes à réformer, 100 qui seront enlevés à divers âges, dans l'année, par maladie ou accidents, et enfin 370 qui arriveront à bien, et vaudront en moyenne, à 1 fr. 25 c. 462 50

Ces 370 poulets vendus fourniront en plume une valeur d'environ. . . . 40 »

Les 105 poules et coqs et les 400 poulets élevés donneront en poulaite, à 30 litres par tête, 151 hectol. 50 ou 7,750 kilog., valant. 1,332 50

Total des recettes. . . . . 2,210f »

Passons maintenant aux dépenses :

Nourriture complémentaire de 105 poules et coqs adultes à 80 grammes d'orge, sarrasin, avoine, etc., ou autres grains, par jour et par tête, soit 29 kilogr., 200 par tête et par an, ou pour l'ensemble 3,066 kilogrammes, à raison de 16 francs les 100 kilogrammes, soit. 490ᶠ 56

Nourriture de 500 poulets d'élevage à divers âges, à raison de 50 grammes par jour et par tête, soit 18 kilogr. 250 par tête et pour l'année, et en total 9,125 kilogrammes, valant, à 16 francs pour 100 . . . . 1,460 »

Loyer du poulailler, soit intérêt et amortissement du capital de construction, de mobilier, etc. 68 38

Soins donnés à la volaille, tiers des gages et de la nourriture d'une femme à l'année. . . . . 200 »

Total des dépenses. . . . 2,118ᶠ 94

Ne prétendant point enseigner le moyen de se faire plusieurs mille livres de rente avec les poules, nous avons réduit le produit aux strictes probabilités, tandis que nous avons largement chiffré les dépenses en nourriture ; dépenses et recettes se balancent. Dans de semblables circonstances, nous pensons que le profit doit surtout être cherché dans la vente des élèves pendant leur jeune âge, à trois ou quatre mois, ou dans leur engraissement commercial, à sept ou huit mois, enfin dans une vente plus avantageuse des œufs,

par l'expédition vers un grand centre de consommation. C'est ainsi qu'en ce moment, à Paris (janv. 1881),
les œufs moyens valent 100 francs le mille ou 0 fr. 10 c.
pièce; les poulets ordinaires, 2 fr. 50 c.; les poulets
gras, 4 fr. 50; les poulets communs, 2 fr. 15 c.; les
chapons et poulardes, 7 fr. 50 c.

Prenons maintenant les résultats de la statistique
officielle de 1862.

La statistique officielle de 1862 estime à 56,569,642^f
80 c. la valeur de nos 42,855,790 têtes de coqs,
poules, poulets et poulettes; elle évalue la valeur
moyenne par poule à 1 fr. 38 c. et par poulet à 1 fr. 26.
D'après elle, chaque poule fournirait en moyenne, par
an, 91 œufs valant 0 fr. 56 c. la douzaine, et, de ce
fait, un produit annuel de. . . .   51,748,480^f

Il faudrait y ajouter : 36,000,000
de poulets consommés par an, et
fournissant 44,064,000 kilogr. de
viande; plus 4,000,000 de coqs
et poules réformés par an et fournissant encore 6,160,000 kilogr. de
viande, soit ensemble 50,224,000
kilogr. de viande à 0 fr. 85. Soit.   42,690,400

Nos 42,855,790 poules et poulettes donnent, à raison de 20 litres
chacune par an, 8,571,158 hecto-
litres de poulaite, qui, à 5 francs
seulement l'un, forment une somme
de.   42,855,790

De telle sorte que le produit
brut de l'espèce galline monte à. .   137,294,670^f

Si nous tentons d'établir le chapitre des dépenses, nous trouvons :

Mortalité moyenne annuelle, en nombre, 15 pour 100, soit 6,428,368 têtes, et en argent. .   8,485,446ᶠ

61,069,750 œufs mis à couver pour obtenir par an les 48,855,800 éclosions nécessaires, à 0 fr. 56 la douzaine.   3,053,499

La nourriture de chaque tête de tout âge ne dépasse assurément pas, en moyenne, 10 kilogr. de grains divers, valant 16 francs les 100 kilogr., soit ensemble 428,557,900 kilogr. et.   68,569,264

Quant au loyer des bâtiments occupés par l'espèce galline, nous ne pouvons l'évaluer que par approximation, et pensons être large en le portant à.   2,000,000

Mêmes observations pour les soins et la surveillance, la ménagère dans la petite propriété et la petite culture ne dépensant qu'une partie insignifiante de son temps à soigner et surveiller le poulailler ; portons néanmoins en dépenses une somme de.   6,000,000

Total des dépenses. . .   88,108,209ᶠ

Le revenu net serait donc de 49,186,461 francs

par an, ou 1 fr. 05 par tête pour un capital évalué en moyenne à 1 fr. 32.

Il est peut-être vrai que si nous faisions entrer en ligne de compte les dégâts causés par la volaille dans les terres en cultures, à l'époque des semailles et de la maturité, dans les vignes, sur les fumiers, les accidents qu'elles occasionnent quant aux bestiaux, etc., nous établirions une balance moins favorable et comprendrions que les fermiers anglais aient chassé la volaille de la cour et des champs pour la reléguer dans la volière. En effet, les poules bonnes pondeuses sont voraces, alertes, vagabondes; il leur faut trouver des aliments, et pour cela, elles ne craignent point de s'éloigner à la recherche des terres que l'on vient d'ensemencer, des récoltes voisines de la maturité, des vignes où les baies commencent à rougir, des bois où elles comptent récolter de nombreux vermisseaux et où parfois les chasseurs, les chiens, les renards ou les belettes les mettent à mal. La ménagère leur distribue plus ou moins régulièrement des criblures de grains, des fonds de greniers, le tout contenant multitude de semences de mauvaises graines qui, n'étant point acceptées, retournent aux fumiers et de là aux champs, où elles se multiplient de plus belle. Dans les étables, sur les fumiers, dans les cours, les poules récoltent et utilisent, je le sais, une foule de déchets qui sans elles seraient perdus; il n'en est pas moins vrai que les cultivateurs soigneux recouvrent d'épines leurs tas de fumier afin d'en interdire l'accès aux picoreuses, et qu'ils garnissent leurs étables de portes à claire-voie pour les en bannir; en crainte des plumes qu'elles laissent dans le fourrage ou les mangeoires.

L'exploitation de la volaille dans la cour et les champs de la ferme, c'est-à-dire en liberté absolue, nous semble une industrie primitive, irraisonnée, dommageable pour tous. Ce qui séduit sans doute, c'est qu'elle ne demande que peu de déboursés, à peine un peu de grain supplémentaire durant la mauvaise saison ; mais cette nourriture du printemps, de l'été, de l'automne, qui ne coûte rien, nous semble au contraire ruineuse. L'industrie intensive des volailles en volière, suffisamment vaste, mais limitée, avec distribution abondante de nourriture convenablement choisie, nous paraît seule profitable pour tous, seule rationnelle par conséquent. Lequel croyez-vous d'un prix de revient plus avantageux pour la société, du lapin sauvage pesant 1 kilogr. 500 ou du lapin domestique pesant 3 kilogr.? Du sanglier de 80 kilogr. ou du porc gras de 200 kilogr.? D'une perdrix ou d'un chapon de Bresse? D'un lièvre ou d'un mouton? La question des poules est un peu semblable. Le gibier doit être renfermé dans des parcs où ceux qui voudront le chasser, le tuer et le manger, le nourriront du moins à leurs frais. La volaille doit être mise en volière pour y être produite industriellement, et, de même que tout autre bétail, plus on lui consacrera de soins et d'aliments, et mieux on en sera récompensé.

§ 19. — Maladies des poules.

Nous répéterons à propos de l'espèce galline ce
que nous avons dit ailleurs pour les pigeons, savoir .
que le plus souvent il est préférable de tuer et manger
ou vendre l'animal que l'on soupçonne de maladie, ou
qui vient d'être atteint par un accident. Il ne faut pas·
perdre de vue que plusieurs de ces maladies sont contagieuses, et, dans ce cas surtout, il est indispensable
de couper le mal dans sa racine. Nous nous bornerons
ici à indiquer les maladies les plus fréquentes, et à
indiquer les remèdes à la fois les plus simples et les
plus certains.

A. *Petite chirurgie. L'éjointage.* — Tous nos oiseaux,
domestiques même, ont conservé plus ou moins la
faculté de voler, et souvent le désir de l'indépendance
et de la liberté reparaît chez eux. Les poules elles-
mêmes, renfermées dans une basse-cour, spontanément ou pour fuir un chien, simplement effrayées
par l'entrée d'un étranger, s'envolent par-dessus les
clôtures et s'en vont courir les champs. Bien mieux
encore, les faisans lâchés dans un parc et qui s'en
évadent pour aller s'offrir en victimes aux braconniers;
les canards de nos basses-cours qui courent se joindre aux triangles de leurs collègues sauvages, et tous
ces oiseaux d'agrément que nous tentons de faire concourir à l'ornement de nos pièces d'eau et de nos
bosqutes.

L'oiseau ne peut voler dans l'air qu'à la condition

d'y prendre sur ses deux ailes un point d'appui bien équilibré. Si l'une des ailes a été rognée en longueur, si un certain nombre de plumes voisines les unes des autres vient à manquer, il n'y a plus équilibre, il ne peut plus y avoir vol. Autrefois, on se contentait de rogner dans leur longueur tout ou partie des plumes de l'une des ailes ; le but était atteint, mais momentanément ; les plumes repoussaient, et si l'on ne recommençait l'opération en temps opportun, le prisonnier sur parole s'évadait ; d'un autre côté, l'amputation d'une partie des plumes rendait l'oiseau disgracieux et modifiait désagréablement son port. Tout au moins, ne faudrait-il pas, comme nous l'avons si souvent vu faire dans les basses-cours, couper également les plumes des deux ailes : la faculté de sauter et de voler serait ainsi limitée, mais non interdite.

Il a fallu chercher d'autres moyens de rendre le vol impossible, soit définitivement, soit temporairement ; or, ces moyens sont actuellement assez nombreux, et nous allons les passer brièvement en revue. Mais pour cela, il nous faut indiquer l'anatomie de l'aile elle-même. (Fig. 72.)

L'aile de l'oiseau, analogue au membre antérieur des mammifères, comprend comme lui quatre régions : l'épaule, le bras, l'avant-bras et la main. L'épaule est composée de la réunion de trois os : l'omoplate, la clavicule et l'os coracoïdien. Le bras, d'un seul os, l'humérus ; l'avant-bras, de deux, le radius et le cubitus ; enfin la main se compose de huit os, savoir : deux pour le carpe (radial et cubital), deux pour le métacarpe, le pouce formé d'une seule phalange styloïde, le doigt médian formé de deux phalanges ; enfin le doigt externe, formé d'une seule phalange et accolé intimement à la première phalange du doigt médian.

Les grandes plumes de l'aile qui prennent une part plus directe et plus énergique au vol, portent le nom de rémiges ; on les subdivise en : 1° rémiges bâtardes, courtes et fines, qui garnissent la face antérieure de la main ; 2° les rémiges secondaires, qui garnissent la face postérieure de l'avant-bras ; 3° et les rémiges primaires, qui constituent l'aileron et garnissent la face postérieure de la main.

M. Ernest Maillard, garde faisandier au château de Merlay-le-Vidame, (Eure-et-Loir), a décrit en ces termes le procédé d'éjointage par amputation, qu'il pratique : « Il s'agit d'enlever les rémiges primaires, sans toucher aux rémiges bâtardes, qui sont ménagées pour cacher la plaie et pour la protéger contre les objets qui pourraient la heurter et briser la croûte qui se forme autour des os coupés, en attendant la guérison. Pour cela, on serre l'oiseau doucement entre ses jambes ; on déploie l'aile et on saisit le fouet, puis serrant fortement l'avant-bras entre le radius et le cubitus, on passe la lame d'une paire de fort ciseaux bien effilés au-dessous du pouce qu'il faut épargner, et, à un centimètre près de l'articulation, on coupe vivement dans le sens de la ligne blanche, puis, sans retard, on cautérise la plaie avec un morceau de nitrate d'argent. A défaut de nitrate d'argent, on peut cautériser avec un fer rouge, mais ce moyen a le désavantage de former un calus disgracieux.

« La cautérisation n'est pas absolument indispensa-

ble, et quelques auteurs affirment n'avoir jamais eu
d'accident à déplorer, bien qu'ils ne l'aient pas prati
quée. Dans l'un et l'autre cas, il est prudent de surveiller les oiseaux éjointés pendant quelques jours, et

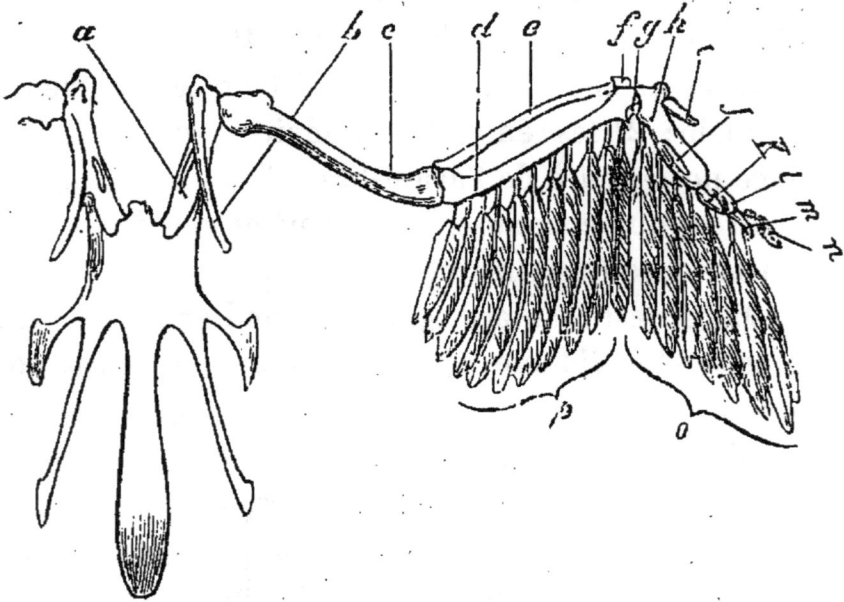

Fig. 72.

a. Coracoïdien.
b. Omoplate.
c. Humérus.
d. Radius.
e. Cubitus.
f. Cubital.
g. Radial.
h. Grand métacarpien.

i. Pouce.
j. Petit métacarpien.
k. Petite phalange du doigt externe.
l. Première phalange du doigt médian.
m. Deuxième phalange du doigt médian.
n. Rémiges bâtardes.
o. Rémiges primaires.
p. Rémiges secondaires.

de les empêcher de frotter l'aile emputée aux parois
grillagées ou aux aspérites des murs. Si le sang ne
s'arrêtait pas promptement, il faudrait de toute nécessité cautériser; c'est pour se ménager la faculté de
cautériser plusieurs fois, que l'on éjointe à un centi-

mètre de l'articulation. Il faut éjointer en septembre,
autant que possible, car alors les faisandeaux ont
assez de force pour supporter cette opération ; plus
tard, les oiseaux ont les os plus durs, les tendons plus
vigoureux, et l'hémorrhagie est plus difficile à arrêter.
Plus tôt dans la saison, la gangrène, par suite de la
chaleur, peut se mettre dans la plaie. Si néanmoins
on était obligé d'éjointer au mois de juillet ou au mois
d'août, l'opération doit être faite vers le soir, et les
sujets éjointés être tenus à l'ombre pendant deux ou
trois jours. » (*Acclimatation*, 28 mai 1876, p. 210.)

M. Bénion a décrit à son tour la même opération,
un peu modifiée, telle qu'il la pratique pour les oiseaux
de luxe : « On plume l'aileron dans la moitié qui se
rapproche le plus de l'articulation de l'avant-bras ;
puis, avec un bistouri, on détache cette peau sur une
étendue d'un centimètre environ, on la relève en s'aidant du bistouri et d'une pince, ou tout simplement
des doigts à défaut de ce dernier instrument ; enfin,
on tranche l'os avec de forts ciseaux ou un sécateur,
au point de réunion antérieure des deux branches du
métacarpien. Ceci fait, on éponge la partie mise au
vif pendant deux minutes, afin d'absorber le sang
épanché et de refouler celui qui est contenu dans les
vaisseaux ; ensuite, on rabat sur le moignon la peau
qu'on unit, soit au moyen de trois points de suture, soit
au moyen d'une ligature pure et simple. Il faut, pour
cela, se servir de fil ciré qui glisse mieux et ne pourrit
pas avant la chute de la partie qui sera éliminée.
On remet l'animal en cage ou en liberté. Dans un
second mode opératoire, au lieu de trancher l'os, on

incise la peau à un demi-centimètre plus haut, on la relève au-dessus de l'articulation du métacarpien avec les phalangiens, et on désunit cette dernière. » (*Traité de l'élevage et des maladies des oiseaux de basse-cour.* Paris, Asselin, p. 204, 205.)

M. Gabriel Rogerou a proposé un procédé qu'il croit tout aussi efficace, mais à la fois moins barbare et moins dangereux : il consisterait à pratiquer simplement, à l'aide d'un bistouri, la section d'un tendon extenseur de l'aile. Reste à savoir si la réunion des deux abouts tendineux ne s'opérerait pas plus ou moins promptement, et s'il ne serait pas préférable d'enlever une fraction, un centimètre par exemple, de la longueur du tendon. (*Journal d'acclimatation,* 29 août 1880.)

Un autre mode d'éjointage, ou du moins un procédé analogue, a été pour la première fois appliqué, vers 1876, à l'École vétérinaire de Bruxelles. Il consiste à faire une ligature à l'endroit voulu, avec un cordon de caoutchouc ; la circulation est immédiatement interrompue, et vers le quinzième jour la partie isolée et déjà desséchée se détache d'elle-même, sans que l'oiseau paraisse en souffrir. Ce procédé, plusieurs fois appliqué à des faisans Amherst, pourrait tout aussi bien l'être à des oiseaux plus forts, grues, flamands, marabouts, etc., sur lesquels on hésite parfois à pratiquer l'amputation. (Van der Smickt.)

M. Gabriel Rogerou, que nous avons déjà cité, emploie le procédé suivant : « Je prends simplement un fil de fer mince, ou mieux un fil de cuivre ; je perce la première penne de l'aile à l'endroit où le tuyau est devenu plein et opaque, c'est-à-dire environ au quart

de sa longueur à partir de la base, avec une épingle
fine et coulante, afin de ne pas fendre la plume. Par ce
petit trou, je passe le fil de fer; je dresse les cinq ou six premières pennes, le mieux possible dans leur ordre naturel; puis je les lie sans trop serrer sept à huit tours, afin que cette ligature soit assez grosse et ne coupe pas les plumes. De cette façon jamais le lien ne coule, ne se détache ou ne pourrit, et l'oiseau, à l'état de repos, n'est nullement défiguré; il semble jouir de ses deux ailes. » (*L'Acclimatation*, 29 août, 1880, p. 419-420.)

Enfin, au sujet de la communication précédente, M. Voitellier, aviculteur à Mantes (Seine-et-Oise), fit connaître un mode d'entraves qui, sans lui faire subir aucune opération, sert à mettre temporairement ou définitivement un oiseau dans l'impossibilité de voler, en le privant de l'usage

Fig. 73. — Entrave pour empêcher les oiseaux de voler sans les éjointer.

de l'une de ses ailes; l'entrave enlevée, le sujet peut
reprendre son entière liberté. « Voici, dit-il, en quoi
consiste mon entrave : c'est une petite chaînette munie

d'un porte-mousqueton et dont la moitié est garnie de peau. Une des extrémités de la chaînette entoure les premières pennes de l'aile. L'autre extrémité se passe autour du bras de l'aile et vient s'attacher dans le porte-mousqueton, qui se trouve ainsi placé dans le milieu. L'oiseau peut remuer l'aile librement, mais il ne peut l'étendre assez pour voler. Quand l'entrave est placée, elle est complétement invisible, et l'oiseau conserve sa structure et son élégance sans être gêné dans ses mouvements. J'applique mon système aux paons, aux canards et aux poules qui ont l'habitude de s'envoler de leur parquet. En une minute, une entrave est placée ; elle se retire en un instant, quand on veut rendre la liberté aux captifs. » (*L'Acclimatation,* **28** novembre 1880, p. 574.)

Fig. 74.

On voit combien se sont simplifiés et améliorés les procédés anciens d'éjointage, dont nous avons passé sous silence les plus barbares et les moins efficaces.

B. Maladies des organes respiratoires. — La *roupie,*

catarrhe nasal, ou coryza contagieux des gallinacés, est une inflammation plus ou moins vive de la muqueuse nasale. Elle se reconnaît à ce que l'animal devient moins remuant, plus triste, et secoue fréquemment la tête; plus tard, il s'écoule par les narines du pus verdâtre, de mauvaise odeur; la respiration, ainsi gênée, devient ronflante; l'œil s'enflamme à son tour et se trouble au point de devenir opaque; la gorge se gonfle par l'infiltration de la sérosité; la bouche devient pâle et donne aussi un écoulement de pus; l'appétit diminue, puis disparaît, et l'oiseau épuisé meurt dans le marasme. Cette maladie reconnaît pour cause un logement insalubre, les froids humides, les pluies persistantes, en automne ou au printemps, et surtout la contagion. La première indication est donc d'améliorer l'hygiène du poulailler et de séquestrer le malade, que l'on soumet à un régime tonique et fortifiant, à une température sèche et moyennement élevée. La maladie prise au début cède promptement à ces moyens. Non-seulement les poules, mais les paons et les canards paraissent y être exposés. Il est à peine besoin de dire que tout poulailler dans lequel la maladie s'est produite doit être désinfecté, ainsi que le mobilier et les ustensiles qui s'y trouvent et y servent.

Le *muguet jaune*, croup, chancre, pépie, n'est autre que la diphthérie et consiste dans la production de fausses membranes sur la muqueuse des diverses régions. Elle débute d'ordinaire chez les gallinacés (poules, faisans, dindons) par la langue, qui se recouvre d'une pseudo-membrane blanchâtre et plus ou moins épaisse; on l'appelle alors la pépie. Chez les

pigeons, elle consiste en productions de membranes
jaunes et granuleuses sur le palais et l'arrière-bouche ;
on lui donne les noms de chancre ou muguet jaune.
Cette maladie, éminemment contagieuse, sévit souvent
enzootiquement, et parfois, comme dans la Gironde,
en 1854-1855, épizootiquement. Nous avons signalé
l'apparition des fausses membranes en plaques de couleur jaune ou blanchâtre, de plus ou moins grande
épaisseur, de consistance assez ferme ; elles tendent
constamment à s'étendre vers le nez, les yeux, les
intestins, etc. Il se produit alors par les narines un
écoulement séreux et infect ; les yeux deviennent
enflammés, saillants, larmoyants ; des tumeurs apparaissent sur le bord des paupières ; chez les granivores le jabot, chez tous les oiseaux le foie, les poumons, les intestins, sont successivement envahis. Après
avoir désinfecté le poulailler et les parquets, on
séquestre le malade ; on enlève les fausses membranes en les grattant avec un cure-oreille ou un pinceau
un peu dur, puis on cautérise la plaie, en promenant
dessus légèrement un crayon de nitrate d'argent ou en
y répandant un peu d'alun calciné en poudre. Les
tumeurs de l'œil sont excisées avec un bistouri ou un
canif bien tranchant ; on incise les noyaux de matière
diphthéritique, on en vide le contenu avec un cure-
oreille, et on les cautérise ; on bassine les yeux avec
du vin blanc pur ; enfin, on donne une fois par jour
aux malades, comme à ceux qui sont sous le coup de
la contagion, de la poudre antidipthéritique salicylée
(une prise du volume d'une prise de tabac par tête et
par jour, ou une cuillerée à café rase pour quinze

oiseaux, ou une cuillerée à bouche pour cinquante à soixante) mélangée avec la pâtée de farine, de légumes cuits et de verdure hachée. L'usage de la poudre doit être continué durant deux mois au moins. Pour les oiseaux qui ne se nourrissent que de graines, on humecte légèrement celles-ci et on les soupoudre avec le médicament. Pour tous, durant le traitement, la boisson doit consister exclusivement en eau ferrugineuse (1 à 2 grammes de sulfate de fer par litre d'eau). La poudre antidiphthéritique, composée d'après la formule de M. le Dr Joannès, se trouve chez M. Lair, pharmacien à Amboise (Indre-et-Loire).

Les *gapes* ou le *bâillement* sont une bronchite, une trachéite ou une pneumonie vermineuses, causées par l'invasion dans la trachée, les bronches ou les poumons, de diverses espèces d'entozoaires dont la présence enflamme la muqueuse et provoque une hypersécrétion de mucus d'abord, puis de matière purulente que les oiseaux n'expulsent qu'imparfaitement dans une toux pénible. Ces entozoaires sont tantôt le strongyle filaire, tantôt le syngamus trachealis. Le strongyle filaire (*strongylus filaria-nematoïdes*) est un ver filiforme, blanc, long de 65 à 90 millim., un peu aminci aux extrémités, à tête obtuse non ailée; les sexes sont distincts, la reproduction vivipare; on le rencontre dans les bronches de la poule, du dindon, etc. Le syngamus trachealis ou ver rouge, ver fourchu (nématoïdes), est un ver filiforme, de couleur rouge, et qui paraît fourchu par la tête; on le rencontre en effet, à l'état adulte, accouplé d'une manière permanente, c'est-à-dire que le mâle, beaucoup plus

petit que la femelle, est soudé avec elle et constitue la
branche collatérale que l'on aperçoit près de la tête ;
la femelle a 13 millim. environ de longueur, sur
1 millim. de diamètre ; sa queue est courte et obtuse ;
sa bouche est en ventouse ; le mâle n'a que 4 millim.
de long et est moitié moins gros que la femelle ; sa
génération est ovipare, les œufs très-petits et très-nombreux ; on le trouve surtout dans les bronches des faisans.
Strongyle et syngame ne peuvent guère s'introduire
dans l'organisme des oiseaux qu'avec les aliments et les
boissons, d'où ressort une fois de plus la nécessité de
la plus grande propreté et des soins les plus minutieux
dans l'administration des basses-cours, faisanderies,
parquets, etc.

La présence de ces entozoaires en nombre un peu
notable dans la trachée ou les bronches y cause de la
gêne, de l'inflammation, et peut aller jusqu'à déterminer l'asphyxie. Aussi les oiseaux qui sont infectés
sont-ils pris d'une toux variant en fréquence et en
violence, effort expulsif qui ne parvient que rarement
à les débarrasser de quelques-uns de leurs parasites ;
ceux-ci se développent et se multiplient, l'inflammation augmente, la difficulté de respirer s'accroît, la
suffocation apparaît, et plus tard l'asphyxie due à l'ob-
stacle mécanique constitué par des paquets de vers.
Les oiseaux contaminés rejettent, dans leurs accès de
toux, quelques jeunes strongyles ou de nombreux
œufs de syngames, qui rendent la contagion probable
pour tous les cohabitants de la basse-cour ou de la
faisanderie.

Le premier soin est donc d'isoler les malades ; de

renouveler la couche de terre ou de sable qui garnit
le sol des parquets ; de donner préventivement aux
oiseaux encore indemnes de l'eau filtrée que l'on aura
battue pour l'aérer et l'échauffer ; de brûler les cada-
vres des oiseaux morts de cette maladie. Quant à ceux
envahis, on cherche à leur débarrasser la trachée au
moyen d'une petite plume trempée dans l'huile et que
l'on manœuvre délicatement, en vue de détacher les
vers et de les amener au dehors ; on leur donne pour
nourriture des grains de chènevis et de l'herbe, pour
boisson une infusion d'ail et de rue.

La pneumonie vermineuse est rare, et causée par les
strongyles qui, en pénétrant dans l'organisme, vont
d'abord s'installer dans les poumons, où les femelles
pondent ; les œufs donnent naissance à des embryons
qui émigrent vers les bronches et la trachée.

C. MALADIES DES ORGANES DIGESTIFS. — La *diarrhée*,
qu'il n'est point besoin de définir, paraît le plus souvent causée par l'humidité des logements ou des parquets ; cependant, elle peut aussi n'être que l'un des
symptômes d'une affection intestinale ou gastrique.
Elle peut revêtir deux formes : la diarrhée bilieuse,
dans laquelle les déjections sont vertes, et qui semble
être contagieuse ; la diarrhée crayeuse, dans laquelle
les déjections ressemblent à de la craie délayée, et, se
desséchant, finissent par obstruer l'anus ; celle-ci
affecte plus spécialement les poussins, de l'âge de
huit à dix jours à celui de trois mois. Quand la diarrhée bilieuse des adultes ne tient point à une affection
particulière, on la combat avec succès par un régime

de grains, par du pain trempé dans du vin ou du cidre, par des œufs durs hachés fin, par du riz cuit, du persil, des orties cuites et hachées, etc. Pour la diarrhée crayeuse, on obtient de bons résultats de la poudre carminative de M. Lair, pharmacien à Amboise.

La *constipation* est la difficulté d'expulser les excréments. Elle atteint surtout les oiseaux tenus en volière et abondamment nourris, lorsqu'ils sont adultes; les poules couveuses y sont plus exposées que les pondeuses et que les coqs et les poulets; elle est très-rare chez les jeunes. On l'attribue à une nourriture échauffante jointe au manque de verdure et au défaut d'exercice suffisant. On la combat par des breuvages légèrement nitrés et huileux, par le régime du vert (salades, épinards, etc.), et au besoin par des purgatifs (1 gramme de sulfate de soude dans deux cuillerées à café d'eau).

L'inflammation d'intestins ou entérite peut revêtir diverses formes, suivant la cause qui la produit et les organes auxquels elle se propage, et en particulier l'estomac (gastro-entérite). Elle est d'ordinaire signalée par la diarrhée ou la dysentérie. L'oiseau est triste, ses plumes se redressent, ses ailes traînent, il ne mange pas, il ouvre souvent le bec; les excréments, d'abord solides, deviennent mi-fluides, blancs ou jaunâtres, et répandent une mauvaise odeur; la mort survient au troisième ou quatrième jour; il faut isoler les malades, modifier leur régime, et donner un breuvage purgatif à la crème de tartre (30 grammes dans un litre d'eau, une cuillerée à café). Quand les déjections sont jaunes et sanguinolentes, que l'oiseau vomit par le bec des matières grisâtres, que sa marche devient titubante, la

crête pâle d'abord, puis violacée, on donne des boissons gommées et laudanisées, et même des lavements
avec une ou deux gouttes de laudanum. Si les déjections contiennent des débris de fausses membranes et
des grumeaux caséeux, on a affaire à une entérite diphthéritique; on emploie les purgatifs et les lavements,
et on institue le traitement antidiphthéritique.

Lorsque la mort survient tout d'un coup, à l'autopsie,
on trouve parfois un plus ou moins grand nombre
d'entozoaires dans l'intestin. Quand les oiseaux sont
atteints de diarrhée ou de dysentérie, leurs excréments
contenant des particules non digérées d'aliments et
surtout des fragments, des œufs, des jeunes ou des
adultes d'entozoaires (voir plus loin), on a devant soi
une entérite vermineuse, forme contagieuse comme
toutes les autres, mais pour d'autres causes. L'oiseau
mange et néanmoins maigrit; ou l'appétit disparaît, le
plumage se salit et se hérisse; parfois, des accès épi-
leptiformes se produisent; la mort survient après un
temps plus ou moins long. Il faut employer une médication vermifuge. On pétrit une pâtée de farine avec de
l'eau de décoction de tanaisie, d'armoise, d'absinthe
ou de sauge, et on fait avaler des boulettes de cette
pâtée, si l'oiseau ne la mange spontanément; cet aliment étant donné le matin, à jeun, durant plusieurs
jours, peut être remplacé par le biscuit purgatif usité
pour les enfants.

D. Maladies de l'appareil circulatoire. — Le *choléra des poules* est une maladie épizootique depuis
longtemps connue en Europe et en France, où elle a

exercé des ravages plus ou moins étendus en 1830,
1832, 1849, 1851, 1864, 1877, etc. Tantôt on l'a
prise pour une gastro-entérite, tantôt pour un typhus;
jusqu'à ces derniers temps, on a ignoré sa cause et
les moyens de la combattre.

En 1878, MM. Mégnin, vétérinaire, Français et
Perroncito, vétérinaire italien, découvraient presque
simultanément la présence dans le sang des volailles
mortes du choléra d'un ferment, de psorospermies,
auxquels ce dernier donna le nom de micrococcus.
Cette découverte fut confirmée, au commencement de
1879, par M. Toussaint, professeur à l'École vétérinaire de Toulouse. Ce microbe ou micrococcus microscopique n'est visible qu'à un grossissement de 500 à
600 diamètres; il consiste en un corpuscule sphérique ou oblong ayant au plus un demi à un millième
de millimètre de diamètre, tantôt libre, tantôt comme
accouplé avec un corpuscule identique; c'est un cryptogame parasite du sang des oiseaux. Introduit dans
l'organisme avec les aliments ou les boissons, il passe
dans le sang, y végète, s'y multiplie, empruntant ses
éléments à l'oxygène, aux principes azotés et carbonés
du liquide circulatoire, qui devient dès lors impropre à
entretenir la vie. L'infection des oiseaux sains par ceux
malades se produit certainement et rapidement, à en
juger par le caractère épizootique ou enzootique que
revêt toujours la maladie.

La question en était là, lorsque le savant M. Pas-
teur, continuant ses belles études sur la fermentation
et les maladies virulentes, s'empara du problème.
Après avoir cultivé le microbe dans du bouillon de

poule, par des ensemencements successifs, il parvint à inoculer sans danger cette sorte de virus à des poules qui, une fois vaccinées ainsi, se montraient rebelles à toute nouvelle infection. De sorte que, par des inoculations préventives, on arriverait à soustraire les poules au typhus comme on soustrait l'homme à la variole.

C'est d'après ces notions, d'une portée à la fois nouvelle et considérable, qu'a été rédigée par le comité consultatif des épizooties l'instruction suivante, sous forme de conseils aux agriculteurs. Le ministère de l'agriculture a fait distribuer de nombreux exemplaires de cet avis ; nous pensons néanmoins qu'il ne sera pas hors de propos de le reproduire ici :

« L'affection contagieuse particulière aux volailles désignée sous le nom de choléra des poules, quoiqu'elle s'attaque également aux oies, aux canards et aux dindons, cause des pertes très-sensibles à l'agriculture. Si peu d'importance qu'elle paraisse avoir lorsqu'elle n'atteint qu'un sujet isolé, elle acquiert cependant une véritable gravité lorsque, et c'est le cas le plus habituel, elle vient à se déclarer dans une basse-cour un peu nombreuse, qu'elle peut décimer et même quelquefois dépeupler totalement en quelques semaines. Cette maladie peut donc causer un préjudice considérable à nos exploitations rurales, où la production de la volaille et des œufs constitue une spéculation très-lucrative.

« Toutefois, il est possible d'arrêter le développement de cette maladie, et la présente instruction a pour objet de porter à la connaissance des agriculteurs les moyens d'atteindre ce but

« Tous les cultivateurs savent reconnaître le choléra des poules. Dès que le mal les a envahies, les bêtes prennent un air de tristesse, elles deviennent somnolentes, perdent leurs forces, ne s'éloignent plus quand on les chasse ; la température du corps s'élève ; la crête devient violette par suite d'une modification dans la circulation ; enfin la mort arrive souvent quelques heures après l'apparition des premiers symptômes.

« Des recherches scientifiques récentes ont établi d'une façon certaine que cette maladie est produite par un organisme microscopique qui se développe dans les intestins, passe dans le sang et s'y multiplie avec une rapidité extraordinaire. Ce parasite est évacué dans la fiente, et peut ensuite passer dans les animaux qui picorent les fumiers ou mangent les grains qui ont été salis par la fiente.

« Si un animal vient à mourir et qu'il y ait lieu de craindre le choléra des poules, il faut aussitôt faire sortir les volailles de la basse-cour et les maintenir isolées les unes des autres. On doit ensuite nettoyer la basse-cour et le poulailler en enlevant le fumier et en lavant à grande eau les murs, les perchoirs et le sol. L'eau employée contiendra, par litre, cinq grammes d'acide sulfurique, et on se servira pour ce lavage d'un balai rude ou d'une brosse. Quand il se sera écoulé une dizaine de jours sans qu'aucune mort se soit produite, on pourra considérer le mal comme disparu, et on ne maintiendra plus dans l'isolement que les volailles qui manifesteraient de l'abattement, de la tristesse, de la somnolence.

« Ces moyens si simples dans leur emploi suffiront

pour arrêter les progrès de la contagion et en empêcher le retour; appliqués dès le début du mal, ils limiteront les pertes à un chiffre insignifiant. »

Il serait à peu près superflu de tenter le traitement des volailles atteintes du choléra; le mieux est de les sacrifier; convenablement cuite, leur viande peut être consommée par l'homme, sans aucun danger. Mais il faut traiter préventivement les autres habitants de la basse-cour; pour cela, M. Mégnin conseille de mêler aux graines mélangées de son mouillé qu'on leur donne, de la poudre antityphique salicylée, une prise par tête et par jour (hyposulfite de soude 5 grammes, salicytate de soude 5 grammes, gentiane jaune pulvérisée 20 grammes, gingembre pulvérisé 20 grammes, sulfate de fer pulvérisé 10 grammes), et comme boisson, de l'eau ferrée.

E. Maladies des organes reproducteurs. — L'*arrêt des œufs dans l'oviducte* se produit surtout chez les poules bonnes pondeuses, principalement les jeunes ou les très-vieilles. On les voit devenir tristes, perdre l'appétit, faire le gros dos, rester immobiles et couchées sur le ventre, et finalement, après quatre ou cinq jours, mourir en se renversant sur le dos; les plumes de l'abdomen et du croupion sont seules hérissées; la peau du ventre et celle du pourtour de l'anus son rouges, tuméfiées, tendues, douloureuses; parfois, du doigt introduit dans le cloaque, on peut percevoir l'œuf ou les œufs. Chez les jeunes poules, l'accident provient d'ordinaire de l'inflammation de l'oviducte; on doit les soumettre à un régime rafraîchissant. Chez les vieilles poules, l'accident se produit d'ordinaire en automne, vers la fin de la ponte et provient le plus souvent du manque d'éléments calcaires dans le sang; on met alors à leur disposition des coquilles d'œufs finement brisées, du sable ou du gravier calcaire, que leur instinct les portera à prendre spontanément. Pour aider à l'expulsion des œufs, on peut faire, par le cloaque, une injection huileuse dans l'oviducte.

A la suite de cet accident, il se produit parfois un renversement de l'oviducte, qui fait saillie au dehors du cloaque; c'est ce que l'on nomme vulgairement l'*avalure*. Si l'œuf est contenu dans la partie herniée, il faut, si on peut l'atteindre, le vider en le ponctionnant, en écraser la coquille avec précaution, puis en extraire les débris; on nettoie ensuite l'organe avec de l'eau tiède, et on le fait rentrer doucement et lentement à sa place par un refoulement gradué avec soin. La patiente est mise ensuite sous une mue, à la cave, durant quatre ou cinq jours, avec du son mouillé pour toute nourriture.

F. MALADIES DES MEMBRES. — La *goutte* est une maladie qui atteint les oiseaux adultes ou vieux, mais non jeunes; ceux élevés en volière plutôt que ceux élevés en liberté; ceux qui sont abondamment plutôt que parcimonieusement nourris. Elle paraît provenir se concrétions d'urate de chaux qui se déposent dans le tissu cellulaire autour des articulations et parfois sur les os du membre inférieur (canon, doigt). Les mâles y sont plus souvent sujets que les femelles; certaines races (cochinchinoise, brahma, la flèche, dorking, andalouse, etc.) plus que d'autres. La malade a les plumes hérissées, parfois elles tombent partiellement, la crête pâlit, la diarrhée survient; l'oiseau reste accroupi, souffre, mange peu; l'articulation atteinte est gonflée et douloureuse, plus tard elle se déforme et s'ankylose, parfois elle s'ulcère, le marasme survient et ensuite la mort. Le traitement est long, difficile et peu certain, de l'aveu de tous. Le mieux est de sacrifier l'oiseau, s'il est en état d'être utilisé, de l'engraisser s'il est maigre et s'il ne souffre point encore trop.

Le rhumatisme, qu'il ne faut point confondre avec la goutte, présente néanmoins un certain nombre de symptômes qui lui sont communs. L'articulation est gonflée, rouge, douloureuse; l'animal boite et souvent ne marche qu'avec peine; après un temps plus ou moins long, le mal disparaît pour réapparaître à des intervalles plus ou mois éloignés. Nous possédons une poule née au printemps 1879 et qui, depuis deux ans (1879-1880), a été prise de rhumatisme articulaire fémoro-tibial, à cinq reprises, sans pour cela interrompre sa ponte. On regarde comme prédisposant aux rhumatismes les poulaillers humides, les parquets ombragés, les saisons pluvieuses. Le seul traitement que l'on puisse tenter avec chance de succès consiste dans l'administration du salycilate de soude (un quart de prise par tête et par jour) durant une quinzaine de jours.

G. Maladies de la peau. — La *maladie du croupion* consiste dans l'inflammation des glandes uropygiennes qui s'abcèdent et donnent lieu à un écoulement de pus. Ces glandes, au nombre de deux, de forme ovoïde, de la grosseur d'un petit pois, sont placées en arrière du sacrum, au-dessus des coccygiens, dans l'éminence qui supporte les plumes caudales; elles sont peu profondément situées, et ont pour fonction de sécréter une matière huileuse qui suinte à la surface de la peau, où l'oiseau la vient chercher avec son bec pour lustrer ses plumes et les rendre moins perméables à l'eau. La maladie se produit surtout en été, au moment où la ponte est dans toute son activité; les plumes de l'oiseau sont ternes et cassantes, elles se hérissent, la queue traîne; l'animal est triste, cherche l'ombre, porte la tête basse, porte souvent son bec sur l'endroit malade, où l'on trouve une tumeur molle, blanchâtre, d'où s'écoule un pus blanc et épais; après huit à douze jours d'amaigrissement progressif, le patient meurt souvent. Il faut, dès que l'abcès est mûr, c'est-à-dire dès qu'il cède sous la pression du doigt, l'ouvrir par une incision faite longitudinalement au milieu du croupion, presser les lèvres de la plaie pour en exprimer le pus, et laver avec de l'eau tiède additionnée d'un peu d'alcool. On met ensuite le malade à un régime rafraîchissant avec des boissons légèrement nitrées.

Le *pouillottement*, maladie des poux, maladie pédiculaire ou phthiriose, consiste dans les démangeaisons produites sur la peau par des parasites ectozoaires appartenant à plusieurs genres et espèces.

La puce d'abord (*pulex avium*), insecte aptère de l'ordre des suceurs aphaniptères. Sa bouche est munie d'un stylet et d'un suçoir; elle est ovipare, et des œufs petits, blancs, ovoïdes, sort une larve apode qui se transforme en nymphe douze jours plus tard et en insecte parfait après un même laps de temps.

M. Mégnin a dressé le tableau suivant des poux à mâchoires ou ricins de volailles :

La poule commune...	Goniocotes hologaster. Goniodes dissimilis, gigas. Lipeurus heterographus, variabilis. Menopon pallidum.
Le dindon.........	Goniodes stylifer. Lipeurus polytrapesius. Monopon stramineum.
Le faisan commun....	Goniocotes chrysocephalus. Goniodes Colchicus. Monopon fusco maculatum.
Le paon..........	Goniocotes rectangulatus. Goniodes falcicornis. Menopon phacostomum. Lipeurus spec.
La pintade........	Nirmus Numidiæ. Goniotes spec. Goniodes Numidianus. Menopon numidiæ.
L'oie domestique....	Docophorus adustus. Lipeurus lacteus, jejunus. Trinoton compurcatum, squalidum.
Le cygne domestique..	Ornithobius cygni, goniopleurus. Trinoton compurcatum. Colpocephalum minutum.
Le canard domestique..	Docophorus icterode. Nirmus tessellatus. Lipeurus squalidus, variabilis. Trinoton luridum.

On se débarrasse des ricins en mêlant de la poudre de pyrèthre du Caucase fraîche à la terre ou au sable dans lequel les volailles ont coutume de s'aller poudrer, ou même en leur insufflant entre les plumes,

soit cette poudre, soit de la poudre de soufre sublimé ;
pour mieux fixer la poudre dans les plumes, on peut
l'incorporer dans un peu de savon noir dont on lubrifie
le plumage.

Parmi les acariens plumicoles, il faut citer le Der-
manysse, qui, réfugié dans les fentes des murs, des
plafonds, des planches, vient durant la nuit se repaître
sur les oiseaux ; l'Argas réfléchi, qui, à l'aide de son
bec, se fixe à la peau, suce le sang, se gonfle et se laisse
tomber à terre ; puis les Acariens nidulants : Harpy-
rhynchus nidulans, etc. On se débarrasse de ces acariens ou du moins on en diminue le nombre en lavant
les murs, planchers, plafonds, ustensiles de poulailler
avec de l'eau bouillante, puis en y dégageant, en l'absence des volailles et toutes ouvertures fermées, des
vapeurs de sulfure de carbone. On croit que ces acariens sont transmis aux oiseaux par le cheval : du
moins, c'est dans les poulaillers communiquant avec
les écuries qu'on remarque presque constamment leur
invasion.

La *gale des oiseaux* a été reconnue en 1860 seulement, par M. Reynal, professeur à Alfort, quant à sa
véritable nature. Elle consiste dans une exubérance de
la secrétion écailleuse de l'épiderme des pattes, qui
deviennent énormes et difformes, et qui est due à la
présence d'un acare, le Sarcoptes, mutans, qui, à l'abri
des écailles des tarses et des doigts, creuse ses galeries
dans l'épiderme. Tantôt le sarcopte s'établit, au début
de son invasion, sur la tête, tantôt et plus souvent sur
les pattes, et principalement à l'articulation tarso-digi-
tale. Il envahit non-seulement les poules, mais encore

les dindons, faisans, perdrix, etc. « Le début de la gale, dit M. Mégnin, est annoncé par le soulèvement de l'écaille, dont le bord libre se redresse, soulèvement dû à l'accumulation d'une matière blanche, farineuse, stratifiée, qui ne se détache pas spontanément, mais s'accumule, forme des nodosités, et la patte finit par s'entourer d'un manchon rugueux, inégal, plus épais en avant et à l'articulation, où il crevasse et laisse sourdre par ces fissures un peu de sang. La démarche de l'oiseau devient gênée, la flexion et l'extension des doigts difficiles, bornées, et il finit par boiter d'une manière très-douloureuse. » Le traitement consiste d'abord à faire tomber, après les avoir ramollies par un bain tiède, les croûtes qui recouvrent le membre, mais sans faire saigner ; puis à recouvrir ces parties d'une couche de pommade sulfurée d'Helmerich, qu'on enlève deux jours plus tard à l'aide d'un bain savonneux ; ou badigeonner les membres avec une dissolution alcoolique, au quart, de baume du Canada, ou avec une émulsion de benzine, pétrole et essence de térébenthine (15 à 20 grammes dans un jaune d'œuf), ou enfin d'une décoction de jus de tabac étendu.

La *teigne des oiseaux*. On sait que la maladie qui chez l'homme porte ce nom, est due à la présence de divers cryptogames parasites : Trychophyton tonsurans, Microsporon Audonini, microsporon mentagrophytes, Achorion Schœnlenii, etc. De même, chez les oiseaux, on a lieu de croire que la maladie de peau qui a pour symptômes l'altération et la chute des plumes, reconnaît également pour cause la présence de certains cryptogames du même genre, mais probablement d'espèces différentes. En effet, pendant le cours de leurs études sur la gale sarcoptique des gallinacés, MM. Reynal et Languetin eurent l'occasion d'observer une forme éruptive envahissant d'abord la crête et présentant une grande similitude avec la teigne des mammifères. « Cette affection, dit M. Ad. Bénion, est due à un champignon, l'Oïdium Schœnlenii (ou Achorion Schœnlenii), découvert presque en même temps par les professeurs Müller, de Vienne, et Gerbach, de Berlin ; l'analogie se trouve aussi dans la marche des deux affections. Ce favus, importé en Europe par la race cochinchinoise, se transmet par contagion aux races indigènes. » *(Traité de l'élevage et des maladies des animaux et des oiseaux de basse-cour,* p. 423-424.) Par ailleurs, en 1876, M. Milne-Edwards constata cette maladie sur un kakatoès du Muséum, qu'il guérit en l'exposant simplement à la pluie ; M. le Dr Joannès observa encore la même invasion sur les animaux du Muséum, l'année suivante, et encore sur des Colephos. Jusqu'à présent, on n'a point indiqué de remède à la fois innocent pour l'oiseau et efficace contre le parasite. Peut-être se trouverait-on bien de l'huile de pétrole plus ou moins additionnée d'eau.

La *picotte,* petite vérole ou variole des oiseaux, est une maladie de la peau présentant une certaine analogie avec la variole, la picotte. Les symptômes en sont : le hérissement des plumes, l'affaissement des ailes et de la queue, la chaleur et la rougeur de la peau, l'augmentation de la soif, la recherche de l'obscurité par les malades ; puis du sixième au septième jour, l'apparition sur la tête, au cou, au dedans des cuisses et en

dessous des ailes, de pustules violettes, peu élevées,
de grosseur égale, qui, cinq à six jours plus tard,
entrent en suppuration, blanchissent en devenant
jaunes au sommet et laissent écouler du pus; après
quoi les pustules disparaissent, la fièvre se calme et la
santé renaît. On ne l'a observée jusqu'à présent que
sur le pigeon, le dindon et l'oie, sur les sujets âgés
seulement de six à dix mois. Chez le dindon, l'éruption se propage sur la muqueuse de la bouche et du
nez, et donne lieu à un jetage qui forme croûte et obstrue
souvent les narines; elle se complique souvent de
pneumonie et se termine d'autres fois par l'asphyxie.
Chez les oies, elle donne lieu souvent à la chute des
plumes et de lambeaux de peau. La maladie étant contagieuse, il faut commencer par séquestrer les malades
et désinfecter le local commun. Le meilleur traitement
consiste à tenir les oiseaux à la demi-diète et à leur
administrer des tisanes sudorifiques composées d'infu-
sions de bourrache ou de sureau légèrement nitrées;
à tenir les malades dans un lieu propre, dans une
atmosphère pure et à une température modérée; lorsque les pustules se montrent, on donne des breuvages
vineux ou aromatiques, des aliments cuits et fortifiants.
Plus tard, lorsque les croûtes se détachent lentement
et difficilement, on les détache au moyen de lotions
tièdes d'eau vineuse ou légèrement aromatisée. En cas
de diarrhée, on donne du riz cuit comme pâtée, et de
l'eau de riz pour boisson. (BENION, *ut supra,* p. 426
à 435.)

H. *Entozoaires parasites des oiseaux.* — Toutes les

espèces animales, ou du moins presque toutes, ont leurs parasites internes ou entozoaires, comme elles ont leurs parasites externes ou ectozoaires. Les entozoaires habitent les différentes cavités ou vivent dans les divers tissus du corps. Nous en dresserons la liste suivante, d'après un travail de M. Mégnin (journal *l'Acclimatation,* 14 septembre 1879) :

Trichosome des gallinacés (trichosoma longicolle), larg. 0^m,10, long. 0^m,015 à 0^m,02 intestins.

Trichosome du pigeon (calodium tenue).

Spiroptère de l'oie (spiroptera uncinata).

Ascaride du canard (ascaris crassa).

Ascaride de la poule (ascaris inflexa), queue recourbée en crochet et bordée des membranes ailées du mâle.

Ascaride du pigeon (ascaris maculosa), larg. 0^m,001, long. 0^m,30. Queue droite et conique.

Heterakis des gallinacés (heterakis vesicularis), long. 0^m,01 (cæcum, très-nombreux).

Heterakis de l'oie (heterakis dispar).

Histrikis du canard (histrikis tricolor), très-petit, épineux, enroulé (ventricule succenturié).

Monostome des palmipèdes et des gallinacés (monostoma verrucosum).

Distome du canard (distoma echinatum).

Distome du poulet (distome lineare).

Echynorrhynque des palmipèdes (echynorrhynchus polymorphus), intestins.

Tænia lanceolata (palmipèdes).

—   sinuosa   (*id.*).

—   megalops   (*id.*).

Tænia malleus (palmipèdes).

— infundibuliformis (faisans), long. 0^m,02 à 0^m,08 ; larg. 0^m,001 à 0^m,002 en ruban.

Tænia exilis (poulets).

A ceux-ci, nous ajouterons encore, d'après M. Davaine :

Le trichosoma brevicolle (oie-cæcum).

Le spiroptera hamulosa (coq-poumons).

L'ascaris vesicularis (coq, dindon).

— perspicillum (dindon).

— gibbosa (coq).

Le monostoma mutabile (oie-œil).

Le distoma ovatum (gallinacés, palmipèdes-oviducte, ovule).

Le distoma oxycephalum (canard, oie-intestins).

Le tænia crassula (pigeon).

Le strongylus filaria (gallinacés, coq, faisans, trachée, bronches).

Le syngamus trachealis (gallinacés, coq, faisans, trachée, bronches).

On comprend quels ravages, souvent ignorés, ces parasites peuvent causer, surtout lorsqu'ils sont réunis en un certain nombre dans les divers organes. Ainsi l'entérite vermineuse du pigeon est due à l'ascaris maculosa; celle des gallinacés, à l'ascaris inflexa; la dysentérie des gallinacés peut être déterminée soit par le trichosoma longicolle, soit par l'heterakis vesicularis; l'anémie et la mort par inanition des palmipèdes, par l'histrikis tricolor, etc.

Les moyens préventifs consistent dans l'emploi de l'eau pure et filtrée, comme boisson ; les moyens curatifs, dans les anthelminthiques et les amers donnés de temps en temps, en même temps que les animaux sont tenus avec la plus extrême propreté et divisés en petits groupes.

I. *Maladies critiques des oiseaux.* — On sait que les jeunes mammifères subissent à peu près dans toutes les espèces une crise plus ou moins grave, à l'époque où se produit la dentition de remplacement. Parmi les oiseaux, on rencontre une crise à peu près analogue répondant au remplacement du duvet par des plumes et à l'apparition de la crête ou des caroncules, un peu dans l'espèce du coq, mais surtout dans l'espèce du dindon ; et l'on dit la maladie des dindonneaux, comme on dit la maladie des jeunes chiens. De la maladie critique des dindons, nous parlerons en traitant de cet oiseau. Les jeunes faisans subissent la crise au moment où leur queue va commencer à se développer ; les jeunes paons, à l'époque où va se produire l'aigrette.

La *mue* est une crise que subissent chaque année, en automne, la plupart des oiseaux vivants sous les climats froids ou même tempérés ; chez un certain nombre même, il y a une double mue annuelle. C'est un phénomène physiologique dû au renouvellement successif de l'organisme ; mais chez les uns, il se produit successivement et insensiblement, et chez les autres subitement et intégralement. Il consiste en effet dans la chute des plumes, qui se remplacent petit à petit ou simultanément. Elle ne se produit pas en même temps chez tous les oiseaux de la même espèce vivant ensemble, mais de septembre à décembre, sui-

vant l'âge, le sexe, la fonction, la température, l'alimentation, etc.

Pendant cette crise, les oiseaux se cachent, sont
tristes, portent la queue bas et les ailes pendantes;
ils sont, on le comprend, plus sensibles au froid et à
la pluie. Pour favoriser la crise, il faut donc donner
une nourriture légèrement stimulante et apéritive, et
préserver les oiseaux du froid et de la pluie.

Lorsque la mue arrive chez les oiseaux rassem-
blés en grand nombre dans les parquets étroits, il se
produit souvent, surtout chez les faisans, un fait désas-
treux, le *picage* ou *piquage*, c'est-à-dire que les oiseaux
s'arrachent réciproquement les plumes et redoublent
d'ardeur dès que le sang apparaît, redoublant les
coups de bec sur la plaie produite et finissant par
tuer la malheureuse victime. On a longtemps cru que
ce fait était la preuve du besoin instinctif d'une nourriture animale; mais celle-ci ne faisait que redoubler
la fureur des oiseaux devenus presque féroces. M. Pel-
letan pense que le picage provient de l'ennui et du
désœuvrement, ce qui n'expliquerait point pourquoi
il se produit à peu près exclusivement à l'époque de la
mue. Il est certain que les oiseaux qui jouissent d'une
liberté et d'un espace suffisants ne se piquent point;
mais ce ne sont pas plus des oiseaux d'esprit que les
autres ne sont des oiseaux idiots. M. Lemoine (de
Crosne) nous semble avoir à la fois découvert la véritable cause et le meilleur remède. « Le piquage, dit-
il, ne pouvant être considéré comme une maladie, je
puis donner ce renseignement : quand, dans un parquet, les volailles se piquent, nous leur jetons une

certaine quantité de plumes, et quand elles en sont bien rassasiées, elles ne se piquent plus.

« Préoccupé de cette observation, j'ai recherché la composition de la plume, qui est de :

Carbone.	52,42	
Hydrogène.	7,21	100,000
Azote.	17,89	
Oxygène et soufre.	22,48	

« Si, pendant la mue, les poules avalent avidement les plumes, c'est qu'elles y trouvent un corps qui est nécessaire à la formation de nouvelles plumes, et ce corps nous est indiqué dans l'analyse ci-dessus, c'est le soufre. En effet, quand, au moment de la mue, nous jetons de la fleur de soufre sur le sable, les poules s'approchent pour reconnaître ce qui leur est donné, et elles le mangent. » (*Élev. des animaux de basse-cour*, p. 62. Paris, 1880. V^or Masson.)

Fig. 75. — Dindon domestique.

CHAPITRE II

LE DINDON.

Le Dindon (*Meleagris*) appartient à l'ordre des gallinacés, où il est rangé dans la famille des Gallinacés
proprement dits, que quelques-uns appellent famille
des Phasianès. Brehm le place dans son ordre des
Pulvérateurs, et en forme la petite famille des méléa-
gridés, caractérisée par le haut de son cou nu et
couvert de saillies verruqueuses vivement colorées; une
caroncule charnue, érectile, à la base de la mandibule supérieure; des fanons membraneux au-dessous

de la mandibule inférieure ; la présence, chez le mâle, d'un bouquet de crins au milieu du thorax et la faculté dont il est doué d'étaler les plumes de sa queue comme le fait le paon ; cette queue se compose de quatorze rémiges.

On en connaît deux espèces sauvages dont est descendue notre race domestique et ses variétés :

Le *dindon vulgaire* ou *ordinaire* (*meleagris gallopavo*) qui vit par troupes de plusieurs centaines d'individus, les mâles séparés des femelles, dans les forêts de l'Amérique septentrionale, s'y nourrit de glands verts, de fruits et baies sauvages, d'insectes, etc.; il perche sur les arbres. C'est un très-grand et très-gros oiseau ; il a environ 1^m,30 de hauteur, 1^m,20 de longueur, 1^m,50 d'envergure et 0^m,55 de longueur de l'aile ; sa queue a 0^m,40 de longueur ; il pèse de 8 à 10 et jusqu'à 20 kilogr.; son dos est d'un brun jaunâtre à éclats métalliques, avec une large bordure d'un noir velouté sur chaque plume ; le bas du dos et les couvertures de la queue d'un brun foncé, rayés de vert et de noir ; la poitrine d'un brun jaunâtre, plus foncé sur les côtés ; le ventre et les cuisses brunâtres, le croupion noirâtre, avec des bordures peu accusées ; les rémiges d'un brun noir, moirées, rayées et finement ponctuées de noir ; les parties nues de la tête et du cou d'un bleu de ciel clair, et bleu d'outremer au-dessous de l'œil ; les verrucosités d'un rouge laque ; l'œil bleu-jaune ; le bec couleur de corne blanchâtre ; les pattes d'un violet pâle ou rouge laque.

Le *dindon ocellé* (*meleagris ocellata*), de la baie de Honduras, est de même taille que le précédent et a les mêmes mœurs. Il porte la base du cou, le dos, les scapulaires et tout le dessous du corps d'un vert bronzé, chaque plume étant bordée de deux lignes : l'une noire, l'autre, plus extérieure, d'un bronze un peu doré ; le vert bronzé, en descendant vers le croupion, passe par degrés à un bleu de saphir, qui, selon les reflets de la lumière, se change en un vert d'émeraude, et la bordure bronze doré s'élargit de plus en plus, prend sur le haut du dos l'éclat de l'or, sur le croupion une teinte rouge cuivre ; les suscaudales et les rectrices offrent quatre rangées transversales d'yeux éclatants, séparés par des espaces gris et vermiculés ; ces yeux sont formés par une tache bleue et verte qu'entoure un cercle noir, et sont bordés, en outre, du côté qui regarde l'extrémité de la plume, par une large bande couleur or changeant en cuivre. Ce plumage magnifique rend l'oiseau avantageusement comparable au paon.

Les dindons sauvages vivent, nous l'avons dit, en troupes plus ou moins nombreuses et par sexes isolés, hors de la saison des amours ; ils émigrent à l'intérieur vers les forêts où la nourriture est le plus abondante. Vers le mois d'avril, les troupes de mâles et de femelles se rapprochent et s'apparient ; peu après, les dindes préparent leur nid composé de quelques feuilles sèches, par terre, dans un trou, au pied d'une souche, sous un buisson, dans un champ de cannes, toujours en place sèche ; elles y pondent de dix à quinze œufs, couleur de crème bouillie et pointillés de roux ; chaque fois qu'elles quittent le nid, elles le recouvrent soigneusement de feuilles sèches ; elles ne s'en rapprochent et ne s'en éloignent qu'avec les plus minutieuses précautions. On fait à ces oiseaux une chasse acharnée pour leur chair et leurs plumes. Les dindons sauvages se croisent volontiers avec les femelles domestiques; de ces croisements résultent des petits très-robustes et dont la chair est excellente. Les œufs de la dinde sauvage, couvés par une poule domestique, donnent des produits très-recherchés. On remarque que, quoique élevés avec tous les autres oiseaux de la basse-cour, ils ne frayent point avec eux et font toujours bande à part.

« M. Gould (*Proc. zool. Soc.,* 8 avril 1856, p. 61), M. Gould, dit Darwin, paraît avoir suffisamment établi que le dindon domestique descend d'une espèce mexicaine sauvage (*meleagris Mexicana*), que les indigènes avaient déjà domestiquée avant la découverte de l'Amérique, et que l'on considère généralement comme spécifiquement distincte de l'espèce sauvage commune des États-Unis. Quelques naturalistes, toutefois, pensent que les deux formes ne sont que des races géographiques bien accusées. » Quelques naturalistes, Michaux, Baird, assignent à notre espèce domestique une origine plus méridionale, et donnent pour patrie à l'espèce sauvage dont elle serait descendue les Indes occidentales, d'où elle a disparu et où le dindon domestique dégénère; mais tous sont d'accord pour en reconnaître la souche dans une espèce sauvage.

Le dindon étant originaire de l'Amérique que l'on appela d'abord les Grandes Indes, on lui donna, en France, le nom de coq et poule d'Inde : en Angleterre, une semblable erreur le fit appeler coq de Turquie

(*Turquey*). Oviedo, un historien espagnol, paraît être le
premier qui ait parlé du dindon. On croit que les premiers de ces oiseaux furent introduits en Espagne par
les missionnaires, vers le commencement du seizième
siècle; vers le milieu de ce même siècle, il était déjà
connu en Angleterre (1552) et en Italie (1557).
D'après les uns, il aurait été introduit pour la première
fois en France, sous François Ier, par l'amiral de Brion,
Philippe de Chabot, mort en 1543; suivant les autres,
ce seraient les missionnaires jésuites qui l'auraient
importé les premiers vers 1518; l'Amérique n'ayant
été découverte qu'en 1492, l'honneur que font quelques historiens de l'introduction du dindon en France
au roi René (mort en 1480), à Jacques Cœur (mort
en 1461), est plus que problématique. Mais, d'un
autre côté, c'est à tort aussi qu'on nous paraît faire
remonter la première apparition de cet oiseau dans
notre pays à 1570, aux noces de Charles IX; ils étaient
déjà à la fois assez connus et assez rares pour que les
magistrats d'Amiens en eussent offert douze à ce même
roi à son entrée dans leur ville en 1566. En 1603, en
1619, ils étaient entrés déjà dans la consommation,
mais c'est surtout dans la Bourgogne qu'on paraît
s'être d'abord occupé de leur multiplication. Calomniés
par Belon et Prudent le Choyselat, les dindons furent
réhabilités par Olivier de Serres, et prirent définitivement leur rang dans nos basses-cours.

Le dindon sauvage (quelle que soit sa patrie originaire) a notablement perdu de sa taille et de son poids
par l'acclimatation et la domestication; il est aussi
devenu moins robuste et a conservé une certaine sau-

vagerie d'allures. Son plumage a également subi plusieurs modifications, dues, les unes au climat, les autres aux caprices de l'homme ; il en est résulté plusieurs variétés de couleurs :

Le *dindon domestique ordinaire* (fig. 75) a le plumage noir avec quelques reflets métalliques et verdâtres dans le mâle, d'une teinte terne et tournant au roussâtre dans la femelle. Il y en a une *variété blanche,* albine, fixe, dont le croisement avec le dindon ordinaire produit une *variété grise* qui est également fixe. On connaît aussi une *variété rouge* ou plutôt chocolat, et une autre *variété jaspée-cuivrée,* appelée en Angleterre variété de Cambridge. La *variété de Norfolk,* anglaise, est noire avec des taches blanches sur la tête dans le jeune âge. D'après Temminck, il y avait autrefois en Hollande une magnifique race d'un jaune chamois avec ample huppe blanche sur la tête. Les variétés blanche et grise sont considérées comme donnant une chair plus délicate.

La femelle du dindon, ou dinde, est de taille inférieure à celle du mâle ; elle ne porte pas d'éperons comme lui ; la touffe de poils du poitrail n'apparaît que très-rarement chez elle ; les tectrices caudales inférieures varient de nombre, et, d'après une superstition allemande, la femelle pond autant d'œufs qu'il y a de ces plumes chez le mâle. Le caractère du dindon domestique a conservé un reste de sauvagerie qui fait que la femelle cherche souvent à cacher sa ponte et à couver ses œufs en secret, ramenant d'ailleurs ses dindonneaux à la ferme aussitôt leur éclosion. La dinde est d'ailleurs une couveuse très-assidue et une mère précieuse pour sa sollicitude à l'endroit des jeunes oiseaux qui lui sont confiés.

Les dindons sont adultes à un an environ, c'est-à-dire au second printemps qui suit leur naissance. La dinde commence à pondre à dix ou douze mois, en mars ou avril; les œufs de cette première ponte sont un peu plus petits que ceux des pontes suivantes, bien que plus gros, en général, que ceux des poules et blancs comme eux. La femelle adulte donne à cette première ponte de quinze à vingt œufs, pondus généralement avec un intervalle d'un jour; elle demande ensuite à couver; le plus souvent, on réunit les produits de deux femelles pour les faire élever par une seule d'entre elles; celle à qui on a retiré les dindonneaux fait le plus souvent, dans ce cas, une seconde ponte de dix à douze œufs en août; celles enfin qui ne couvent pas, qu'on ne laisse pas ou qu'on ne fait pas couver à leur première ponte de printemps, en font une seconde, en juillet ou août, de quinze à vingt œufs, comme la première. De sorte qu'une dinde peut fournir en moyenne, par an, de trente à quarante œufs.

Le dindon, peu sociable avec les autres volailles, doit habiter un compartiment spécial de la basse-cour. Son logement doit être construit d'après les mêmes principes d'hygiène que pour la poule, également garni de perchoirs et de pondoirs. C'est là qu'on le renferme chaque soir; mais dans la saison de la ponte, avant de rendre la liberté aux femelles, le matin, il faut les tâter une à une, afin de tenir renfermées celles qui doivent pondre dans la journée. On enlève chaque jour les œufs qui viennent d'être pondus, sans quoi le désir de l'incubation se produirait trop tôt ; on les place dans un lieu frais et sec jusqu'au moment où ils devront être couvés.

Les dindes qui ont terminé leur ponte s'obstinent à rester sur leur nid, couvant le dernier œuf pondu ; il faut y en placer en tout quinze à vingt, suivant l'âge et la taille de l'oiseau, mais transporter la mère et les œufs dans un local séparé et où ne puissent pénétrer les mâles, qui chasseraient les dindes et mangeraient les œufs. Le mieux est de mettre à l'incubation plusieurs femelles le même jour, afin de pouvoir réunir leurs familles deux par deux après l'éclosion. Les soins à donner à la couveuse sont plus indispensables, plus minutieux encore pour la dinde que pour la poule ; il faut la faire lever, manger et boire régulièrement deux fois au moins par jour ; sans ces soins, beaucoup mourraient de faim, de soif et d'épuisement sur leur nid sans le quitter. Ce nid doit être composé de bruyère recouverte de paille, et placé presque au niveau du sol. Les dindes de deux ans sont préférables, pour conduire et élever les dindonneaux, à celles plus jeunes ou plus vieilles. L'incubation dure de trente à trente-deux jours.

On emploie souvent la dinde, en Normandie, en Beauce, dans le Perche et le Maine, pour couver les œufs de poule ; l'incubation dure alors de vingt à vingt-deux jours seulement, comme s'ils étaient placés sous une poule ; mais si on veut faire couver simultanément des œufs de dinde et de poule, il ne faut évidemment placer ces derniers sous la couveuse que dix jours après les autres, afin que l'éclosion se produise à la même époque.

Lorsqu'on élève les dindons en grand nombre, comme dans la Bourgogne, le Berry, la Picardie, la Lorraine, la Guyenne, la Brie [1], on s'arrange pour obtenir toutes les naissances à la même époque et à peu de jours près ; on réunit en une seule bande les dindonneaux de deux couvées, sous une même dinde chargée de les élever, et on forme ainsi deux troupeaux, l'un des éleveuses et de leur famille, l'autre des dindes qui devront faire une nouvelle ponte ; mais disons tout de suite que ceux-ci seront livrés à la consommation, beaucoup d'entre eux se trouvant clairs, et la saison d'ailleurs n'étant plus favorable à l'élevage des dindonneaux.

L'éclosion nécessite la même surveillance et les mêmes soins que pour les poulets. Dès que les petits sont éclos, ils ont besoin de chaleur ; aussi répand-on dans le local où ils sont placés $0^m,10$ à $0^m,15$ d'épaisseur de fumier de cheval, bien sec et bien divisé. Durant les deux ou trois premiers jours, on insinue deux fois par jour dans le bec de chaque dindonneau un peu de vin tiède, et on leur présente de la mie de pain blanc trempée dans du vin additionné d'un peu d'eau. Quelques personnes leur donnent des jaunes d'œufs durcis et émiettés finement. A partir du quatrième ou cinquième jour, on leur donne des feuilles d'ortie blanche, que l'on a trempées dans l'eau bouil-

[1] Départements de l'Eure, Eure-et-Loir, Seine-et-Marne, Loiret, Loir-et-Cher, Cher, Aube, etc.

lante et hachées ensuite bien menu; on y ajoute parfois un peu de fenouil également haché; parfois on leur donne des œufs durs entiers et hachés, blanc, jaune et coquille. Un peu plus tard, on ajoute à la pâtée d'orties un peu de farine de maïs ou un peu de graine d'orties, et on continue à faire avaler un peu de vin de temps en temps. Lorsqu'on remarque que les fientes deviennent trop dures et sèches, on ajoute aux orties des feuilles de poirée ou betterave sauvage, de laitue, du lait caillé, etc.

Ce n'est guère que lorsqu'ils ont un mois environ que les dindonneaux sont en état de sortir, mais seulement lorsqu'il fait chaud et sec; la pluie et le froid leur sont mortels; jusque-là, on n'a dû leur permettre que de courtes promenades dans quelque petit enclos situé près de la ferme, et seulement durant une ou deux des heures les plus chaudes de la journée. On forme des mères et des petits un troupeau qu'un enfant, une femme ou un vieillard conduisent et surveillent aux champs, choisissant les terres les plus légères, bien enherbées, marchant lentement, veillant à ce que nul ne s'écarte de la bande et ne reste en arrière, suivant les haies pour en aire tomber les mûres de ronces, les senelles (fruits de l'épine blanche), ou la lisière des bois, conduisant le troupeau à l'aide d'une grande gaule feuillue. Le conducteur doit éviter soigneusement les terres labourées au printemps, les champs couverts de rosée en été; il doit surveiller attentivement les mouvements atmosphériques, de façon à ramener toujours son troupeau au poulailler avant les pluies, les brouillards ou même les vents froids. S'il prend soin de ses bêtes, il recueillera, chemin faisant, les faînes (fruit du hêtre), les glands, les châtaignes qu'il trouvera, afin de les leur distribuer; il aura soin de ne pas les fatiguer par de trop longues courses, de les rentrer au milieu du jour pendant les grandes chaleurs.

Les pâturages naturels, les trèfles, luzernes et sainfoins, au printemps, sont les meilleurs parcours pour les dindonneaux, qui ne leur font que peu de tort et grand bien, mangeant les petites limaces et une foule d'insectes nuisibles et quelque peu de feuilles. On les conduit rarement sur les prairies naturelles, qui leur conviennent peu et auxquelles ils conviennent moins encore. Les chaumes de céréales leur offrent en été une excellente nourriture, puis à l'automne on retourne sur les pacages et les prés artificiels, le long des chemins et des haies, dans les futaies, etc. On doit avoir soin, suivant la saison et le temps, de compléter, le matin, à midi et le soir, la nourriture du troupeau par une distribution variable de grains à la ferme; en automne et en hiver, on donne souvent des carottes, des betteraves ou des pommes de terre cuites, écrasées et mises en pâtée avec un peu de son ou même de farine. Leur parcours est, à cette époque, aussi très-favorable aux vignes.

Mais durant ce temps, les dindonneaux ont à traverser une crise funeste pour beaucoup d'entre eux. Vers l'âge de deux mois, les caroncules se développent et causent ce qu'on appelle la maladie du rouge, maladie qui dure de quinze jours à trois semaines et en fait périr un grand nombre, lorsque surtout ils sont soumis à une hygiène défectueuse. Nous dirons plus loin comment on les doit traiter durant cette crise. Lorsqu'elle est achevée, les dindonneaux sont devenus beaucoup plus rustiques, mais jusque-là il est important de les préserver de la pluie, de l'humidité et du froid ; aussi leur élevage est-il plus assuré sur les terrains siliceux, calcaires, légers, que sur les terres argileuses, fortes, humides. On considère comme une réussite, dans les meilleures conditions, une éclosion de 75 p. 100 des œufs mis à l'incubation, et l'arrivée sans accident à l'âge adulte de soixante-quinze dindonneaux sur cent naissances ; mais la mortalité s'élève, dans certaines années et dans certaines conditions, au contraire, à 75 p. 100.

Les dindonneaux sont adultes, c'est-à-dire ont à peu près terminé le développement de leur squelette, vers l'âge de six à sept mois, c'est-à-dire en novembre ou décembre. C'est alors qu'on peut commencer leur engraissement. Il doit se faire en liberté. On marque d'un signe distinctif ceux du troupeau qui doivent recevoir un supplément de nourriture, qu'on leur distribue trois fois par jour : avant le départ le matin, à la rentrée des champs, à midi et le soir, en les appelant dans un parquet isolé. Pour les reconnaître, on leur coupe quelques plumes de la queue ou on leur attache un court ruban à la patte. Ce supplément consiste, pendant les quinze premiers jours, en grains ou déchets de grains, en racines cuites, en fruits (glands, châtaignes, noix, etc); durant la seconde quinzaine, en pâtées de racines cuites, écrasées, délayées avec de l'eau ou mieux du lait écrémé, et mélangées de farine d'orge, maïs ou sarrasin. Pendant les quinze derniers jours on les embocque, comme les poulets, avec des pâtons de farine dont on augmente successivement le nombre, ou bien avec des grains trempés de maïs, ailleurs avec des noix entières, comme en Provence. Les dindonneaux sont, on le voit, d'un engraissement long et coûteux ; les dindes adultes prennent un peu mieux la graisse, pourvu qu'elles n'aient pas dépassé l'âge de deux ans ; mais en somme ce sont des producteurs de viande moins économiques que la poule, l'oie et surtout le canard.

Dans le Périgord et le haut Languedoc, l'engraissement des dindons est pratiqué en grand et poussé très-loin ; il se fait ainsi que nous l'avons indiqué, mais dure environ deux mois et se termine par quinze jours d'empâtonnement avec du maïs délayé de lait. Ces volailles, d'un magnifique état de graisse, sont généralement destinées à être farcies de truffes pour la consommation de luxe des grandes villes, et atteignent un très-haut prix. D'autres fois, on en fait des conserves en pots, dans la graisse, ainsi que nous le dirons des oies.

Un dindonneau d'un an, bien engraissé pour le commerce, arrive, en moyenne, au poids de 5 kilogr. vif ; une dinde adulte, dans le même cas, pèse de 5 à 6 kilogr. ; un dindon atteint 8 à 9 kilogr. ; en Angleterre, pour la fête du Christmas (Noël), on engraisse, avec les graines de tournesol (*Helianthus annuus*), des dindons du Norfolk qui pèsent jusqu'à 15 kilogr. vifs. Une dinde de 5 kilogr. poids vif nous a fourni les rendements suivants :

Viande.	3^{kil}550	ou 71	% du poids vif.

Viande. . . . . 3^{kil}550 ou 71 % du poids vif.
Os (compris dans la viande). 0 425 ou 8 50 »
Graisse. . . . . 0 200 ou 4 »
Plumes. . . . . 0 300 ou 6 »
Sang et intestins. . . . . . 7 850 ou 17 »
Évaporation et perte. . . . 0 100 ou 2 »
Prix de vente commercial. 7^f50 ou 1^f50 le kilogr. vivant.

Le produit en engrais des dindons est à peu près le double de celui des poules, soit cent vingt livres par an, ayant les mêmes qualités et la même valeur, soit, à 10 francs l'hectolitre, 12 francs par an et par tête d'adulte maintenue constamment au poulailler, et la moitié, soit soixante litres et 6 francs par tête et par an, lorsqu'elle est soumise au régime du parcours. Le produit en plumes diffère selon la variété du plumage : celles d'un beau dindon blanc peuvent se vendre de 15 à 20 francs aux plumassiers, qui s'en servent pour imiter les plumes d'autruche, les réunissent, les montent, les teignent en toutes couleurs et en tirent eux-mêmes ensuite un très-grand bénéfice. Les plumes des dindons d'autres variétés atteignent à peine le dixième de cette valeur, soit 1 fr. 50 c. à 2 francs par tête d'adulte. Ces plumes se récoltent après le sacrifice de l'animal; on peut encore tirer un léger parti de celles de la mue, en octobre. Les mâles fournissent beaucoup plus de plume, et plus estimée, que les femelles.

Si nous recherchons quels peuvent être les profits de cet élevage, nous trouverons, comme moyenne, les chiffres suivants :

Vingt dindes de deux ans produiront 350 œufs à 0 fr. 10 c. l'un, soit 35 francs. Ces œufs mis à l'incubation produiront 262 éclosions, sur lesquelles on peut espérer obtenir 195 dindonneaux adultes ayant une valeur, à dix mois, de 4 francs l'un, soit. . . . . 780ᶠ »

Les dix dindes qu'on n'emploie pas comme éleveuses fourniront en outre 100 œufs à 0 fr. 10 c. pour la consommation, soit. . . . . 10 »

Le produit en engrais peut être évalué à 1,200 litres pour les vingt mères et à 5,000 litres pour les 195 dindonneaux, ensemble 62 hectol. à 10 fr., soit. . . . . 620 »

Le produit en plume pour les mères et les dindonneaux ne saurait être porté, l'un dans l'autre, à plus de 75 centimes par tête, que les animaux soient sacrifiés ou vendus, soit, pour 215 bêtes. 161 25

Total des produits. . . . 1,571ᶠ 25

Les dépenses se composeront des soins à donner dans le jeune âge, et pour lesquels nous pouvons compter le temps entier d'une femme durant deux mois, soit. . . . . 90ᶠ »

De la nourriture consommée pendant ces deux mois : pain, vin, œufs, orties,

A reporter.   90ᶠ »

| | Report. | 90^f » |

son, millet, chènevis, oignons, etc., etc.,
approximativement. . . . . 120 »

Huit mois du temps entier d'un enfant
ou d'une femme, pour conduire aux
champs et soigner les dindonneaux,
à 1 franc par jour. . . . . 240 »

Supplément de nourriture donné à
la ferme durant ces huit mois, à raison
de 100 grammes de grain par tête et
par jour, soit 1,482 kilogr. 500, à
16 fr., pour 100. . . . . 237 20

Loyer, intérêts, amortissement du
local et des ustensiles, environ. . . . 40 05

Total des dépenses. . . . 727^f 25

Le bénéfice net, dans ce cas, serait de 844 francs;
mais, nous l'avons dit, il faut faire entrer en ligne de
compte l'incertitude du succès; il arrive assez
fréquemment que 20 ou 30 pour 100 des éclosions
ne peuvent être amenées à l'âge adulte et meurent à
diverses époques; au lieu du profit indiqué, on se
trouve alors en perte. Il suffit d'une pluie d'orage
survenue à l'improviste, d'une négligence du conducteur, pour déterminer une mortalité considérable
qui élève hors de toutes proportions le prix de revient
des survivants. Aussi conseillerons-nous, surtout
pour l'élevage des dindons, le poulailler roulant de
M. Giot. (Voir chapitre III, § 12.)

Les dindons ne sont exposés qu'à un nombre assez
petit de maladies, mais ils leur offrent peu de résis-

tance; bien mieux encore qu'avec les poules et les pigeons, conseillerons-nous le sacrifice de l'animal qui se montre triste, abattu, qui ne mange pas, suit le troupeau péniblement ou l'abandonne.

La *maladie du rouge,* nous l'avons dit, est une crise de développement; elle se produit toujours et chez tous, mâles et femelles, vers l'âge de six à dix semaines, lorsque les caroncules de la tête et du bec apparaissent. Le premier soin est de tenir le troupeau au chaud, puis de donner une nourriture stimulante et tonique, c'est-à-dire des pâtées composées de farine d'avoine, d'un peu de son, de chènevis écrasé, du sel, auxquels on mêle du poivre en grains, un peu de persil haché très-fin, un peu d'ail et beaucoup d'oignons crus et coupés menu ; on fait boire chaque jour un peu de vin tiède, et on ne laisse sortir qu'une ou deux heures par jour, quand le temps est sec et chaud.

M. Mille, pharmacien à Bourges, a composé, fait connaître et expérimenter une poudre corroborante qu'il vend 8 francs le kilogr., 4 fr. 50 les 500 grammes, 2 francs les 125 grammes, et qui a produit de bons résultats dans la plupart des cas. Elle se compose de :

Cannelle de Chine en poudre fine.	$1^{kil}500$
Gingembre en poudre fine.	5 000
Poudre de gentiane.	500
Anis en poudre.	500
Carbonate de fer.	2 500

10^k

On en donne une cuillerée à café mélangée à la pâtée de vingt dindonneaux, au repas du matin, et autant au repas du soir. Mais il est urgent de commencer le traitement quinze jours au moins avant l'apparition du rouge et de le continuer pendant quinze ou vingt jours après. M. Lemoine (de Crosne) se contente de donner des fortifiants, du pain trempé dans du vin rouge.

La *clavelée* est une éruption cutanée qui n'est pas sans analogie avec celle qui atteint les moutons; elle se montre parfois sur les troupeaux de dindons et apparaît sous forme de pustules sous les ailes, sous le ventre, autour et parfois dans l'intérieur du bec; elle est toujours dangereuse, et on la croit contagieuse. Il faut donc séquestrer successivement tous ceux qui en sont atteints et les placer dans un local chaud et sec; là on leur donne une nourriture tonique, la même que pour le rouge; pour boisson, de l'eau contenant en dissolution 15 grammes de sulfate de fer par litre, puis on touche les ulcères avec la pierre infernale (nitrate d'argent) ou avec du sulfate de cuivre. Ceux, nombreux, qui succombent malgré la médication, doivent être profondément enfouis.

La *constipation*, résultat d'un régime très-échauffant, atteint particulièrement les mâles adultes; des boissons nitrées, des pâtées de son délayé avec du petit-lait, et auxquelles on ajoute des feuilles d'oseille ou de laitue, en ont promptement raison. La *diarrhée* résultat d'un pâturage humide de pluie ou de rosée cède le plus souvent à un régime tonique composé d'avoine en grains, de chènevis, de pois grillés, etc., avec du vin ou des boissons ferrugineuses. L'*échauffement* est, pour les dindonneaux, une maladie du premier âge; ils deviennent tristes et languissants; leurs plumes se hérissent sur tout le corps; le bout de celles des ailes et de la queue blanchit. Les fermières les guérissent le plus souvent par une saignée, qui se pratique en arrachant deux ou trois des grosses plumes qui recouvrent le croupion.

Le *catarrhe nasal* est ordinairement le premier résultat du froid subi ou de la pluie reçue; il consiste en un écoulement plus ou mois abondant qui s'établit par les narines; on séquestre les malades, afin de les tenir au chaud, on lave fréquemment les narines avec une décoction tiède de racine de guimauve, et on donne une nourriture tonique.

Le *catarrhe du gosier*, ou rhume, ou toux, est une affection vermineuse causée par le *sclerostomum syngamus* (nematoïdes); cette maladie se reconnaît à un bâillement fréquent de l'oiseau, qui étend ensuite le cou comme s'il était pris d'une violente suffocation; elle est contagieuse et sévit parfois d'une manière épizootique. Le *sclerostomum* se fixe sur la muqueuse de la trachée et du larynx, dont il peut déterminer une inflammation si violente qu'elle gagne les poumons et peut faire mourir l'animal d'asphyxie. On conseille de donner, trois ou quatre fois par jour, une pâtée farineuse délayée avec de l'urine humaine au lieu d'eau, et d'introduire dans la trachée une plume qu'on y retourne afin de la dégager des vers. D'autres personnes ont recommandé d'administrer, le soir, pendant trois ou quatre jours, un gramme de camphre par tête, et le matin, une gorgée de décoction d'absinthe. Il est présumable que le développement de ces entozoaires est dû aux défauts d'hygiène du logement, trop chaud, mal aéré, à un régime débilitant, comme le parcours dans les pâturages humides.

La *goutte*, dans les pays argileux, dans les poulaillers froids et humides, atteint fréquemment les dindonneaux ; il faut remédier d'abord à la mauvaise installation du local, ne faire sortir le troupeau que par les temps secs et sur de sains pacages ; puis on place les malades dans une pièce chaude, sur une épaisse couche de paille ; on leur donne une nourriture tonique, on leur fait boire un peu de vin, et on leur lave chaque jour les jambes et les pieds avec ce même liquide ; après quoi, jambes et pieds sont enveloppés de filasse ; enfin, on fait avaler de temps en temps un grain de poivre noir ou blanc.

Empoisonnement. Plusieurs plantes sont vénéneuses pour les dindonneaux, entre autres la ciguë, la digitale, la jusquiame, la plupart des champignons. Dans le cas d'empoisonnement, dont il est difficile de présumer la cause, mais facile de reconnaître les effets, on peut tenter de faire avaler de l'eau vinaigrée, de la décoction de café, de l'eau albuminée, etc., suivant que telle ou telle plante vénéneuse est plus ou moins fréquente sur le trajet parcouru par le troupeau.

Fig. 76. — Pintade.

CHAPITRE III

LA PINTADE.

La pintade, ou peintade, appartient, comme le coq
et le dindon, à la famille des Gallinacés proprement
dits de la classification de Cuvier. Brehm en fait, dans
son ordre des Pulvérateurs, le genre typique de la
famille des Numididés, caractérisé par la présence, au
sommet de la tête, d'un tubercule calleux plus ou
moins prononcé, et à la mandibule inférieure, de deux
caroncules ou barbillons; enfin, par le cou plus ou
moins dénué de plumes. On connaît trois espèces sauvages de pintades.

La *pintade commune* (*Numida Meleagris*) (fig. 76)
paraît être propre à l'ouest de l'Afrique; on la trouve
en grand nombre à Sierra-Leone, dans l'Aschanti,

l'Aguapion, et dans les îles du Cap-Vert ; elle est redevenue sauvage dans les Indes occidentales, à la Jamaïque, à Cuba, etc. Elle a le haut de la poitrine et le derrière du cou d'un lilas uniforme, le dos et le croupion gris, parsemés de petites taches blanches entourées d'un cercle foncé ; les couvertures supérieures des ailes également variées de taches blanches, mais plus grandes et en partie confluentes ; les barbes externes des régimes secondaires marquées de raies transversales étroites ; la face inférieure du corps d'un gris noir semé régulièrement de grandes taches rondes ; les rémiges brunâtres, bordées de blanc en dehors, avec les barbes internes irrégulièrement rayées et pointillées de blanc : les rectrices d'un gris foncé, tachetées de blanc, les latérales seules étant rayées ; les caroncules larges et assez longues ; l'œil brun foncé ; les joues d'un blanc bleuâtre ; le bec d'un rouge jaunâtre ; le tubercule calleux qui surmonte le bec, rouge ; les pattes d'un gris ardoisé sale, couleur de chair vers la naissance des doigts.

La *pintade à casque* (*Numida Mitrata*) semble être répandue sur une vaste étendue de pays, et se trouve partout en grand nombre, principalement vers le sud et l'est de l'Afrique, où on l'a souvent confondue avec la précédente. Elle a le tubercule calleux de la tête plus grand ; les caroncules minces et longues ; le plumage noir mat, plus clair au ventre, semé de grandes taches régulières ; les plumes de la nuque et de la gorge transversalement rayées de gris ; les barbes externes des rémiges secondaires marquées de taches confluentes ; l'œil gris brun ; la partie supérieure de la

tête et la racine du bec rouge laqué; une tache demi-
circulaire en arrière de l'œil; la partie supérieure du
cou et la gorge d'un bleu vert; le milieu du cou bleu
foncé; les caroncules violettes à la base, rouge corail
à l'extrémité; le casque jaune de cire; le bec couleur
de corne; les pattes d'un bleu noir.

La *pintade ptilorhynque* (*Numida Ptilorhyncha*)
habite tout le nord-est de l'Afrique, à partir du 16e
degré de latitude. Les plumes roides qui lui forment
une collerette sont d'un noir velouté : elle a les plumes
du cou finement moirées de gris cendré clair, sur un
fond gris brun; celles du dos d'un gris brunâtre foncé,
semé de petites taches arrondies, plus prononcées sur
les couvertures supérieures des ailes, confluentes et
en taches allongées sur les barbes externes des scapulaires, en larges raies blanches, plus ou moins inter-
rompues sur les grandes couvertures des ailes; le
ventre à reflets gris bleu; la poitrine, les flancs et les
couvertures inférieures de la queue variés de taches
grandes et bien arrondies; les rémiges secondaires d'un
gris brun, marquées de raies gris clair ou blanchâtres,
plus prononcées sur les barbes externes que sur les
internes; les rémiges primaires marquées de taches
très-nettes, mais se confondant peu à peu, sur les
barbes externes, avec un liséré bleu clair, finement
moiré de brun clair et de brun foncé; les rectrices également marquées de taches nettes, mais non parfaitement arrondies; l'œil brun; les joues, ainsi que l e
lobe qui en naît, d'un bleu clair; la gorge couleur de
chair rougeâtre; le haut de la tête couleur de corne;
le pinceau de poils roides et soyeux qui se trouve à la

base de la mandibule supérieure, d'un jaune clair; le bec rougeâtre à la base, couleur de corne claire à la pointe; les pattes d'un gris brun foncé.

Deux autres pintades, décrites, l'une sous le nom d'*Agelastus Meleagrides,* l'autre sous celui de *Pharidus niger,* habitent l'ouest de l'Afrique, mais sont à peine connues. Quant à ce que la plupart des naturalistes nomment la pintade huppée, c'est la guttère de Pucheran (*Guttera Pucheranii*) qui habite le sud-est de l'Afrique et forme un genre différent de celui des pintades, par sa tête ornée d'une huppe complète, sa gorge nue, dépourvue de barbillons, mais recouverte d'une membrane cutanée profondément plissée, son bec très-développé, sa queue courte et parfaitement recourbée en dedans.

Toutes les pintades sauvages ont des mœurs sédentaires, un caractère timide plutôt que farouche; elles sont monogames et vivent par troupes de quinze à vingt individus, parfois de six à huit familles; elles courent au moins autant qu'elles volent; elles ont un cri strident comme le son de la trompette et qu'elles font surtout entendre le matin et le soir; elles se perchent sur le sommet des rochers ou à la cime des grands arbres, font leur nid à terre, sur une simple couche de feuilles, au milieu de buissons fourrés, et y pondent de douze à quinze œufs; elles se nourrissent, suivant la saison, d'insectes, de graines, de baies, de bourgeons, de feuilles même; elles savent déterrer, avec leur bec, les graines en germination et les racines d'ignames; aussi sont-elles souvent un fléau, à la Jamaïque, pour les planteurs.

Presque tous les naturalistes sont d'accord pour rapporter l'origine de la pintade domestique, appelée autrefois poule Numidique, Africaine, de Barbarie, Méléagride, etc., à la pintade commune et sauvage, que l'on aurait, à une époque immémoriale, réduite en domesticité. Après avoir lu la description des trois précédentes espèces sauvages, le lecteur jugera s'il doit préférer à cette opinion celle de Darwin et des zoologues anglais : « La pintade domestique, dit-il, descend, suivant l'opinion de quelques naturalistes, de la *Numida Ptilorhyncha,* qui habite des régions très-chaudes et en partie très-arides de l'Afrique orientale ; elle a donc été, dans nos pays, soumise à des conditions extérieures bien différentes. Elle a néanmoins peu varié, si ce n'est par le plumage, qui est tantôt plus pâle, tantôt plus foncé. Cet oiseau, et le fait est singulier, varie davantage de couleur dans les Indes occidentales, sous un climat chaud et humide, qu'en Europe. La pintade est redevenue complétement sauvage à la Jamaïque et à Saint-Domingue, et a diminué de taille ; ses pattes sont noires, tandis qu'elle sont grises chez l'oiseau africain. » Nous craignons que Darwin n'ait adopté cette origine que pour les besoins de sa cause et afin d'avoir à citer un exemple de variation de plus, car la ressemblance, moins la taille, est frappante entre la pintade sauvage et la nôtre.

En tout cas, la pintade est une conquête fort ancienne de la domestication et de l'acclimatation. Elle était connue des Grecs dès le temps d'Aristote et d'Athénée, qui en parlent comme d'un oiseau assez

commun; on présume qu'elle y avait été importée de
Cyrène ou de Carthage. C'est de là sans doute aussi
que la reçurent les Romains, à qui nous la devons.
« On avait, même à Rome, et en abondance, dit
Isidore Geoffroy Saint-Hilaire, deux espèces de pintades, la *Numida Ptilorynchus* à caroncules bleues, que
l'Europe n'a pas conservée, et la *Numida Meleagris* à
caroncules rouges, la même qu'on avait eue en Grèce
et qui est aujourd'hui si commune en Europe. » Les
Romains, du temps de Pline, ne paraissent point, du
reste, l'avoir tenue en bien haute estime. « La méléagride, dit ce naturaliste, est une sorte de poule d'Afrique, bossue et d'un plumage varié. De tous les oiseaux
étrangers, elles sont les dernières qu'on ait admises
sur les tables, à cause de leur goût désagréable. Mais
le tombeau de Méléagre les a rendues célèbres. » C'est
des Romains, et sans doute à l'époque de la conquête
des Gaules, ou peu après, que nous avons reçu cet
oiseau. Mais, d'après Belon, nous en aurions perdu
l'espèce durant le moyen âge, et elle nous aurait été
de nouveau importée par les Portugais, à l'époque de
leurs premières navigations sur les côtes d'Afrique,
c'est-à-dire au quinzième siècle. La pintade était assez
commune en Angleterre au treizième siècle, soit
qu'elle y eût été introduite à l'époque des Croisades,
soit qu'elle s'y fût conservée depuis la domination
romaine.

Aujourd'hui, la pintade occupe presque partout une
place dans la basse-cour, malgré son cri strident,
répété, désagréable, malgré ses mœurs fuyardes,
mystérieuses et tracassières; c'est qu'on lui tient

compte de la délicatesse de sa chair, fort estimée d'un certain nombre de gourmets.

Nous avons dit que la pintade domestique, que tout le monde connaît du reste, n'était que la pintade commune et sauvage, domestiquée et acclimatée ; elle en est la ressemblance exacte, moins la taille, qui a un peu diminué : elle est à peu près celle d'un coq ordinaire ou d'une poule moyenne, et pèse, vivante, de 2 kilogr. 500 à 3 kilogr. ; ralliée plutôt encore que domestiquée, elle n'accepte que la vie en plein air, perchant la nuit sur les murs, les toits ou les arbres, pondant à sa guise, en secret, souvent à une distance assez grande de la basse-cour, couvant assidûment, mais amenant rarement ses œufs à bien. On en élève, dans les basses-cours, trois variétés : la *noire marbrée,* que l'on regarde comme plus féconde, plus rustique, plus facile à élever, mais qui est aussi plus criarde et plus turbulente, moins sociable que les autres oiseaux ; la *grise cendrée,* un peu moins grosse, la plus répandue, sans doute parce qu'elle est moins bruyante et moins querelleuse, mais de taille plus petite, et plus délicate à élever ; enfin, la *variété blanche,* qui n'est qu'une sous-variété albine de cette dernière, dont elle ne diffère que par son plumage ; on dit qu'il y en a quelques individus précieux par leur complet mutisme, mais d'une extrême délicatesse de tempérament.

Pour former un troupeau de pintades, on se procure un mâle pour une dizaine de femelles. Celles-ci commencent à pondre vers le milieu du mois de mai, et à intervalles de deux ou trois jours ; elles fournissent de dix-huit à vingt œufs, plus petits que ceux de la

poule et d'un rouge sombre sans tache. Si on peut
enlever successivement ces œufs du nid et l'empêcher
de couver, la pintade continue sa ponte et peut en
fournir jusqu'à trente. Si on a pu continuer à les lui
soustraire jusqu'à la fin, elle produit souvent, dans le
Midi surtout, une seconde ponte de douze à quinze
œufs, en juillet et août, soit en tout et au maximum,
de trente à trente-cinq œufs. Ces œufs sont d'une
extrême délicatesse et très recherchés des gourmets ;
mais leur prix est très-élevé. Les femelles ne commencent à pondre que lorsqu'elles ont l'âge d'un an au
moins ; passé celui de cinq ans, leur fécondité diminue
très-notablement ; aussi les réforme-t-on entre quatre
et cinq ans. Nous avons dit qu'elles refusaient d'accepter le poulailler pour logement ; elles vont déposer
leurs œufs dans les buissons, les fourrés, les touffes
d'herbe, les cachant très-soigneusement, employant
une foule de ruses variées pour y aller et en revenir,
afin de dépister ceux qui les voudraient observer. C'est
pourquoi il faut planter quelques arbrisseaux buisson-
nants dans l'enclos qui leur est destiné, et leur y
ménager quelques faciles cachettes où la récolte des
œufs peut s'opérer à coup sûr, à la condition d'y en
laisser toujours un.

Monogame à l'état sauvage, comme la perdrix, la
pintade est devenue polygame dans nos basses-cours.
Il est assez difficile de reconnaître le sexe de ces
oiseaux ; cependant le mâle a les joues d'un bleu plus
foncé que la femelle, et lorsqu'il mange, il étale légèrement ses ailes ; à l'époque de l'accouplement, les
barbes prennent une teinte d'un rouge foncé, ses cris

redoublent, presque continuels, et il donne, à l'endroit de ses femelles, les signes de la plus ardente jalousie.

Lorsqu'on peut soustraire les œufs de la pintade, le mâle les allant souvent casser dans le nid et les bêtes puantes en étant très-friandes, il est préférable de les faire couver par des poules, auxquelles on en donne quinze à dix-huit chacune. La durée de l'incubation est de vingt-cinq à vingt-huit jours. Les pintadeaux portent le dos brun, rayé et ponctué de fauve ; le ventre blanchâtre, le bec et les pattes rouges. Dans le premier plumage qui succède au duvet, les plumes sont brunes, bordées de roux et de jaune roux. A leur naissance, les pintadeaux sont généralement petits, frileux, délicats ; leur première nourriture doit se composer d'œufs de fourmi, et à défaut, d'œufs de poule durcis, hachés très-fin et mélangés de persil, ou encore d'une pâtée d'œufs durs et de mie de pain, de chènevis et de millet écrasés avec de la mie de pain. Un mois plus tard, on leur donne du chènevis entier, de l'avoine, du sarrasin, des déchets de blés, des pâtées de son, de pommes de terre cuites, d'oignons et d'aulx. La maladie du rouge, ou le développement des caroncules, ne se produit que vers le troisième mois ; on les traite, durant ce temps, ainsi que nous l'avons déjà dit pour les dindonneaux ; cette crise pourtant paraît moins dangereuse chez les pintadeaux. Quand ils ont quatre à cinq mois, leur mère ou leur éleveuse les abandonne, et ils sont en état de trouver seuls leur vie. Cet élevage, comme celui des dindons, réussit plus sûrement dans les pays méridionaux, sur les terrains sablonneux et secs, que dans les contrées humides et sur les sols argileux.

Les pintades grattent la terre comme les poules ; comme elles, elles aiment à se rouler dans la poussière, et, devenues adultes, elles sont omnivores ; les verminières peuvent rendre de grands services pour leur nourriture, surtout pendant le premier âge. Le moyen le plus assuré de réussir dans l'éducation de cet oiseau, ce serait de le traiter comme les faisans : établir, au milieu de grands parcs, des pintaderies comme on y fait des faisanderies, pour y élever les pintadeaux, et leur donner ensuite une demi-liberté, en leur distribuant, bien entendu, surtout en hiver, des suppléments de nourriture.

Les pintades sont adultes vers l'âge de quinze mois ; ce n'est qu'alors qu'on peut les engraisser. Douées d'un excellent appétit, il suffit pour cela de leur donner une ration plus abondante de grains, de pâtées de racines cuites et de farine, mais sans les renfermer. La castration, bien que facile et peu dangereuse, est à peu près inutile. Après quatre à six semaines d'engraissement, les jeunes pintades pèsent de 3 à 3 kilogr. 500. Leur viande, très-fine, très-délicate, mais un peu sèche, se rapproche de celle du faisan, mais elle a un fumet moins prononcé. Le prix sur les marchés varie de 4 à 5 francs pièce. Les plumes de cet oiseau, très-serrées sur le corps, très-belles, sont cependant restées jusqu'ici sans usage dans l'industrie.

La pintade adulte n'est exposée qu'à un petit nombre de maladies, que du reste sa vie vagabonde permet difficilement de distinguer au début et de

soigner avec quelques chances de succès. Les plus
fréquentes sont la *pépie*, la *goutte* et la *congélation* des
pattes en hiver; on les soigne ainsi que nous l'avons
indiqué pour les poules.

L'un des grands obstacles à la multiplication des
pintades, c'est, outre leur sauvagerie, et non moins
qu'elle, leurs cris désagréables et presque continuels.
Un de mes amis de Montpellier, M. Moynier, en avait
obtenu, chez lui, une variété presque albine et
muette. Il eut, en 1874, la velléité fort louable de les
exposer au concours régional de Nice, où elles lui valu-
rent le prix unique, mais aussi la malheureuse idée
de les vendre à un inconnu, qui peut-être n'en tira
point race, et sans doute les fit successivement rôtir
comme de simples et vulgaires oiseaux.

Fig. 77. — Le paon.

CHAPITRE IV

LE PAON.

Le paon (fig. 77), dans la classification zoologique de Cuvier, prend place dans la famille des gallinacés proprement dits, où il forme un genre distinct. Brehm en fait, dans son ordre des pulvérateurs, une famille spéciale, celle des Pavonidés, caractérisée par les plumes suscaudales très-allongées, à barbes lâches et soyeuses, et pouvant se redresser pour s'étaler en roue.

On connaît quatre espèces de paons vivant à l'état sauvage dans le sud de l'Asie; ce sont : le *paon vul-*

gaire (pavo cristatus), qui habite les Indes et Ceylan : l'espèce souche de notre paon domestique ; il n'en diffère que par sa taille un peu plus grande et l'éclat plus vif de ses couleurs ; il est par conséquent trop connu pour que nous décrivions son magnifique plumage, monopole du mâle, à part la huppe qui caractérise les deux sexes.

Le *paon noir (pavo nigripennis)*. Récemment, Sclater a décrit une nouvelle espèce sous le nom de paon noir. Ce paon différerait du précédent en ce que le mâle a les couvertures supérieures des ailes d'un bleu noir ou d'un bleu vert. La femelle aurait un plumage gris clair, semé de taches foncées. On ne connaît pas sa patrie. Quelques-uns le regardent comme le produit du croisement des *pavo cristatus* et *muticus*.

Le *paon du Japon (pavo Japonicus)*, très-peu connu jusqu'ici, ne diffère guère du paon vulgaire que par sa huppe droite, composée de dix plumes étroites et étagées entre elles, par son cri et par sa livrée particulière, plus brillante encore s'il est possible.

Le *paon spicifère (pavo muticus)*, paon mutique ou paon géant, habitant de l'Assam et des îles de la Sonde, est connu depuis plus longtemps que le paon vulgaire. Il surpasse ses congénères en beauté. Les plumes de sa huppe ont les barbes larges et disposées en épis ; le haut du cou et la tête sont d'un vert émeraude, le bas du cou d'un vert bleu, bordé de vert doré ; la poitrine est verte, avec reflets dorés ; le ventre d'un gris brunâtre ; les couvertures des ailes d'un vert foncé ; les rémiges brun cuir, avec les barbes externes marbrées de gris et de noir ; les rémiges secondaires noires, à reflets verdâtres; les grandes couvertures de la queue semblables par la longueur et la distribution des couleurs à celles du paon vulgaire, mais encore plus belles; l'œil gris brun, entouré d'un cercle nu et bleuâtre; les joues jaune d'ocre; le bec noir; les pattes grises; les tarses hauts; la forme du corps élancée. La femelle ressemble au mâle, moins la longueur de la queue.

Les paons sauvages vivent en petites troupes, sur la lisière des grands bois; ils recherchent, pour percher la nuit, les arbres les plus élevés. Malgré le peu d'envergure de leurs ailes, ils peuvent, lorsqu'ils y sont contraints, franchir en volant des espaces considérables; leur vol est lourd et bruyant. Ils sont soumis à une mue d'automne qui prive le mâle de sa queue. La femelle niche à terre sous quelque grand buisson, dans un lieu sec et élevé; son nid, grossièrement construit, se compose de quelques ramilles et de feuilles sèches; elle y pond une douzaine d'œufs et les couve assidûment.

Le *paon domestique* n'est autre que le paon vulgaire acclimaté et domestiqué depuis longtemps en Europe. Il n'a fourni qu'une seule *variété blanche* ou albine, plus délicate et peu constante.

La mythologie avait fait du paon l'attribut de Junon, ce qui prouve qu'il était connu des Grecs dès les temps héroïques. Certains historiens disent qu'il fut importé de l'Inde en Europe par Alexandre le Grand, qui l'aurait trouvé au pays d'Ophir; d'autres, qu'il fut introduit de l'Inde en Palestine par les flottes de Salomon. Ce qui paraît certain, c'est qu'il était connu en

Grèce au temps de Périclès et d'Aristote. L'Italie ne le reçut de la Grèce que vers la fin de la république; Columelle, Varron et Pline le mentionnent. « L'orateur Hortensius, dit ce dernier auteur, fut le premier Romain qui fit tuer un paon pour sa table, lorsqu'il donna son repas de réception au collège des Pontifes; et le premier qui ait engraissé des paons est Aufidius Lurcon, vers le temps de la dernière guerre des pirates. Il se procura par ce moyen un revenu de soixante mille sesterces. » Sous l'empire, le paon joua un rôle important dans la gastronomie : Vitellius, Héliogabale, offraient à leurs convives, l'un des langues, l'autre des cervelles de paon. Au moyen âge, il était d'usage parmi nous de servir un paon rôti à tous les dîners d'apparat. Aujourd'hui, la chair de cet oiseau est fort peu appréciée, bien qu'elle soit réellement fort bonne lorsque l'animal est jeune.

Le paon est exclusivement un oiseau de luxe, de volière ou de parc; dans nos basses-cours, son caractère batailleur et impératif porte le trouble parmi les volailles; c'est avec les dindons qu'il est le plus difficile de le faire vivre en bonne intelligence. Il s'habitue difficilement, du reste, à un régime domestique; il lui faut la liberté, l'espace, les toits, les murs ou les grands arbres pour se percher. La femelle pond au printemps (en mai) une douzaine d'œufs d'un blanc fauve, tachetés de points plus foncés et de la grosseur de ceux de dindon. Elle recherche, pour les déposer dans un nid très-grossièrement établi à terre, les lieux les plus secrets, afin de les dérober au mâle, qui ne manquerait pas de les casser. La ponte se succède, en général, à

intervalles d'un jour, et il faut avoir soin de recueillir
ces œufs, la paonne où panne les distribuant souvent
en plusieurs endroits. Lorsque sa ponte est terminée,
on lui rend ses œufs, mais on entoure son nid d'une
clôture pour en interdire l'accès au mâle et aux autres
volailles ; c'est là qu'on lui porte à plusieurs reprises,
chaque jour, à manger et à boire. C'est, du reste, une
couveuse assidue, quoique un peu maladroite; aussi
casse-t-elle souvent une partie de ses œufs. Après
vingt-huit à trente jours d'incubation, les paonneaux
ou panneaux éclosent.

Il est plus prudent, lorsque la paonne a couvé déjà
ses œufs pendant dix jours, de les lui enlever et d'en
placer cinq sous une poule domestique, cinq sous une
autre, en ayant soin de les retourner chaque jour,
leur volume étant trop considérable pour les forces de
la couveuse; vingt jours plus tard l'éclosion a lieu.
D'autres personnes préfèrent confier ces œufs à une
dinde.

Les petits naissent couverts d'un duvet jaunâtre,
comme les poussins de la poule. La nourriture préférable pour eux à ce moment consiste dans de la farine
d'orge délayée avec du vin, du froment en grains
macéré dans l'eau tiède, de la bouillie d'orge, froment
et avoine, cuite et refroidie. Lorsqu'ils ont un mois,
l'aigrette commence à pousser, et c'est la cause d'une
légère crise; à trois mois, on peut déjà distinguer les
sexes; mais ce n'est qu'à la troisième année qu'ils
acquièrent leur plumage définitif, et que leur queue a
atteint toute sa longueur; ce n'est qu'alors qu'ils sont
complétement adultes. Chaque année, vers la fin de

juillet, commence la mue ; les plumes de la queue des mâles tombent successivement pour ne paraître qu'au printemps ; cette mue s'étend du reste à toutes les plumes et aux deux sexes, comme chez les autres oiseaux.

Quand les paons ont pris leur aigrette, on les nourrit, suivant les lieux et les saisons, avec du grain d'orge ou de blé, des féverolles rôties, des pepins de pomme ou de raisin, du caillé pressé et frais, des vers de verminière, des insectes, etc. On ne réunit les jeunes aux vieux que lorsqu'ils ont sept à huit mois ; plus tôt, ils seraient poursuivis, battus, chassés ou tués par les mâles ; encore faut-il les surveiller dans les premiers temps, pour intervenir en temps opportun et empêcher les accidents. La paonne ne fait qu'une ponte par an. On entretient d'ordinaire un mâle pour quatre ou cinq femelles. Celles-ci sont adultes et commencent à pondre au second printemps qui suit leur naissance ; les mâles ne doivent être admis à la reproduction que lorsqu'ils ont trois ans. Les uns et les autres peuvent vivre, en moyenne, durant vingt-cinq ans. Lorsqu'ils ont dépassé six à huit ans, les mâles deviennent souvent méchants, même pour les hommes, et surtout pour les enfants. A tout âge ils ont contre eux leur cri désagréable.

CHAPITRE V

LE FAISAN.

Le Faisan, dans la classification de Cuvier, forme le type de la tribu des Faisans, dans la famille des Gallinacés proprement dits. Brehm en a formé, dans son ordre des pulvérateurs, la famille des nycthémères, caractérisée par une longue huppe à barbes décomposées et retombant en arrière; par une queue longue, conique, très-étagée, composée de deux plans qui s'inclinent en forme d'angle ouvert; enfin, par des ailes relativement courtes et dont la pointe ne dépasse pas la base de la queue. On connaît plusieurs espèces de faisans proprement dits, savoir :

Le *Faisan argenté* ou *bicolore* (*Phasianus nycthemerus*), qui porte le plumage blanc en dessus, avec des lignes noires très-fines sur chaque plume, et noir dessous; le dos blanc rayé; la nuque et la partie supérieure du cou d'un blanc pur; la huppe noire; les joues nues et d'un rouge écarlate; l'œil brun clair; le bec blanc bleuâtre; les pattes rouge laque ou mieux corail : tel est du moins le plumage du mâle. La femelle est d'un brun roux tacheté de gris, avec les joues et le menton blanchâtres; le ventre et le bas de la poitrine blanchâtres, avec taches d'un brun roux et rayures noires transversales; les rémiges primaires sont noirâtres; les rectrices externes sont marquées de lignes noires ondulées. Il est originaire du sud de

la Chine, où il habite les montagnes boisées de l'intérieur. D'un caractère querelleur, le mâle cherche
querelle non-seulement à ceux de son espèce, mais
aux coqs, aux dindons, aux pintades, etc.; néanmoins,
il est plus facile à apprivoiser à l'homme que les suivants.

Le *Faisan commun* (*Phasianus communis* ou *Col-
chicus*), originaire des côtes de la mer Caspienne et
de l'Asie occidentale, particulièrement de la Colchide,
est nombreux à l'état sauvage dans le Caucase. Le
mâle est de la grosseur du coq de combat des grandes
races. Ses formes sont élégantes, son port gracieux,
son plumage agréablement varié. Il porte la tête dorée
avec des reflets verts et bleus, et deux touffes au
sommet; le cou vert foncé; le dos et les côtés d'un
marron pourpre très-brillant; la queue gris olivâtre à
bandes noires transversales. La femelle est plus
petite, et ses couleurs moins brillantes sont : le brun,
le roux, le gris et le noir; vers cinq ans, pourtant,
elle ressemble davantage au mâle; on lui donne alors
le nom de faisan-coquard. On en connaît deux
variétés, qui paraissent assez fixes; ce sont : le *faisan
rayé*, dans laquelle le mâle est de couleur plus foncée, porte des taches d'un noir moins foncé, et la
teinte verte du cou rehaussée par une étroite bande
blanche; le *faisan isabelle*, dont la teinte dominante
est un gris jaune clair, chaque plume étant bordée
d'un liséré foncé; le ventre est foncé, et parfois d'un
noir uniforme. Les femelles ont la même teinte fondamentale que les mâles dans les deux variétés.

La *variété blanche* n'est qu'un cas d'albinisme non

Fig. 78. — Le Faisan commun.

toujours constant; la *variété panachée* paraît être le résultat d'un croisement entre le faisan commun et sa variété blanche.

Le *Faisan à collier* (*Phasianus torquatus*), considéré pendant longtemps comme une simple variété du précédent, est reconnu aujourd'hui pour une espèce distincte. Originaire de l'Asie orientale, il est nombreux sur les montagnes boisées de la Chine. Le mâle porte le plumage du faisan commun avec un large collier blanc; il en diffère encore par sa taille moindre et par sa queue proportionnellement moins longue. Ses œufs sont d'un bleu tendre plus ou moins verdâtre, et marqués çà et là de petites mouchetures plus foncées. La femelle est d'un rouge plus vif que celle du faisan commun.

Le *Faisan versicolore* (*Phasianus versicolor*), originaire du Japon, où il est très-commun dans certaines régions. Sensiblement plus petit que le faisan commun, il a la tête et le haut du cou verts, le bas du cou d'un bleu métallique; la nuque et le dessous du corps d'un vert foncé, tournant au vert noir sur les flancs et au milieu du ventre; les plumes du manteau d'un vert noir au milieu, marquées d'une étroite bande jaune roux en forme de fer à cheval, et rayées de roux; les couvertures supérieures des ailes et de la queue d'un vert bleuâtre; les rémiges brunes, avec une bordure plus claire; les rectrices rayées de brun rougeâtre et de noir; l'œil brun clair; le bec gris-blanc; les pattes gris brun clair. La femelle diffère de celle des autres espèces en ce que ses plumes sont d'un vert foncé au milieu, et largement bordées de gris brun clair ou de jaune clair.

Le *faisan de Sœmmering* (*phasianus Sœmmeringii*), ou faisan cuivré, est originaire du Japon, comme le précédent. Il est de la taille du faisan commun. Le plumage du mâle est d'un beau rouge cuivré assez uniforme, chaque plume étant bordée d'un liséré clair ; la femelle est de la même couleur, mais ses plumes sont marquées de lignes ondulées et de raies noires. Il est encore peu connu.

Le *faisan vénéré* ou *royal* (*phasianus veneratus*), originaire du nord de la Chine, est encore appelé *faisan superbe* (*p. superbus*), *faisan de Rêves* (*p. Revesii*). Il est caractérisé par la longueur de sa queue, qui atteint 1^m,30 à 2^m. Son plumage est excessivement bigarré de blanc, de noir, de jaune doré, de marron, de brun, etc., de manière à former des figures, des taches, des bordures extrêmement régulières. Il a à peu près la taille du faisan argenté.

Le *faisan de Wallich* (*phasianus Wallichii*), originaire des régions de la frontière nord-est de l'Hindoustan, diffère des autres faisans par la brièveté relative de ses tarses armés d'un éperon très-long et très-pointu chez le mâle ; son plumage est un beau mélange de gris, de brun clair et de noir, disposés avec beaucoup d'harmonie. Ses pattes, courtes relativement à sa taille, sont armées d'un éperon long et très-aigu chez le mâle. La femelle n'en diffère qu'en ce qu'elle ne porte ni éperons ni longues plumes de la queue. Le naturel de cette espèce est très-batailleur.

Le *faisan doré* (*phasianus pictus*) ou *Thaumalé peint* (*Thaumalea picta*) nous paraît être, avec raison, rangé par Brehm dans une famille distincte, celle des Thau-

malés, à cause de la collerette distinctive que porte le
mâle. On connaît maintenant deux espèces de Thau-
malés. Le Thaumalé peint, encore appelé faisan tricolore, a la tête ornée d'une huppe pendante d'un jaune
d'or ; son cou porte une collerette orangée ; le ventre
est rouge feu ; le dos vert ; les ailes rousses ; le croupion jaune ; la queue longue, brune, tachetée de gris.
La femelle a le plumage d'un rouge roux sale, passant
sur le ventre, au jaune roussâtre ; les plumes du haut
de la tête, du cou et des flancs sont rayées de jaune
brunâtre et de noir ; les rémiges secondaires et les
rectrices médianes sont de même couleur, mais à raies
plus larges ; les rectrices latérales sont brunes, moirées
de gris jaune ; le haut du dos et le milieu de la poitrine sont unicolores. Ce magnifique oiseau est le plus
petit de tous ceux que nous possédons. Il est originaire de la Chine centrale ; on le rencontre aujour-
d'hui dans le sud de la Tauride et dans l'est de la
Mongolie. Beaucoup moins farouche que le faisan
commun, il s'apprivoise facilement avec l'homme et
avec les volailles. Ses œufs, ovoï-coniques, de couleur jaune pâle, sont à peu près de la grosseur de
ceux de la poule d'Inde. On en connaît une variété, le
faisan ou *thaumalé obscur* (*Phasianus obscurus —
thaumale obscura*), à queue beaucoup plus courte et à
plumage plus foncé.

Le *faisan* ou *Thaumalé d'Amherst* (*Phasianus seu
Thaumalea Amherstiæ*), récemment découvert, est également originaire de la Chine (Yu-nan occidental et
Tibet). De même taille que le précédent et non moins
beau, il porte la huppe noire en avant, rouge en

Fig. 79. — Le Faisan doré.

arrière; la collerette blanche, avec bordure brune; le
cou, le manteau, le dessus des ailes, d'un vert doré
clair, avec étroite bordure foncée; le bas du dos d'un
jaune doré avec hachures foncées; le ventre blanc;
les-ailes grises, plus ou moins rayées de noir; la
queue d'un magnifique rouge corail.

Trois seulement de ces espèces : les faisans commun, argenté et doré, ont été depuis longtemps
domestiquées dans nos volières et dans nos parcs.
Toutes trois peuvent être croisées ensemble, et donnent des métis féconds. Elles se mélangent même
sans difficulté avec la poule domestique, et on donne
à ces métis, qui sont féconds aussi, le nom de *faisans-
coquards.*

D'après la tradition, le faisan commun aurait été
trouvé par les Argonautes, sur les bords du Phase,
dans la Colchide (Mingrélie actuelle), d'où lui vient
son nom. On ignore à quelle époque le faisan argenté
a été pour la première fois introduit en Europe;
mais on peut admettre que ce n'est pas avant le
seizième siècle, les auteurs de cette époque, et en
particulier Gessner, ne le mentionnant pas. Quant
au faisan doré, son apparition dans nos volières ne
remontent pas plus haut que la moitié du dix-huitième siècle; il y a tout lieu de croire que c'est cet
oiseau dont parlait Pline le Naturaliste, sous le nom
de Phénix, et que le sénateur Manilius avait fait le
premier connaître, en 98 avant Jésus-Christ, comme
un oiseau de l'Arabie. D'après Cornelius Valerianus,
le Phénix passa en Égypte sous le consulat de
Q. Plautius et de Sext. Papinius; enfin, selon Pline,

il aurait été amené jusqu'à Rome même sous la censure de l'empereur Claude, en 47 avant Jésus-Christ; on le fit voir au peuple dans le comice.

Les faisans sont toujours restés oiseaux de luxe, élevés tantôt en volière comme curiosité, et tantôt dans les faisanderies pour le plaisir de la chasse. Dans le premier cas, on choisit de préférence les faisans dorés et argentés; dans le second, le faisan commun. Cependant, des expériences tentées dans quelques grandes faisanderies d'Allemagne, et des tentatives toutes récentes faites par M. Place, dans le département de Seine-et-Marne, au Buisson de Massouri, près de Melun (1856-1860), semblent ne laisser aucun doute sur la possibilité de multiplier le faisan doré dans nos parcs et nos bois, comme on le fait pour le faisan commun. Cependant nous ne nous occuperons que de ce dernier dans ce qui va suivre.

Le faisan commun s'élève en grand dans la faisanderie, d'où on le tire ensuite pour peupler. Il peut vivre huit à dix ans, et se plaît de préférence dans les plaines fraîches et boisées. A l'état de liberté, il est d'un naturel farouche et s'envole lourdement au moindre bruit, en jetant un cri assez semblable à celui de la pintade; hors la saison des amours, il vit solitaire; son intelligence est assez bornée.

La poule-faisane pond, en mars ou avril, de douze à vingt œufs, un peu plus petits que ceux de la poule domestique, d'un gris verdâtre taché de brun, et à coquille assez mince. L'incubation de ces œufs dure de vingt-quatre à vingt-sept jours. Comme la faisane est mauvaise couveuse, il faut, chaque jour, recueillir les œufs pondus, et les faire couver, moins de quinze jours après leur ponte, par des poules domestiques, et surtout par de petites poules (courtes pattes ou Bantam), à chacune desquelles on en donne de huit à douze.

Pendant les vingt-quatre heures qui suivent l'éclosion, les faisandeaux, placés avec la mère sous une mue ou dans une boîte d'élevage, ne mangent pas. Le lendemain de leur naissance, on commence à leur donner, toutes les deux heures, un repas composé d'œufs (larves) de petites fourmis, ou une pâtée de mie de pain blanc avec des œufs durs hachés très-fin, un centilitre environ par jour. A partir du sixième et jusqu'au douzième jour, on double cette ration, dans laquelle on augmente la proportion des œufs de fourmi, en y ajoutant en outre quelques asticots (de verminière) triés. Du douzième au vingt-cinquième jour, on augmente encore la ration, en forçant la proportion de pain et d'œufs durs ; du vingt-cinquième au soixantième, on donne une quantité croissante de grains de millet, de blé, d'orge et de sarrasin. A partir du deuxième mois, on ne donne plus que deux repas de grains par jour ; les autres se composent de viande cuite refroidie et hachée très-menu. A trois mois, on donne le régime ordinaire, du grain trois fois par jour. Mais pendant tout ce temps on a dû tenir constamment à leur portée de l'eau très-pure, dans un vase large et plat. C'est à deux mois que les faisandeaux ont traversé leur crise de développement, la pousse des plumes de la queue, qui en fait périr un grand nombre. Il est bien entendu que cet élevage difficile a dû s'accomplir au milieu des plus grands soins de propreté.

On peuple la faisanderie avec des faisans de l'année, bien portants et de beau plumage. On les nourrit de blé, d'orge et de millet, auxquels on ajoute, dès la fin de février, du sarrasin et du chènevis, pour activer la ponte; on donne parfois aussi, à ce moment, des œufs durs hachés. Les meilleures pondeuses ont de deux à quatre ans. Au commencement de mars, on sépare les couples, chacun dans un parquet. C'est au printemps qu'on donne la liberté aux faisandeaux de l'année précédente que l'on ne veut pas réserver pour l'élevage.

L'élevage en grand ne peut se faire que dans une faisanderie, vaste enclos d'un hectare parfois de superficie, entouré de murs ou de treillages très-serrés, partie boisé, partie en pelouses, partie en culture, à l'abri des renards, des fouines, etc. Dans un endroit protégé du vent et à bonne exposition, on construit la volière, toujours entourée de murs élevés d'au moins $2^m,50$, et qui se compose de petits parquets accolés ainsi disposés : au nord, un mur d'abri; sur les trois autres côtés, des petits murs ou des treillages en fil de fer garnis de paillassons, afin que les faisans ne puissent se voir. Le mur du fond supporte un petit toit avancé sous lequel sont disposés des juchoirs et des nids; le sol des parquets est partie sablé et partie gazonné, et on y plante quelques buissons. La superficie de chacun d'eux est de 8 à 10 mètres carrés. Ces parquets sont recouverts d'un filet de corde goudronnée, ou mieux, d'un treillage assez fin de fil de fer, placé à $2^m,50$ de hauteur au moins, afin, d'un côté, de retenir les faisans, de l'autre, d'empêcher l'invasion des chats, des fouines et autres ennemis. L'élevage en petit se fait dans les volières et avec les mêmes soins.

Le journal *le Figaro* a publié, le 5 septembre 1880, un numéro spécial sur la chasse, dans lequel nous trouvons un chapitre intitulé : *le Gibier d'élevage*, par M. Robert Milton. Nous croyons être à la fois agréable et utile à nos lecteurs en reproduisant l'extrait suivant, en même temps technique et humoristique :

« .....Nous allons entrer dans une faisanderie princière : la faisanderie du parc d'Apremont. Elle est tenue à merveille par le faisandier Dessaint, qui, la semaine dernière, pouvait se vanter d'avoir lâché quatre mille faisandeaux très-gaillards, solides et bien portants, dans les tirés du prince. Outre ces quatre mille faisandeaux, Dessaint avait encore donné la volée à huit cents perdreaux, éclos sur mille œufs envoyés d'Angleterre par un fournisseur bien connu. Ah ! je vous jure que le faisandier était fier de me montrer ses quatre-vingts parquets, vides comme des appartements de touristes en villégiature. Plus rien ! me disait-il, tout ça grouille dans les tirés où nous allons aller tout à l'heure.

« Mais, avant de visiter les taillis touffus où pousse le jeune faisan, suivons Dessaint dans les divers bâtiments de la faisanderie. Je vous ai parlé de quatre-vingts parquets. Savez-vous ce que c'est qu'un parquet? Oui, car vous êtes allé au Jardin d'acclimatation, et vous avez vu ces sortes de volières où logent, par couple, des oiseaux multicolores. Le parquet est une grande cage de la dimension d'une petite chambre à

coucher. Au fond, il y a une alcôve pour que les faisans puissent se tenir à l'écart quand bon leur semble.
Au milieu, une sorte de perchoir, et par terre, c'est sablé.

« Dans chaque parquet, on met un coq et six
poules, qui produisent une moyenne de cent dix à
cent vingt œufs. Il y a des parquets heureux, où l'on
en ramasse jusqu'à cent quatre-vingts ; il y en a d'autres dont les efforts sont moins bénis et qui n'en pos
sèdent qu'une cinquantaine. Je prends la moyenne.

« Les faisans qui peuplent les parquets et qu
repeuplent les bois sont pris dans des mues, quelques
jours avant l'ouverture. — Pourquoi, demandai-je au
faisandier, ne les avez-vous pas gardés, les reproducteurs, pour vous éviter la peine de les reprendre? —
C'est, me répondit-il, qu'au moment où nous leur
donnons la clef des bois, ils ont encore une couvée
possible à l'état libre. La raison était excellente.

« Les parquets donnent huit mille œufs. Quand ces
huit mille œufs sont récoltés, on les place sur des nids
installés dans des paniers couverts, de la forme des
paniers de bureau. Ces paniers sont destinés aux
poules couveuses; d'autres paniers ou caissons beaucoup plus grands sont réservés aux dindes couveuses.
L'avantage de la dinde sur la poule est facile à expliquer : sous une poule, on met dix-sept œufs; on en
confie trente-cinq à une dinde. La poule qui réussit le
mieux, comme couveuse, est la poule bâtarde de
dimension ordinaire.

« Dès que le faisandier a pu se procurer dans le
pays les cinq cents couveuses nécessaires à son élevage, il entame sa première incubation, qui est géné-

ralement de seize à dix-huit cents œufs. Il y a six incubations par saison : on commence la première du 24 au 25 avril ; les premiers faisandeaux doivent éclore ainsi du 15 au 18 mai. Les œufs de faisans éclosent au bout de vingt-cinq jours, quelquefois au bout de vingt-trois, mais c'est plus rare.

« Pendant l'incubation, le faisandier n'a pas les bras croisés, comme on pourrait le croire. Il faut qu'il veille à la santé de ses couveuses, qu'il les enlève doucement de sur leurs œufs pour les transporter au dehors, devant la salle de couverie, qu'il les place sous un panier dit Crinoline et qu'il leur donne à manger. Il peut leur laisser une heure de tranquillité, à moins que la température ne soit froide, auquel cas, il doit les remettre plus promptement sur leurs œufs. Enfin, les vingt-cinq jours sont écoulés, la faisanderie est en liesse ; 850 perdreaux sont éclos, à la même minute.

« Plus de paniers ! changement de domicile : les nouveau-nés et leur mère passent dans une boîte de 1^m,50 de longueur, sur 0^m,45 de largeur et 0^m,50 de hauteur. Au fond, il y a un compartiment fermé par des barreaux pour la poule ; ce compartiment mesure un tiers de la caisse, le reste est réservé aux petits, qui peuvent s'y promener à l'aise, sous un grillage de fil de fer. En cas de pluie, un toit en bois recouvre toute la caisse. A l'extrémité opposée de la chambre de la couveuse, il y a une porte à coulisses que l'on enlève au bout d'une huitaine de jours, pour laisser les petits se promener sur le gazon. La caisse est supprimée au bout d'un mois et remplacée par une autre où la poule seule est enfermée ; liberté plus grande est ainsi laissée à la couvée de prendre la poudre d'escampette avec espoir de retour sous la nourrice.

« La période critique pour le petit faisan est à douze jours, quand il commence sérieusement à manger, quand il se couvre la tête, et à deux mois, quand sa première queue tombe pour faire place à la seconde. Mais la maladie sérieuse, celle qui décime les élèves, est une sorte de dysentérie que produit l'eau, quand les petits s'avisent de boire. Jusqu'à deux mois, il ne faut pas qu'une goutte d'eau pénètre dans l'estomac de l'oiseau soumis à une nourriture échauffante. L'eau est mortelle pour le petit faisan, c'est son plus grand ennemi, voilà ce que les gardes, nouveaux dans le métier d'éleveur ont de la peine à comprendre. Que l'on retienne bien cet axiome : Jusqu'à deux mois, pas une goutte d'eau.

« Vous savez maintenant comment on fait couver les faisans et comment on les dirige jusqu'au moment de les lâcher. Abordons maintenant le point essentiel : la nourriture.

« Rien de curieux comme la cuisine de la faisanderie d'Apremont. Cinq gardes y sont occupés, presque en permanence. L'un d'eux, assis entre deux paniers, épluche des œufs durs ; dans le panier de droite, il met les blancs ; dans le panier de gauche, il jette les jaunes ; un second garde est occupé, à droite, à hacher menu du cœur de bœuf et de la tripaille ; un troisième coupe des gâteaux de riz cuit en sac ; un quatrième coupe, par tranches, des œufs au lait (œufs et lait serrés dans un sac ; on exprime le lait, et la pâte qui reste devient compacte) ; un cinquième garde enfin hache très-fin de l'Achillée, la fameuse herbe mille feuilles révélée à Achille par Chiron.

« Toutes ces préparations faites à part sont, en dernier lieu, passées chacune dans un tamis spécial, puis mélangées avec de la mie de pain, pour être distribuées aux faisandeaux. Quel régal! quel menu de Potel et Chabot!

« Pour les perdreaux, le mélange est plus simple; il se compose de pain et d'œufs au lait, mais tamisés plus fin, tandis que pour toutes les autres périodes de l'élevage le système reste le même.

« Si les faisans sont tristes et manquent d'appétit, une pincée de poivre de Cayenne dans la poudre de gentiane leur rend instantanément leur gaieté et leur énergie. Cette poudre est la revalescière du faisandeau.

« Et les œufs de fourmis? me diront les anciens. Les œufs de fourmis pendant les deux premiers jours seulement. D'ailleurs, si vous voulez plus de détails, allez à Apremont; je vous promets que vous verrez une faisanderie bien tenue et un faisandier qui sait son métier. »

On ne peut dire plus et mieux, n'est-ce pas?

Un faisan commun, argenté ou doré, se vend, mort, suivant son poids et selon la saison, de cinq à trente francs. Mais il faut tenir compte que l'élevage est très-cher, donne lieu à une mortalité parfois considérable, et ne réussit pas toujours. A la saison des amours, les faisans mâles et les poules même doivent être isolés les uns des autres, parce qu'ils se tuent fréquemment à coups de bec. La viande des faisans est très-recherchée pour sa délicatesse et son fumet.

Fig. 80. — Perdrix rouge.

CHAPITRE VI

LA PERDRIX.

La Perdrix était rangée par Linnée dans le grand genre Tétras des Gallinacés ; depuis, on en a fait une famille subdivisée en sous-famille, celle-ci comprenant les francolins, cailles, colins et perdrix proprement dites. Brehm en fait, dans son ordre des pulvérateurs, la famille des Perdicidés, où elles forment le genre Perdrix, caractérisé par la forme arrondie de leur corps, leur bec assez fort, leurs jambes courtes, leur tête petite, la queue courte et pendante, les tarses pourvus d'éperons courts et mousses, ou simplement d'un tubercule corné, manquant chez la femelle.

Les perdrix habitent le sud de l'Europe, l'ouest et le centre de l'Asie, le nord et l'ouest de l'Afrique, Madère et les Canaries. On en connaît un grand nombre d'espèces, que nous ne décrirons que très-succinctement :

La *Perdrix grecque,* bartavelle, saxatile (*Perdix saxatilis*), qui ne diffère guère de la perdrix rouge que par l'absence totale des taches noires et blanches du cou, se rencontre, mais rarement, en France, dans le Jura, l'Auvergne, les Basses-Alpes et les Pyrénées. Elle est facile à apprivoiser, et s'accommode assez facilement de la domesticité.

La *Perdrix rouge* (fig. 80) (*Perdix rubra*), bien connue de nos chasseurs, qui la voient avec chagrin devenir plus rare d'année en année, n'habite que le sud-ouest de l'Europe et le nord de l'Amérique. Elle est également facile à apprivoiser, et s'accommode même de la vie en cage.

La *Perdrix des roches,* ou gambra (*Perdix petrosa*), qui tient le milieu entre la bartavelle et la perdrix rouge, est surtout caractérisée par son collier brun châtain, parsemé de points blancs. On ne la rencontre que rarement dans le midi de la France; elle habite la Sardaigne, la Corse, l'Algérie, la Sicile, la Grèce, etc. Elle a été introduite et acclimatée en 1858 en France, dans les forêts de Rambouillet et de Saint-Germain.

La *Perdrix grise* ou Starne (*Perdix* ou *Starna cinerea*), ou perdrix commune, originaire de l'Europe et d'une partie de l'Asie centrale, est trop connue pour que nous la décrivions. Elle habite la France, l'Angleterre, la Belgique, la Hollande, le Danemark, l'Allemagne, et a été acclimatée jusqu'en Suède, il y a environ trois siècles et demi ; on la rencontre au sud, en Espagne, en Crimée, en Turquie et en Asie Mineure. Elle n'a été connue des Romains que vers 69 après Jésus-Christ (PLINE).

La *Perdrix percheuse*, de la Chine, a, d'après M. Leroy, des mœurs différentes des espèces que nous venons de dénommer. D'après lui, les parents prennent dans leur bec la nourriture qu'ils offrent aux jeunes ; ces derniers ne savent pas la trouver à terre, de sorte que si l'on donne des œufs de cette perdrix à couver à des poules, les jeunes à peine éclos risquent de mourir de faim, car cette couveuse ne songera jamais à leur présenter la nourriture du bout de son bec ; elle croira très-suffisant de la leur montrer à terre. La première couvée n'est pas élevée et en état de se suffire, que déjà la femelle est au nid, et les premiers jeunes sont à peine gros comme des cailles, que les seconds éclosent ; toute la famille vit cependant en bonne intelligence, et les grands poussins aident leurs parents pour nourrir et conduire les plus petits. (*Acclimatation* du 23 mai 1880, p. 245-246.)

Toutes les perdrix sont monogames, mais ne s'accouplent qu'au printemps. La perdrix grecque pond, suivant les climats, de février à juin, douze à quinze œufs d'un jaune pâle, semés de taches très-fines d'un brun clair. La perdrix rouge s'accouple et pond, de mars à avril, de douze à seize œufs, d'un jaune roux clair tacheté finement de brun, plus arrondis que ceux de la grise et à coquille solide. La perdrix des roches s'accouple de février à avril et pond de quinze à vingt œufs, d'un gris jaunâtre tiqueté de brun clair. Enfin la perdrix grise s'accouple de mars à mai et pond de dix à dix-huit œufs piriformes en forme de poire-pirus, lisses, ternes, d'un jaune verdâtre pâle. La durée de l'incubation, d'après les naturalistes, serait, pour la perdrix grecque, de dix-huit jours ; pour la perdrix rouge, de dix-huit à vingt ; pour la perdrix des roches et la grise, de vingt-deux jours.

Les perdrix sont granivores et insectivores. Bien que presque toutes faciles à apprivoiser et à domestiquer, elles ne pondent que rarement en captivité ; on doit donc tâcher de se procurer des œufs de perdrix sauvages et les faire couver par de petites poules Bantam. Les perdreaux doivent être élevés et nourris absolument comme les faisandeaux. Leur crise de développement se produit vers l'âge de six semaines, quand leur tête se couvre de plumes : ils sont alors exposés à une enflure dangereuse de la tête et des pattes ; les meilleurs moyens préventifs sont le grand air et la liberté. Si l'on en veut peupler une contrée, on leur donne la volée à l'âge de trois mois environ ; si l'on veut les conserver dans la basse-cour, il faut leur couper ou casser le fouet de l'une des ailes ; enfin, si on veut les nourrir en volière, cette dernière précaution est inutile, mais le plafond de leur logement doit être en toile et tendu à $2^m,50$ au moins de hauteur. Leur parquet, moitié couvert et fermé, moitié en plein air, sera disposé comme celui des faisans.

La perdrix rouge est plus difficile à domestiquer, plus délicate à élever que la perdrix grise. La viande des animaux élevés en captivité est plus tendre, plus succulente, mais moins parfumée, d'un moins haut goût que la chair des animaux sauvages.

Fig. 81. — Caille commune.

CHAPITRE VII

LA CAILLE.

La Caille forme un sous-genre du grand genre Tétras, très-voisin des perdrix, dans l'ordre des Gallinacés. Brehm en a fait, dans les pulvérateurs, la famille des Coturnicidés, caractérisée par sa petite taille, ses ailes pointues, sa queue cachée sous les plumes du croupion, ses pattes courtes ou moyennes, faibles et dépourvues d'éperons, son plumage abondant et la tête complétement couverte de plumes.

La *Caille commune* (fig. 81) (*Coturnix communis* ou *vulgaris*) a le dos ondé de noir, une raie blanche et pointue sur chaque plume, la gorge brune, les sourcils blanchâtres. Elle habite toute l'Europe, une partie de l'Asie et de l'Afrique; c'est un oiseau migrateur qui voyage en troupe, vole lourdement, mais marche bien; arrivées à destination sur les continents, les troupes se divisent, s'isolent. La caille est polygame. Elle a, du reste, presque les mêmes mœurs que la perdrix, dont elle se rapproche par tant de caractères qu'on lui a souvent donné le nom de perdrix naine.

La *Caille naine de Chine* (*Excalefactoria Sinensis*) diffère de la précédente par ses ailes plus courtes et plus arrondies, par sa taille plus petite, par la différence du plumage entre le mâle et la femelle. Elle habite les Indes, les îles de la Malaisie et l'Australie.

En été, la caille s'établit dans les plaines fertiles, couvertes de moissons; elle évite les hauteurs et les lieux humides; elle s'établit de préférence dans les champs de blé et de seigle ou dans leurs chaumes. Ce n'est qu'alors qu'elle commence à travailler à son nid; elle creuse, à cet effet, une légère dépression, la tapisse de quelques feuilles sèches et y pond de huit à quatorze œufs, grands, piriformes, lisses, d'un brun jaunâtre et parsemés de taches d'un brun noir ou d'un brun foncé très-diversement disposées. Elle couve dix-neuf ou vingt jours. Il est difficile de lui faire abandonner ses œufs, et elle périt souvent victime de son dévouement maternel. Pendant qu'elle couve, le mâle court la campagne en quête de nouvelles amours, et sans aucun souci de sa progéniture.

A peine écloses, les jeunes cailles ou cailleteaux courent avec leur mère, qui les conduit, les garde et les abrite sous ses ailes quand le temps est mauvais, qui leur témoigne enfin la plus grande tendresse. Les cailleteaux se développent rapidement et s'éloignent chaque jour davantage ; ils sont très-batailleurs, et se livrent entre eux de sanglants combats. A deux semaines ils volettent, à cinq ou six semaines ils sont assez développés, assez forts pour abandonner la troupe et même pour émigrer. Quand elles sont devenues adultes, les cailles s'engraissent avec une grande rapidité et fournissent une chair excellente, très-fine et très-délicate.

La caille s'apprivoise facilement et s'accoutume promptement à la vie de la volière et même de la cage, pourvu que celle-ci soit assez spacieuse et que le plafond en soit formé par une toile tendue, parce qu'aux époques de ses migrations accoutumées, elle se tourmente beaucoup, cherche à fuir, et se briserait la tête contre les barreaux supérieurs. Sa nourriture est à tous les âges la même que celle de la perdrix, aussi bien dans la jeunesse que dans l'âge adulte ; les soins et l'hygiène sont également semblables. Les Romains élevaient dans leurs volières un grand nombre de cailles, mêlées avec les grives, les merles, les ortolans, etc.

Fig. 82. — Grive.

CHAPITRE VIII

LA GRIVE.

La Grive appartient à l'ordre des Passereaux, à la amille des Dentirostres, à la tribu et au genre des Merles, où elle forme le sous-genre des Grives. Brehm en a formé, dans son ordre des chanteurs, la famille des Turdidés, distincte par l'estomac peu musculeux, les lobes du foie inégaux, la rate vermiculaire, les cæcums courts, l'humérus non pneumatique, le squelette moins creusé de cellules aériennes. On en connaît quatre espèces principales :

La *Grive viscivore* ou Draine (*Turdus viscivorus*), originaire des grandes forêts de toute l'Europe, surtout des forêts peuplées de conifères, émigre du nord au sud en hiver, pour revenir au printemps. C'est la plus grande de nos espèces indigènes. Elle a le dos gris foncé ; la partie inférieure du corps blanchâtre, semée de taches d'un brun noir, triangulaires à la gorge, ovales à la poitrine ; les plumes des ailes et de la queue noirâtres, à bord d'un gris jaune clair ; l'œil brun ; le bec jaunâtre à la base, brun vers l'extrémité ; les pattes sont couleur de chair ; la femelle est un peu plus petite que le mâle. Chez les jeunes, les plumes du ventre sont marquées de taches longitudinales et noirâtres à l'extrémité ; celles des couvertures supérieures de l'aile sont jaunes le long de la tige. Elle recherche beaucoup les graines du gui (*viscum album*).

La *Grive musicienne*, grive commune, grive des vignes (*Turdus musicus*), habite également toute l'Europe, une partie de l'Asie et le nord-ouest de l'Afrique. Elle a les parties supérieures du corps d'un brun olivâtre, le dessous des ailes jaune, les joues jaunâtres, la gorge blanche ainsi que les flancs. Oiseau migrateur, elle voyage par troupe et nous arrive ordinairement au temps des vendanges ; une partie reste l'hiver chez nous, tandis que les autres descendent vers le Midi pour revenir au printemps. Dans les temps ordinaires, elle vit d'insectes et de limaçons ; en automne, elle se nourrit de raisins, de baies, etc., et devient alors très-grasse.

La *Grive litorne* ou Tourdelle (*Turdus pilaris*) est originaire des grandes forêts de bouleaux du nord de l'Europe. Elle se distingue surtout par le cendré du dessus de la tête, du cou et du croupion ; la couleur brun châtain foncé du dos, des ailes et des épaules ; celle jaune roux foncé à raies noires longitudinales du devant du cou ; la poitrine brune avec raies blanches, le ventre blanc, les pattes brun foncé. Elle nous arrive également à l'automne pour passer l'hiver chez nous, et remonte, au printemps, vers le nord.

La *Grive mauvis* (*Turdus iliacus*) est à peu près de la même taille que la grive commune ; elle habite, comme la litorne, le nord de l'Europe ; elle ne vient chez nous qu'à l'automne, et une partie nous quitte aux premiers froids pour aller passer l'hiver dans le nord de l'Afrique. Elle porte le manteau brun olive ; le dessous des ailes et les flancs sont roux ; le bec est brun, les pieds grisâtres.

De ces quatre espèces, la grive commune est la plus estimée des chasseurs, pour l'excellence et la finesse de sa chair ; des amateurs de volières, pour le chant très-agréable du mâle. La grive commune fait son nid sur les arbres et y pond quatre ou cinq œufs bleu pâle, tachetés de noir et de brun ; le mâle et la femelle couvent alternativement ; l'incubation dure en moyenne seize jours. Les jeunes, à leur naissance, portent sur le dos des taches jaunes et brunes. La grive commune se nourrit des fruits du genévrier, de l'alisier, de la vigne, etc., d'insectes de tous genres, etc., de grains et graines.

Les Romains se livraient fréquemment à l'élevage et à l'engraissement de la grive. Voici, d'après Varron, comment était organisée cette industrie : Sous une

grande coupole, sorte de péristyle couvert de toiles
ou de filets, on amène de l'eau que l'on y fait couler
en nombreux petits ruisseaux sur un sol bien sablé;
les fenêtres sont peu nombreuses, et la lumière rare;
le pourtour des murailles est garni de perchoirs. Dans
de petits plats, on dépose à terre une pâtée faite principalement de figues et de farine commune. Vingt jours
avant de tuer ou vendre les grives, on leur donne une
nourriture plus copieuse, une eau plus abondante, et
on commence à faire entrer dans leurs aliments une
farine de meilleure qualité. « Placez donc, ajoute-t-il,
cinq mille grives dans une volière, et vienne un repas
public ou un triomphe, vous en tirerez les soixante
mille sesterces que vous désirez. » Columelle ajoute
qu'on variait le régime des grives avec des graines de
myrte et de lentisque, des fruits d'olivier sauvage, des
baies de lierre et aussi des arbouses; qu'on doit toujours tenir près d'elles des augets remplis de millet,
qui est leur aliment préféré.

Les merles étaient estimés presque à l'égal des
grives, engraissés avec elles et au même régime.

Fig. 83. — Cygne.

CHAPITRE IX

LE CYGNE.

Le Cygne est un oiseau de l'ordre des Palmipèdes, de la famille des Lamellirostres et de la tribu des Canards, distinguée par les lamelles dont le bec est garni. Brehm en fait, dans son ordre des nageurs-lamellirostres, la famille des Cygnidés et le genre Cygne. On en connaît quatre espèces principales ; ce sont :

Le *Cygne à bec rouge*, Cygne sauvage (*Cycnus olor*), dont le plumage est devenu un type de la blancheur, a le bec rouge, bordé de noir, avec une protubérance arrondie à la base de la mandibule supérieure ; les pieds et les tarses sont noirs, et une large membrane en unit les trois doigts antérieurs. Il se nourrit de sangsues, de vers, d'insectes et de larves aquatiques, de petits poissons, de feuilles et de graines de végétaux. Son vol est haut, lourd, mais assez rapide ; il nage rapidement à l'aide de ses membres vigoureux ; tandis que ses ailes, soulevées légèrement et arrondies, font office de voiles ; sa démarche à terre est lente, lourde, disgracieuse, semblable à celle de l'oie. Il est originaire du nord de la Prusse et de la Pologne.

Le *Cygne chanteur* (*Cycnus musicus*) diffère du précédent par ses formes plus ramassées, son cou plus court et plus gros, son bec jaune à la base, noir à la pointe, élevé à la racine, mais dépourvu de caroncule nasale. Inutile de dire qu'il n'est pas plus chanteur que le cygne domestique n'est muet, et que le cri monotone de l'un et de l'autre manque complétement d'harmonie.

Le *Cygne à bec noir* (*Cycnus ferus*), très-semblable au précédent, sauf la couleur du bec et le plumage grisonnant, a été à tort nommé cygne sauvage, ce qui semblerait n'en faire que l'état sauvage du *Cycnus olor*, et cygne chanteur, car il ne chante pas plus que lui.

Le *Cygne noir*, dont le plumage est presque entièrement d'un noir brillant, est originaire des côtes méridionales de la Nouvelle-Hollande et de la terre de Van Diémen ; aussi lui donne-t-on souvent le nom de Cygne d'Australie (*Cycnus atratus*). Il a été introduit pour la première fois en France vers 1807, et fut placé à la Malmaison, du temps de l'impératrice Joséphine ; un autre fut vu à Munich en 1825 ; depuis une trentaine d'années, il est devenu nombreux en Angleterre, sur les rivières et lacs des jardins publics et particuliers. Depuis une dizaine d'années, on le multiplie en France au Jardin d'acclimatation et sur les lacs du bois de Boulogne. Il vit très-bien en captivité et se reproduit aussi régulièrement que le cygne à bec rouge. Il a le cou relativement plus long que le cygne à bec rouge, la tête petite et bien conformée, le bec de même longueur que la tête et dépourvu de caroncule ; son plumage est d'un noir brunâtre presque uniforme, le ventre étant plus clair que le dos ; les rémiges primaires et la plus grande partie des rémiges secondaires sont d'un blanc éclatant ; l'œil est rouge écarlate, le bec rouge carmin vif et les pattes noires. Il est un peu plus petit que le cygne à bec rouge.

Le *Cygne à col noir* (*Cycnus nigricollis*) est un peu plus petit que le *cycnus olor,* et ne s'en distingue guère ensuite que par la particularité qui lui a valu son nom. Ses ailes courtes atteignent à peine la naissance de la queue, et celle-ci est formée de dix-huit rectrices seulement ; son œil est brun ; son bec gris plombé ; ses pattes d'un rouge pâle. Il habite l'Amérique du Sud ; on le trouve dans toute la confédération Argentine, jusqu'au détroit de Magellan, aux îles Malouines et sur les côtes de l'océan Pacifique, au Chili. Il ne pond que six œufs ; sa chair est noire, dure et de mauvais goût. Le duvet qui se trouve sous les plumes est des plus doux. Il a été importé pour la première fois en Angleterre en 1851, et en France en 1859. Il supporte bien la vie semi-domestique et se reproduit régulièrement dans nos jardins publics et privés.

Le *Cygne nain* (*Cycnus Beckwikii*) se distingue du cygne chanteur par sa taille plus faible, son cou allongé, son bec très-élevé à la racine, jaune sur une moins grande étendue, sa queue formée de dix-huit rectrices.

Le cygne sauvage vit en troupes d'une douzaine d'individus. Il est monogame; vers la fin de février, la femelle fait son nid, sur les rivages, dans une touffe de grandes herbes, ou sur un tas de roseaux couchés; elle le garnit intérieurement de plumes et de duvet qu'elle s'arrache sous le ventre, et y pond de cinq à huit œufs très-gros, oblongs, à coquille épaisse et dure, d'un gris verdâtre clair. Après quarante à quarante-cinq jours d'une incubation pendant laquelle le mâle et la femelle se relayent, l'éclosion a lieu. Les petits, qui courent en naissant, sont couverts d'un duvet gris; les plumes ne leur poussent que fort tard, et ce n'est qu'à deux ans que leur plumage est devenu complétement blanc. Le caractère du cygne est farouche, rusé, brutal; il attaque et se défend à l'aide de ses ailes mues par des muscles puissants, et dont il se sert pour frapper de forts coups. D'un autre côté, il est courageux, vigilant et fidèle à sa compagne de l'année, car les mariages ne sont qu'annuels dans cette espèce. Oiseau migrateur, il pond dans le nord et ne descend au sud qu'en été ou dans les hivers excessifs. Il est doué d'une très-grande longévité.

Le cygne sauvage était autrefois beaucoup plus commun en France qu'il ne l'est aujourd'hui. L'Escaut, la Seine, la Charente, en recevaient chaque année de nombreuses troupes. Nos pères le considéraient comme un magnifique et excellent gibier, et l'estimaient à l'égal du Paon. En Allemagne, le goût pour l'élevage de cet oiseau est très-répandu, et les eaux de la Sprée voient flotter un grand nombre de cygnes domestiques.

Ceux-ci proviennent du cygne sauvage à bec rouge ; la demi-domestication à laquelle il est soumis a rendu son corps plus ramassé, plus lourd, mais a diminué son envergure. Les naturalistes donnent au cygne domestique le nom de cygne muet (*cycnus olor*) ; nous avons dit que ce n'était autre que le cygne à bec rouge domestique. Quelques-uns ont voulu faire une espèce à part des cygnes qui naissent avec un plumage blanc, sous le nom de *cycnus immutabilis;* ce n'est qu'une variété, les blancs et les gris se rencontrant dans la même couvée. La femelle domestique n'est adulte et ne commence à pondre que vers deux ans et demi. Elle s'occupe, en février, de construire un nid grossier de feuilles sèches, d'herbes ou de roseaux, non loin de l'eau, sur une petite éminence, et y dépose, à intervalles de deux ou trois jours chacun, de cinq à huit œufs blancs, longs de $0^m,10$, à coquille très-épaisse. Mâle et femelle prennent part à l'incubation en se remplaçant mutuellement sur le nid. On nourrit les jeunes cygnes avec du pain trempé dans du lait, de la laitue cuite et hachée par morceaux, de la farine d'orge, des œufs durs et coupés fin ; plus tard, on leur donne du pain, du grain, du son, des pâtées de farines et de racines cuites, etc.

La chair des jeunes cygnes est, dit-on, assez bonne ; celle des adultes est noire et coriace ; nous ne saurions donc songer à en faire un oiseau de table. Mais il peut fournir à l'industrie certains produits recherchés : les plumes des ailes sont excellentes pour écrire, pour dessiner, pour faire des étuis de pinceaux ; ses petites plumes et son duvet sont d'une

grande douceur et excellents pour la literie ; enfin, sa
peau, préparée par la mégisserie et conservant son
duvet, sert à confectionner des fourrures fort estimées
dans la toilette des dames.

La domestication du cygne en Europe ne remonte
pas au delà du seizième siècle. Avant cette époque, et
dans toute l'antiquité, il est parlé du cygne dans des
termes qui ne paraissent s'appliquer qu'au cygne sauvage. Pendant longtemps on a dit et cru que le cygne
exhalait avant de mourir un chant harmonieux : on
sait aujourd'hui qu'il ne peut faire entendre d'autre
bruit qu'un sifflement plus prolongé qu'aigu et dénué
de toute poésie. Les anciens l'avaient attelé au char
de Vénus, et c'est la forme du cygne que Jupiter
revêtit pour séduire Léda. Enfin, on le plaçait souvent
comme emblème à la proue des navires.

Fig. 84. — Oie commune.

CHAPITRE X

L'OIE

L'Oie est un oiseau de l'ordre des Palmipèdes, de
la famille des Lamellirostres, de la tribu ou du grand
genre des Canards, où il forme un genre ou sous-
genre voisin du cygne, d'un côté, et du genre Canard
proprement dit, de l'autre. Brehm en fait, dans son
ordre des Nageurs Palmipèdes-Lamellirostres, la
famille des Anséridés et le genre Oie, caractérisés par
un bec à peu près aussi long que la tête, pourvu de
lamelles espacées, saillantes, en forme de dents sur

tout le bord de la mandibule supérieure, jusqu'à l'onglet, qui est presque aussi large que l'extrémité du bec et médiocrement convexe ; par des tarses épais, des doigts médiocrement allongés, et surtout par un plumage sans éclat, peu varié, dans lequel les teintes grises dominent. On en connaît plusieurs espèces sauvages :

L'*Oie ordinaire*, oie sauvage, oie première (*Anas anser*), ressemble beaucoup à notre oie commune et domestique ; elle est un peu plus petite, plus svelte, et a les ailes plus longues ; son plumage est d'un gris assez uniforme, le dos gris brunâtre, le ventre gris jaunâtre, les plumes des parties supérieures bordées de blanchâtre, celles des parties inférieures de gris foncé ; la teinte générale du plumage passe, sur les ailes, au gris cendré, au blanc sur le croupion ; les rémiges et les rectrices sont noirâtres, à tiges blanches ; ces dernières ont en outre leur extrémité blanche ; l'œil est brun clair, le bec jaune de cire, les pattes d'un rouge pâle ; plusieurs naturalistes la regardent comme n'étant qu'une variété de l'oie cendrée.

L'*Oie cendrée*, oie sauvage (*Anas* ou *Anser cinereus*), est grise, à manteau brun ondé de gris, à bec orangé, et de même taille que la précédente. La plupart des naturalistes la regardent comme étant la souche de notre oie domestique.

L'*Oie des moissons*, oie sauvage, oie à fève (*Anas* ou *Anser segetum*), a les ailes plus longues que la queue, quelques taches blanches au front, le bec orangé, noir à la base, portant à l'extrémité antérieure une tache noire semblable à une féverolle. Elle nous arrive en France dès l'automne.

L'*Oie rieuse* ou à front blanc (*Anas* ou *Anser albifrons*) habite l'extrême nord de l'Europe, d'où elle émigre à l'automne vers la Californie et le centre de l'Europe pour y passer l'hiver; très-commune en Hollande, elle est plus rare en Allemagne et davantage encore en France. Un peu plus petite que celle ordinaire, cendrée et domestique, elle est grise, avec le ventre noir et le front blanc; son bec, fort à la base, est jaunâtre, avec l'extrémité blanche. Elle a un cri particulier, qui lui a valu son nom.

L'*Oie des neiges* (*Anser hyperborea*) est un peu plus grande que l'oie cendrée; son plumage est blanc, avec l'extrémité des pennes de l'aile noire, le bec et les pieds orangé. Elle habite les mêmes contrées que l'oie rieuse. Brehm en fait un genre distinct, le *Chen hyperboré* (*Chen hyperboreus*), à cause de son bec mince à l'extrémité, plus élevé au niveau des narines qu'à sa base, large, très-membraneux, et couvert de rides obliques à l'origine de la mandibule supérieure, terminé par un onglet très-large et peu recourbé; de ses tarses plus élevés, bien plus longs que le doigt médian; de son plumage, qui est le même dans les deux sexes, savoir : chez les jeunes, la tête et la nuque rayées de blanc grisâtre, avec les parties supérieures d'un gris noirâtre et les inférieures plus pâles; chez les adultes, d'un blanc de neige, sauf les dix premières rémiges qui sont noires, avec leur tige blanche à la base; de son œil brun foncé; de son bec d'un rouge clair, sale, noirâtre sur les bords; de ses tarses d'un rouge carmin pâle.

L'*oie du Canada* ou oie à cravate, Cygnopsis du Canada (*Anser Canadensis, Cycnopsis Canadensis*), est plus grosse que l'oie domestique ; le cou et le corps en général sont plus longs et plus déliés et de couleur noire, avec une bande blanche derrière l'occiput et une cravate blanche. Elle habite le nord de l'Amérique septentrionale, d'où elle émigre à l'automne vers le sud du même continent, et jusque dans les Carolines. L'oie du Canada, dont la chair est très-délicate et préférée par un grand nombre de personnes à celle de l'oie domestique, a été depuis longtemps introduite en France, car on en voyait autrefois beaucoup sur les pièces d'eau de Versailles et de Chantilly. On l'élève aussi avec succès en Angleterre et en Allemagne. Elle est nombreuse dans les basses-cours américaines.

L'*oie de Guinée ou de Chine* (*Anser Cicnoides*), oie à tubercules, oie de Hong-Kong, oie d'Espagne, espèce qui semble intermédiaire entre l'oie et le cygne, est de grande taille et a un cri fort et dur. Elle habite la Chine, une grande partie de l'Asie et aussi les contrées brûlantes de l'Afrique. Suivant M. Blyth, l'oie domestique de l'Inde proviendrait du croisement de l'oie sauvage (*Anser ferus*) avec l'oie de Chine (*Anser cicnoides*). L'oie de Guinée est très-commune dans les pays du Nord, en Russie et même en Sibérie, où elle est acclimatée depuis longtemps et vit en domesticité. Elle se croise volontiers avec l'oie domestique et donne avec elle des métis féconds. Son plumage est brun grisâtre sur le dos et tout le dessus du corps, passant au grisâtre et au blanc dans toute la partie inférieure. Le devant du cou et de la poitrine sont gris jaunâtre avec un trait brun foncé descendant le long du cou, depuis la tête jusqu'au cou. Le bec et les jambes sont de couleur orange, et la caroncule de la base de la mandibule supérieure, noire. Dans toute sa pureté, le plumage semble devoir être blanc avec un seul trait pâle, jaunâtre, s'étendant de la tête au dos. Elle porte toujours un fanon sous la gorge. Sa taille est intermédiaire entre celles de l'oie et du cygne. La femelle pond près de 30 œufs avant de couver et fait 3 ou même 4 pontes par an; ces œufs sont, il est vrai, plus petits que ceux de l'oie commune. Les adultes et les jeunes sont rustiques, et l'on dit leur chair de qualité supérieure.

Les oies sauvages habitent spécialement le nord de l'Europe, de l'Asie et de l'Amérique, d'où elles sont originaires; mais elles émigrent avant les grands froids vers le centre ou même le sud. Elles voyagent en troupes plus ou moins nombreuses, et disposées en triangle, dont le sommet est en avant. Leur vol est très-élevé, très-soutenu et peu bruyant. Elles nagent peu, plongent rarement, marchent assez bien. Lorsqu'elles sont arrivées à destination, elles s'abattent le jour dans les marais et les prairies, où elles se nourrissent de plantes aquatiques, de graines, d'insectes, de vers, etc. Souvent elles descendent dans les champs ensemencés, qu'elles dévastent, soit en déterrant les grains sous la neige, soit en dévorant les feuilles vertes. Le soir, après le coucher du soleil, elles se rendent sur les étangs et les rivières pour y passer la nuit. Leurs voyages de migration s'accom-

plissent surtout la nuit et par le clair de lune. Leur
vue est très-perçante, leur ouïe très-fine, leur som-
meil très-léger ; le moindre bruit leur donne l'alarme.
D'un naturel extrêmement méfiant, elles sont toujours sur leurs gardes ; l'approche du moindre danger

Fig. 85. — Oie de Toulouse.

est aussitôt signalée par des cris répétés, et la troupe
s'envole à tire-d'aile ; aussi est-il très-difficile de les
surprendre, soit sur terre, soit dans l'eau. La femelle,
un peu plus petite que le mâle dans toutes les espèces,
pond au printemps de douze à quinze œufs blancs,
plus gros et plus arrondis que ceux de la poule.

L'oie domestique est, de l'aveu de tous, descendue,

par domestication, de l'oie sauvage ; mais les uns lui donnent pour souche l'*Anser ferus* ou *Anser Anas*, et les autres, l'*Anser cinereus*. Il nous paraît probable que l'oie commune descend de l'*Anas Anser*, et que l'oie de Toulouse provient plutôt de l'*Anser cinereus*.

L'oie cendrée comme l'oie ordinaire ont été réduites en domesticité dans les temps les plus reculés ; ceci nous est affirmé par plusieurs vers d'Homère, par la consécration de ces oiseaux à Junon, par les oies conservées au Capitole et qui sauvèrent Rome des Gaulois (365 avant Jésus-Christ). Les petits de l'*Anser ferus* s'apprivoisent facilement d'ailleurs, et sont souvent domestiqués par les Lapons. Cependant dans l'espèce domestique, les mâles sont d'ordinaire plus blancs que les femelles, et deviennent invariablement blancs quand ils sont vieux ; ce qui n'est pas le cas de l'*Anser ferus*, mais bien celui de l'oie de rocher (*Bernicla antartica*), qui est, non plus une oie proprement dite, mais appartient au genre voisin des *bernicles* ou *bernaches*.

On connaît, en France, deux races d'oies domestiques : l'oie commune et l'oie de Toulouse.

L'*oie commune* (fig. 84), un peu plus grosse, sinon plus grande que l'oie sauvage, a le plumage blanc cendré de gris clair sur le cou, les ailes, le manteau ; elle a le bec et les pattes d'un jaune orangé clair. Elle a conservé des formes assez sveltes, a le ventre soutenu et marche assez librement.

L'*oie de Toulouse* (fig. 85) est de taille un peu plus grande et surtout de poids plus élevé que l'oie commune, à cause de ses formes épaisses et ramassées, de ses pattes plus courtes, de son ventre tombant. Elle a le bec jaune orangé, les pattes couleur de chair, le plumage d'un gris ardoisé, marqué de raies brunes, et quelquefois rehaussé de noir. Elle a fourni, en Angleterre, la *variété d'Embden,* qui n'en diffère que par sa couleur, qui est presque complétement blanche.

L'*oie du Danube* est une variété blanche de l'oie commune, remarquable en ce que les plumes de la partie postérieure de la tête, du cou et des ailes, sont renversées comme chez les poules frisées et les variétés de pigeons inverses ; elle a les pieds et le bec jaunes, les jambes courtes, et sa station est plus horizontale. On croit qu'elle est la même que l'oie à quatre ailes des anciens auteurs.

On a importé de Sébastopol en Angleterre (en 1859) une variété remarquable en ce que ses plumes scapulaires, très-allongées, frisées et même tordues en spirale, ont un aspect duveteux, par suite de la divergence des barbes et des barbules ; ces plumes sont encore remarquables par leur tige centrale mince, transparente, et comme refendue en minces filaments, qui, distincts sur une certaine étendue, se ressoudent plus loin ensemble ; ces filaments sont garnis régulièrement et de chaque côté d'un duvet fin ou de barbules identiques avec ceux qui se trouvent sur les vraies barbes des plumes. Cette structure des plumes se transmet fidèlement aux produits du croisement de cette variété avec la race commune.

Quelques oies portent des huppes et ont alors la partie sous-jacente du crâne perforée, ainsi que dans les races gallines huppées; il serait aisé d'obtenir par sélection une variété huppée constante.

Il se produit assez fréquemment dans chaque race des *variétés blanches* ou albines, dont les plumes atteignent une plus haute valeur, et dont la viande est plus délicate. Déjà, anciennement, les Romains estimaient davantage les foies d'oies blanches que ceux d'oies grises, et en 1555, Pierre Belon, naturaliste français, parlait des oies blanches comme plus fécondes et plus grandes que les autres. D'après Pline, les oies de la Germanie étaient blanches, mais plus petites.

L'oie domestique a été plus nombreuse en France vers le quinzième siècle que de nos jours; on croit que l'importation et la multiplication des dindons ont été les motifs de la restriction mise à son élevage. Le dindon pourtant ne prospère que sur les sols secs, siliceux ou calcaires, et l'oie ne se plaît que dans les contrées humides, à sol argileux et compacte. Nous pensons que le développement de l'espèce galline, mieux traitée et devenue plus productive, a été une cause plus efficiente.

En résumé, l'oie commune est celle qu'on rencontre plus fréquemment dans nos basses-cours, surtout du Centre, du Nord, de l'Est, de l'Ouest, et en particulier dans le Loiret, Seine-et-Marne, la Sarthe, l'Orne, Eure-et-Loir, la Manche, le Calvados, le Pas-de-Calais, la Somme, le Nord, et à l'est, dans l'Alsace et la Lorraine. L'oie de Toulouse est plus nombreuse au contraire dans le sud, et en particulier dans le sud-ouest, notamment dans les départements du Tarn, de la Haute-Garonne, de l'Aube, de Lot-et-Garonne, des Landes, de la Gironde, de la Dordogne, etc.

L'oie domestique a conservé en grande partie le caractère de l'oie sauvage. Farouche et sauvage, elle se laisse difficilement approcher ; l'une d'elles, toujours la tête levée, même au pâturage, semble faire le guet, pousse un cri au moindre objet suspect, et toute la bande prend sa course en s'aidant des ailes, ou s'envole au besoin. Aux époques de migration des oies sauvages, il n'est pas très-rare de voir une partie des oies domestiques adultes se joindre à leurs bandes et déserter la ferme. Très-voraces, elles ont besoin d'espace pour pouvoir paître et se nourrir économiquement ; du reste, on peut les dire omnivores : grains et graines, racines cuites ou crues, herbages divers, insectes et limaçons, pâtées et farines, viande même, elles acceptent tout. Pourvu qu'elles aient un bassin pour boire et se baigner, elles se passent fort bien d'étangs, de ruisseaux et de rivières, n'étant pas des oiseaux essentiellement nageurs. Enfin, on peut leur faire faire d'assez longues courses à pied lorsqu'elles sont jeunes et maigres, et Pline constatait avec étonnement que les troupeaux d'oies de la Morinie (Boulonais) venaient à pied jusqu'à Rome.

L'oie sauvage est monogame, ou du moins le mâle n'a qu'une seule femelle chaque année, bien que l'union soit le plus souvent bornée à ce laps de temps. L'oie domestique est polygame, et dans nos basses-cours nous n'entretenons qu'un mâle ou jars pour cinq à huit femelles. Celles-ci commencent d'ordinaire à pondre en février, mars ou avril, selon le climat ou la température ; cette première ponte se compose de huit à douze œufs, blancs, gros, allongés, à coquille solide et du poids moyen de cent cinquante grammes chacun ; chaque œuf est séparé par un intervalle d'un jour au moins. Dans le haut Languedoc, l'oie de Toulouse commence à pondre en janvier ; pour l'y exciter, on lui donne alors du pain de froment non bluté. Chacune produit, de janvier à fin mai, une centaine d'œufs, qui se vendent 1 fr. 50 c. à 1 fr. 75 c. la douzaine pour l'incubation. Sa ponte terminée, l'oie demande à couver. Il est rare qu'elle établisse son nid dans le local commun ; on la voit aux approches de la ponte transporter dans son bec des brins de paille ou de foin vers l'endroit qu'elle a choisi ; il est donc aisé de le connaître et d'en retirer, tous les deux jours, les œufs moins un, pour ne les lui rendre qu'en temps opportun.

Lorsqu'on veut soumettre ces œufs à l'incubation, on prépare, dans un local salubre et tranquille, un nid de paille dans lequel on dépose douze à quatorze œufs, et on y apporte l'oie, qui les adopte presque toujours sans difficulté. Elle est bonne couveuse, et il n'est pas moins urgent que pour la dinde de la lever, afin de la faire manger et boire deux fois par jour. L'éclosion a lieu du vingt-septième au trentième jour. Le plus ordinairement on préfère faire couver les œufs d'oie par des poules communes, à chacune desquelles on en confie six à huit, ou par des dindes, auxquelles on en livre douze à quatorze ; dans le premier cas, l'éclosion n'a pas lieu avant le trentième ou trente et unième jour ; dans le second, elle se produit du vingt-huitième au trentième jour.

Les oies qu'on n'a pas laissées couver font une seconde ponte en mai, et dans le Midi, une troisième en août, chacune composée encore de dix à quatorze œufs; c'est donc un total de trente à quarante œufs, ou en poids, de 4 kilogr. 500 à 6 kilogr. d'œufs par an. Ces œufs, quoique moins délicats que ceux de la poule, sont excellents à manger et très-recherchés pour la pâtisserie, à cause de la couleur plus foncée de leur jaune; mais la proportion en poids des coquilles y est aussi élevée, au moins, que dans ceux de la poule.

Dans l'incubation par l'oie, il faut avoir la précaution de lui retirer les oisons du nid à mesure de leur éclosion, sans quoi elle abandonne souvent les autres œufs; on ne lui rend sa famille complète, qu'on a durant ce temps placée dans un panier garni de laine et dans un lieu chaud, que lorsque l'éclosion est terminée; la mère en prend dès lors le plus grand soin. Les oisons, à leur naissance, sont couverts d'un duvet jaune brun ou jaune verdâtre; ils sont frileux, et craignent l'humidité jusqu'au moment où les plumes remplaceront le duvet. Ce n'est que vingt-quatre heures après leur naissance qu'on leur donne à manger un mélange d'œufs durs hachés et de jeunes feuilles d'orties blanches coupées très-fin. Vers le quatrième jour, on remplace cette nourriture par des pâtées de son ou de recoupe, ou mieux encore de farines et de pommes de terre cuites et écrasées, d'orties hachées, de mie de pain blanc, etc , qu'on leur distribue cinq ou six fois par jour. Quand les oisons ont de huit à dix jours, on les laisse sortir avec leurs mères, dans le milieu de la journée, si le temps est beau; mais il faut les garantir soigneusement du froid, de la pluie et de l'ardeur du soleil. Lorsqu'ils ont quinze jours, on peut les laisser une bonne partie du temps dehors, dans un petit pâturage voisin, mais en les surveillant toujours. A un mois, on commence à former le troupeau, qui, sous la conduite d'un enfant, d'une femme ou d'un vieillard, et guidé par quelques mères, ira chercher une partie de sa nourriture au dehors; le soir, on donne un supplément de nourriture, qui consiste en feuilles d'orties grossièrement coupées et en un peu de déchets de grains. La moisson terminée, les chaumes offrent un excellent parcours aux oisons, déjà âgés alors de deux mois à deux mois et demi. Durant ce temps, ils n'ont besoin d'aucun supplément. Mais ce n'est qu'à l'âge de deux ans que le mâle et la femelle sont devenus adultes et doivent être employés à la reproduction; pourtant les jars de l'année précédente sont d'ordinaire employés dès le printemps qui suit leur naissance à féconder les femelles de même âge, qui commencent ainsi à pondre avant d'avoir atteint un an.

Dix mères et deux mâles produisent en moyenne 300 œufs par an, mais seulement une centaine à la première ponte, la seule qui puisse être utilisée pour l'élevage. Ces 100 œufs fournissent en moyenne 75 oisons, qui forment avec les 12 parents un troupeau de 87 têtes, suffisant pour justifier la dépense d'un jeune ou d'un débile conducteur. Mais nous ne devons pas dissimuler que le parcours des oies est sensiblement nuisible aux vignes, aux vergers, aux prairies naturelles et artificielles; elles coupent les bourgeons des arbres fruitiers, leur fiente brûle l'herbe, enfin elles perdent des plumes qui, se retrouvant dans les fourrages fauchés et fanés, peuvent causer de graves accidents au bétail. Il faut leur réserver, donc, des pâturages spéciaux, des prairies qui doivent être défrichées, les chaumes, les chemins enherbés, etc.

En novembre, les oisons sont âgés d'environ huit mois; ils ont été préparés à l'engraissement par le régime abondant des chaumes : on en engraisse quelques-uns; les autres ne le seront qu'aux mois de juillet et d'août suivants. L'engraissement d'hiver, néanmoins, est le plus profitable, tant à cause du jeune âge des bêtes qu'à cause de la température; l'engraissement d'été, sur les chaumes, est, d'un autre côté, plus économique. Les mâles atteignent, en général, un poids plus lourd, mais les femelles obtiennent un prix relativement plus élevé, à cause de la finesse de leur chair.

L'oie, pour l'engraissement d'hiver, doit être séquestrée. Dans un local obscur, où la température est à la fois un peu humide et chaude, on dispose un nombre variable de cases ou épinettes dont la hauteur et la largeur sont calculées de façon que leur prisonnier soit obligé de se tenir accroupi et ne puisse faire aucun mouvement. Sur le devant de chaque case, qui est à claire-voie, est placée une augette qui recevra la nourriture et la boisson; le plancher est garni d'une litière (sable ou paille) renouvelée chaque jour. Avant de placer les oies dans les cases, on leur arrache une partie des plumes du ventre qui seraient souillées par les excréments. Trois fois par jour, on place les augettes et on y verse de l'avoine en grain; à laquelle succède pour boisson de l'eau blanche (eau et farine d'orge, de sarrasin ou de maïs); le repas terminé, on enlève l'augette. Lorsque l'oie a consommé environ

20 litres d'avoine , elle est mi-grasse et peut être livrée ainsi à la consommation ou au commerce ; c'est affaire de quinze à vingt jours environ.

Lorsqu'on désire pousser l'engraissement plus loin, il faut ajouter ensuite à l'avoine des pâtées de racines cuites et de farines délayées avec du lait écrémé ; on termine par des pâtées de farines d'orge , de maïs ou de sarrasin, données pendant huit à dix jours, ou mieux encore, on empâte comme les poulets et les dindons, avec des pâtons de farine ou des grains de maïs macérés dans l'eau tiède et salée. L'engraissement ainsi conduit dure trente à trente-cinq jours.

Lorsqu'on commence l'engraissement par des bouillies de farines d'orge, de maïs ou de sarrasin délayées avec du lait écrémé, auxquelles on ajoute , après cinq ou six jours, des racines cuites, et un peu plus tard du grain d'avoine, toujours avec du lait doux pour boisson, on arrive au même résultat en quinze à vingt jours.

Quand enfin on désire pousser l'engraissement plus loin, et développer la maladie qui produit les foies gras, on peut choisir entre les procédés usités à Strasbourg et ceux mis en œuvre à Toulouse.

Strasbourg et ses environs se livrent depuis longtemps, et sur une grande échelle, à l'engraissement des oies pour la fabrication des pâtés de foies gras si renommés. Voici comment cette industrie s'y pratique : On place les oies dans une case d'épinette dont le plancher est à claire-voie et dont le panneau antérieur est percé d'une ouverture longitudinale pour que le patient y puisse passer la tête et boire dans l'augette qui y est accolée et contient de l'eau pure et propre. On embocque les oies deux fois par jour, matin et soir, avec des grains de maïs macérés pendant vingt-quatre heures dans de l'eau salée, et on y ajoute parfois une petite gousse d'ail. Après chacun de ces repas, on laisse les animaux en liberté dans la chambre d'engraissement, durant quelques minutes, avant de les replacer dans l'épinette. Après vingt à vingt-cinq jours de ce régime, on administre, à chacun des deux repas, une demi-cuillerée à bouche d'huile d'œillette. Au bout de dix-huit à trente jours, le résultat cherché est obtenu : l'oie a considérablement engraissé, son foie s'est développé au point que le jeu des poumons est devenu difficile et qu'un certain nombre périraient asphyxiées, dans les derniers jours, si une surveillance minutieuse ne permettait de les sacrifier avant l'accident. Le foie d'une oie ainsi traitée pèse de 400 à 600 grammes et se vend aux pâtissiers de 3 à 8 francs pièce. Il reste encore la viande et la graisse ; la viande est livrée à la consommation, soit fraîche et crue, soit rôtie ; dans ce dernier cas, on a recueilli et on vend la graisse à part : la viande a une valeur de 2 fr. 50 à 4 francs, la graisse de 4 à 7 francs. On engraisse chaque année, à Strasbourg et ses environs, 3 à 400,000 oies qui sont apportées sur le marché de cette ville en décembre, janvier et février.

Toulouse se livre à la même industrie depuis longtemps, sur une échelle un peu moindre, mais avec plus de succès encore, grâce, sans doute, aux qualités de sa race indigène. L'engraissement commence en octobre et dure de quatre à six semaines. Les oies sont placées en épinettes dans une chambre à température douce et un peu humide, où on ne donne de jour que pendant la durée des repas. Ceux-ci se composent de grains de maïs, le plus souvent à l'état normal, parfois préalablement gonflés dans l'eau et dont on gave successivement chaque animal deux ou même trois fois par jour, l'abreuvant chaque fois ensuite d'un peu d'eau salée. Lorsque l'oie a consommé ainsi environ trente litres de maïs, elle pèse de 8 à 11 kilogr. ; le foie pèse également de 4 à 600 grammes ; l'animal se vend de 12 à 20 francs tel quel ; mais son foie vaut de 4 à 6 francs, sa viande de 3 à 5 francs, la graisse de 5 à 9 francs.

Le foie gras est une hypertrophie de cet organe, déterminée par une alimentation surabondante et un engraissement exagéré ; le foie décuple presque de volume et de poids, vient presser mécaniquement sur le diaphragme et les poumons, rend la respiration difficile d'abord, l'hématose incomplète ensuite, et souvent fait périr l'animal d'asphyxie. Cette pléthore graisseuse, cette hypertrophie, sont en outre accompagnées d'un état anémique, cachectique, qui rend la viande plus blanche, sinon plus nourrissante et surtout plus saine. La principale qualité du foie consiste dans son volume et dans sa couleur, qui doit être le plus pâle possible.

Dans la Gascogne et le Languedoc, on engraisse en outre, pour le commerce et la consommation, beaucoup d'oies, mais que l'on pousse alors beaucoup moins loin. En été, la viande fraîche de ces oiseaux se vend au détail sur les marchés, pour une consommation immédiate; en hiver, ils sont destinés à faire des conserves d'oies salées, ou d'oies dans la graisse. Une oie de commerce du poids vif de 8 kilogr. fournit en moyenne les rendements suivants :

Viande, 3 kil. 500, à 1 fr. 25	4f 35	
Graisse, 2 kilos, à 2 fr. 30	4 60	
Foie, 200 grammes.	1 »	11f 15
Intestins, membres, tête (abatis), 2 kil. 50	0 75	
Plumes et duvet, 250 grammes.	0 45	

C'est donc un rendement en viande de 43,75 p. 100 du poids vif, et en graisse et foie, de 27,50 p. 100, soit en somme et en poids utile, de 71,25 p. 100 du poids vivant; le déchet, dans lequel sont encore compris les abatis, la plume et le duvet, ne s'élève donc qu'à 28,75 p. 100. Paris seul consomme plus d'un million d'oies par an

La plume forme encore un produit assez important de l'élevage et de l'engraissement de l'oie, et il faut distinguer la plume et le duvet.

On plume les jeunes oisons, c'est-à-dire qu'on arrache une partie du duvet qui garnit l'abdomen, lorsque leurs ailes se croisent sur le dos, en juin ou juillet; si on ne les destine pas à être engraissés en automne, on fait une seconde récolte à la fin de septembre. On plume les vieilles oies trois fois par an, en mai, juillet et septembre, et chacune d'elles fournit ainsi en tout environ 0 kilogr. 300 de plumes et 0 kilogr. 075 de duvet, qui, à 2 francs le kilogr. de plume sèche et à 7 francs le kilogr. de duvet, forment un produit d'à peu près 1 fr. 10 par tête. Les oies qui ont couvé et élevé ne produisent guère que la moitié de cette somme, et les oisons à peine un tiers. Avant de plumer les oies, il faut les baigner en eau claire et les laisser se ressuyer sur le gazon; on arrache ensuite, à la main, une partie des plumes et du duvet du ventre, sans nulle part dénuder la peau. On dépose plume et duvet dans un endroit sec, on les remue fréquemment; après une quinzaine de jours, on met le tout dans un sac que l'on dépose dans un four une ou deux heures après en avoir retiré le pain. Reste ensuite à trier la plume et le duvet. Autrefois, on arrachait les plumes des ailes au moment de la mue, pour l'industrie des plumes à écrire, industrie presque perdue aujourd'hui.

Il nous reste pourtant dans la banlieue de Paris, à Joinville-le-Pont, une manufacture très-importante où sont traitées les plumes de toutes sortes et surtout d'oie, tirées principalement de Russie. Le tuyau y est employé à la fabrication de plumes à écrire, découpées à l'emporte-pièce, à l'usage de quelques personnes qui les préfèrent aux plumes de fer et s'en servent de la même façon. Les quatre côtés de la tige sont enlevés, débarrassés de leurs barbes, et employés à la confection d'excellentes brosses et de balais inusables; les pennes, teintes de diverses couleurs, servent à fabriquer des fleurs artificielles pour l'exportation; restent la partie centrale de la tige et la moelle du tuyau, qui constituent une sorte d'engrais assez riche.

Les volailles mortes ou tuées donnent encore leur plume et leur duvet, mais de qualité moindre. Une oie grasse peut fournir : 1° les bouts d'aile ou plumeaux, qui valent ensemble 0 fr. 05 c. à 0 fr. 15;

2° les plumes du corps, 0 kilogr. 200 à 1 franc, soit
0 fr. 20 c. ; 3° le duvet, 0 kilogr. 050 à 3 francs,
soit 0 fr. 15 c., ou, en tout, environ 0 fr. 45 c. Ailleurs, comme dans le département de la Vienne, on
écorche l'oie grasse avant de la livrer à la consommation, et on fabrique de sa peau garnie de duvet des
imitations de cygne : pour cela, on fend la peau par le
dos et on la soulève avec les plus grandes précautions.
Une belle peau d'oie, bien fourrée et sans déchirures,
se vend de 2 à 3 francs ; mais le corps a perdu un
cinquième à peu près de sa valeur. Ces oies, dépouil-
lées et expédiées à Paris, trouvent un placement avantageux sur les marchés des quartiers populeux, et ne
subissent qu'une dépréciation peu sensible.

Des intestins de l'oie, on fabrique souvent des cordes à violon.

Le fumier des oies est à la fois peu considérable et
assez mal estimé ; on le mélange d'ordinaire avec celui
du gros bétail.

Bien que très-rustiques, les oies sont exposées à
peu près aux mêmes accidents et maladies que la plupart des autres volatiles. Elles *s'empoisonnent* parfois
en mangeant des feuilles de la grande ciguë, de la
douce-amère, de la belladone, de la jusquiame ; il faut,
dans ce cas, leur administrer immédiatement du lait
avec de la rhubarbe. On dit que les feuilles d'ortie
atteintes de la miellée ou du puceron sont aussi pour
elles un poison, contre lequel on leur fait avaler un
peu d'eau de chaux tiède. La *pépie,* la *diarrhée,* la
constipation, se traitent chez l'oie comme chez la
poule. Le *vertige* ou l'*apoplexie* proviennent le plus

souvent d'insolation ; il faut saigner les malades en leur ouvrant avec une grosse aiguille la veine assez apparente placée sous la palmure des pattes, ou mieux encore une veine plus grosse et fort visible sous l'aile ; cette saignée, faite en temps utile, sauve souvent le malade. Ce sont les soins d'hygiène et de propreté dans le logement qui peuvent seuls éloigner des oies la vermine, poux, acares, etc., très-difficile à détruire lorsqu'on n'a pas empêché son invasion.

On sait que Strasbourg et Toulouse font un commerce considérable de pâtés de foies gras en terrines, avec ou sans truffes. Ce mets est de date ancienne : « Plus philosophes que Laude, nos Romains, dit Pline, distinguent l'oie pour la bonté de son foie. Cette partie devient prodigieusement grosse dans les oies qu'on engraisse. On l'augmente encore en la faisant tremper dans du lait miellé ; et ce n'est pas sans raison qu'on cherche quel est l'auteur de cette belle découverte, s'il faut en faire honneur à Scipion Metellus, personnage consulaire, ou à Seius, chevalier romain, qui vécut dans le même temps. Mais, du moins, on ne conteste pas à Messalinus Cotta, fils de l'orateur Messala, d'avoir trouvé le secret de rôtir les pattes d'oie et d'en composer un ragoût avec des crêtes de poulet. » Mais les Romains mangeaient les foies frais ; il paraît que l'invention des conserves ou pâtés de foies ne remonte qu'à la fin du siècle dernier, et serait due à un nommé Clore, un Normand, cuisinier du maréchal de Contades, qui fut commandant de Strasbourg de 1762 à 1788.

Fig. 86. — Canard commun.

CHAPITRE XI

LE CANARD.

Le canard forme dans l'ordre des Palmipèdes, dans la famille des Lamellirostres, dans le grand genre des Canards, divisé en trois sous-genres (Oies, Cygnes et Canards proprement dits), un groupe caractérisé par son bec grand, large et garni sur ses bords d'une rangée de lames saillantes, minces, transversales, qui paraissent destinées à laisser écouler l'eau quand l'oiseau a saisi sa proie; le bec est moins haut que large à la base, et autant ou plus large à son extrémité que vers la tête; les jambes sont plus courtes et placées plus en arrière du corps que chez les oies, et rendent ainsi la marche plus facile; le cou est aussi relativement plus court; la trachée-artère se renfle à sa bifurcation en capsules cartilagineuses. Brehm range les canards dans les Nageurs Lamellirostres, dans la famille des Anatidés, où ils forment un genre spécial, qu'il distingue par l'onglet fortement recourbé de son bec, ses pattes insérées vers le milieu de la longueur du corps, ses doigts longs, ses ailes assez longues, sa queue arrondie, avec les couvertures supérieures moyennes frisées et redressées chez le mâle, enfin le plumage variable suivant le sexe.

On connaît plusieurs espèces de canards vivant à l'état sauvage :

Le *Canard sauvage* (fig. 86) ou commun (*Anas boschas*), souche de toutes ou au moins de la plupart de nos races domestiques, habite tout le nord de la terre, depuis le milieu du cercle polaire boréal jusqu'aux tropiques. C'est un oiseau migrateur, qui pourtant ne gagne le midi que pour éviter les hivers trop rigoureux du nord. Il a la tête et le haut du cou verts ; la partie antérieure de la poitrine brune ; le haut du dos d'un brun cendré, finement rayé d'un gris bleuâtre ; les épaules moirées de gris blanc, de brun et de noirâtre ; la face supérieure des ailes, grise ; le miroir, d'un superbe bleu, bordé de chaque côté d'une bande blanche ; le bas du dos et le croupion, vert noir ; le dessous du corps gris blanc, très-légèrement moiré de noirâtre ; une bande blanche étroite sépare le vert du cou du brun châtain de la poitrine ; les couvertures supérieures des ailes, d'un vert noir ; les inférieures, d'un noir velouté ; les rémiges, gris foncé ; l'œil, brun clair ; le bec, jaune verdâtre ; les tarses, d'un rouge pâle. La femelle porte la tête et le cou gris fauve, semé de taches plus foncées ; le haut de la tête, brun noirâtre; le dos, brun, semé de taches de brun noirâtre, grises, brunes et d'un brun roux; la partie inférieure du cou et la gorge, brun châtain clair, marqués de taches circulaires noires; le dessus du corps, brun châtain clair, à taches brunes. Le jeune mâle, sous son plumage, ressemble à la femelle.

Le *canard musqué* (*Anas moschata*), canard turc, canard de Barbarie, canard muet, dont Brehm fait un genre à part sous le nom de Cairina (*Cairina moschata*), n'est originaire ni de Turquie ni de Barbarie, mais bien d'Amérique méridionale, où on le trouve à l'embouchure des fleuves, sur les cours d'eau, dans les marais des savanes, dans les marécages qui sont au milieu des déserts. C'est de là qu'il a été apporté en Europe par les Espagnols, quelque temps après la conquête; depuis lors, il est devenu entièrement domestique. Le mâle porte le haut de la tête d'un vert brunâtre; le dos, les ailes et le reste de la face supérieure du corps, d'un vert métallique, à reflets violet pourpre; les rémiges vertes, à reflets bleu d'acier foncé; les couvertures des ailes en grande partie blanches; le dessous du corps d'un brun noirâtre terne; les couvertures inférieures de la queue, d'un vert brillant; l'œil jaune; les parties nues de la ligne naso-oculaire, d'un brun noirâtre; les verrucosités nasales, d'un rouge foncé tacheté de noir; le bec noirâtre, avec une bande transversale d'un brun bleuâtre en avant des narines, et la pointe couleur de chair. La femelle, beaucoup plus petite que le mâle, porte la même livrée.

Le *canard de la Caroline* (*Anas sponsa*), que Brehm

range dans un genre distinct, celui des Aix (*Aix sponsa*),
habite tous les États-Unis, depuis la Nouvelle-Écosse
au nord jusqu'au Mexique au sud, depuis le Canada
jusqu'à la Floride. En hiver, il émigre dans toute
l'Amérique septentrionale ; en été, il se dirige vers les
régions glaciales. Il vit de préférence dans les cantons
boisés où se trouvent de petites rivières. Il perche
quelquefois sur les arbres, dans les troncs desquels il
place son nid. Sa ponte est de 8 à 12 œufs. En France,
il se reproduit facilement dans nos volières, pourvu
qu'on ait soin d'y placer quelques arbrisseaux. Le mâle
porte le haut de la tête et les joues, entre l'œil et le
bec, d'un vert foncé brillant ; les côtés de la tête et une
grande tache sur les côtés du cou d'un vert pourpre à
reflets bleuâtres ; les plumes de la huppe, retombantes
en arrière de la tête, d'un vert doré, marquées de
deux bandes blanches, étroites, se prolongeant en
avant, l'une au-dessus, l'autre au-dessous de l'œil ;
les côtés du haut de la poitrine, d'un brun châtain vif,
parsemé de petites taches blanches ; les ailes, mélangées de reflets bleu pourpre, vert et noir velouté ;
quelques plumes de la queue, rouge orangé ; la gorge,
le menton, une bande qui entoure le haut du cou, le
milieu de la poitrine et du ventre, blancs ; les flancs,
d'un gris jaunâtre, finement moiré de noir ; quelques
plumes plus longues que les autres, noires et bordées
d'un large liséré blanc ; l'œil, rouge vif ; les paupières,
rouge orangé ; le bec, assez court, mince, un peu plus
court que la tête, à onglet fortement recourbé, sur-
plombant un peu la mandibule inférieure, de couleur
jaunâtre au milieu, d'un rouge brun foncé à la base,

noir à la pointe ; les tarses courts, épais, insérés assez en arrière, d'un jaune rougeâtre. La femelle, un peu plus petite que le mâle, n'a pas de huppe : elle a le dos d'un brun verdâtre foncé, à reflets pourpres, varié de grandes taches ; la tête verte ; le cou gris brun ; la gorge blanche ; la poitrine blanche aussi, mais tachetée de brun ; le ventre entièrement blanc ; l'œil entouré d'un large cercle blanc qui se prolonge en arrière, en une ligne de même couleur, jusque dans la région auriculaire. La chair de ce canard passe pour être excellente ; il s'apprivoise vite et facilement, et se reproduit bien en captivité.

Le *canard mandarin*, canard à éventail, ou sarcelle de la Chine (*Anas galericulata*), que Brehm range dans le même genre que le précédent (*Aix galericulata*), est originaire du nord de la Chine, et se trouve principalement dans la province de Nankin ; il existe aussi au Japon, mais on pense qu'il y a été importé ; l'hiver, il émigre vers le sud de la Chine. Domestiqué depuis longtemps dans ce pays, il y est considéré comme oiseau de volière. Il a été importé en Hollande en 1848, en Angleterre en 1850, en France en 1858. Il est remarquable par la beauté et la vivacité des couleurs de son plumage, par la richesse de la huppe verte et pourpre qui ombrage sa tête, par une collerette latérale, simulant une crinière, d'un beau rouge cerise ; par deux sortes d'éventails, formés sur le dos par les rémiges du bras, élargies et disposées verticalement, et dont les barbes externes sont de couleur bleu d'acier, les internes jaune brun bordé de blanc et de noir ; par son œil rouge jaunâtre ; son bec rouge, blan-

châtre à la pointe ; ses tarses d'un jaune rouge. La
femelle ressemble presque complétement à celle du
canard de la Caroline.

Le *canard microptère* (*Anas brachyptera*), ou Microptère d'Eyton (*Micropterus brachypterus*), présente cette
particularité que ses ailes sont tellement courtes
qu'elles ne peuvent lui servir qu'à battre la surface de
l'eau, et non à voler. Il est originaire de l'Amérique
méridionale.

Le *canard Casarka* (*Anas casarca*), canard des
brahmanes, canard roux, canard cannelle, canard
citron, cassart, etc., dont Brehm fait un genre distinct, le Casarka roux (*Casarca rutila*), est originaire de
l'Asie centrale et s'étend vers l'est jusqu'au bassin
supérieur du fleuve Amour, vers l'ouest jusqu'au Maroc.
Il émigre en hiver vers le sud, en Grèce, en Italie, en
Égypte, en Tunisie, en Algérie, aux Indes, en Perse,
en Turquie. Il est très-commun, en hiver, en Sibérie.
Cet oiseau, qui se rapproche de l'oie par les pieds, a
la taille du canard ordinaire, la démarche plus libre
et plus gracieuse, vole légèrement, et ne vit pas en
troupe, mais par couples. Sa femelle niche dans les
cavernes et les fentes de rochers, où elle pond de 8
à 10 œufs blancs, à coquille lisse, un peu plus gros
que ceux du canard sauvage. On dit leur chair détestable. Ils s'apprivoisent facilement et se reproduisent
bien en captivité. Le mâle a la tête, la moitié supérieure du cou d'un gris de souris, avec un collier vert
foncé métallique dans la saison des amours ; le reste du
cou, le dessus et le dessous du corps, roux rougeâtre ;
les ailes, le croupion et la queue, noir à reflets métal

liques; l'œil brun clair; le bec noir; les tarses gris
plombé. La femelle, plus petite que le mâle, porte un
plumage plus terne, la face blanche et pas de collier.

Tous les naturalistes sont d'accord pour admettre
que le canard sauvage est la souche de la forme du
canard domestique ordinaire, c'est-à-dire de la plupart
de nos races de basse-cour. Mais la domestication de
cet oiseau paraît fort ancienne, et, jointe à l'acclimatation et aux croisements sans doute, elle a donné lieu
à un grand nombre de races, sous-races et variétés.

Le canard sauvage est monogame, les mariages ne
sont qu'annuels; le mâle ne couve pas, mais surveille
et défend sa femelle et sa famille; hors le temps des
amours et de l'éducation, les canards sauvages vivent
en troupe et émigrent, à l'automne et au printemps,
en grandes bandes qui figurent, en volant, des triangles
réguliers. La cane sauvage ne fait qu'une ponte par
an; dans un nid formé de branches mortes, de brindilles, de feuilles sèches, lâchement entrelacées, qu'elle
tapisse intérieurement de duvet, elle pond, en mars,
de 8 à 16 œufs allongés, à coquille épaisse, d'un blanc
verdâtre ou jaunâtre, luisants, qu'elle couve vingt-
quatre à vingt-huit jours. Tantôt elle établit ce nid
sur les arbres, dans la couche abandonnée par une
corneille, le plus souvent à terre, sur un petit monti-
cule, une touffe d'herbes ou de roseaux, sous un buisson, mais toujours non loin de l'eau douce, ruisseau,
rivière ou étang. Les jeunes canards, ou halbrands,
naissent couverts d'un duvet jaune avec taches brunâtres; dès le lendemain de leur éclosion, ils vont à
l'eau, nageant au bord et entre les herbes; les plumes

ne commencent à pousser qu'à six semaines, et ils ne sont point en état de voler avant l'âge de deux mois et demi environ. Les œufs qu'on a dérobés à la cane sauvage pour les faire couver par une poule domestique produisent des canetons qui s'élèvent sans difficulté au milieu des habitants de la basse-cour, qui, après leur première ponte, ont le plus souvent perdu l'idée de reprendre leur liberté, mais qui parfois aussi rejoignent leurs congénères sur les étangs ou les rivières à l'époque des migrations.

Le canard resta inconnu aux anciens Égyptiens, aux Hébreux, aux Grecs de la période homérique. Columelle et Varron en parlent comme d'un oiseau non encore domestiqué. Les Chinois paraissent nous avoir de beaucoup précédés dans cette conquête comme dans un grand nombre d'autres. Néanmoins, le canard sauvage ou les différentes espèces sauvages nous ont déjà fourni un grand nombre de races, sous-races et variétés domestiques, dont nous décrirons seulement les principales.

Parlons d'abord du *canard musqué* ou *de Barbarie*, qui descend de l'*anas Moschata* sauvage et non pas de l'*anas Boschas,* et qu'on rencontre souvent dans nos basses-cours, principalement dans le midi de la France. Beaucoup plus gros que le canard domestique ordinaire, il en diffère par un assez grand nombre de caractères zoologiques. L'un de ses noms provient de l'odeur de musc que répand sa chair, et qui est due à un humeur huileuse sécrétée par plusieurs petites glandes placées sur le croupion. La domesticité a terni sensiblement l'éclat de ses couleurs et un peu modifié

ses mœurs. La femelle pond au printemps (avril et mai)
de douze à quinze œufs arrondis et d'un blanc verdâtre, pour lesquels la période moyenne d'incubation
est de vingt-quatre à vingt-six jours ; elle établit toujours son nid à terre et va rarement à l'eau. Le canard
de Barbarie se croise facilement avec le canard ordinaire et produit ainsi les hybrides appelés Mulards, le
plus souvent stériles entre eux, mais féconds avec
l'une ou l'autre des espèces parentes pures, dont la
voix est moins bruyante que celle des canards ordinaires ; plus gros, mais d'un développement plus tardif ; moins aptes à prendre la graisse, mais dont on
peut rendre la chair très-mangeable en enlevant, immédiatement après les avoir tués, la tête et le croupion.
Il y en a une variété blanche plus petite, mais qui convient bien pour l'ornement des pièces d'eau. Le canard
de Barbarie, de Guinée ou de l'Inde, est l'espèce que
l'on élève de préférence dans les basses-cours de
l'Amérique méridionale. Elle a été introduite en France
au commencement du quinzième siècle, et aujour-
d'hui elle donne par an deux ou trois pontes de dix
à dix-huit œufs chacune, soit en tout vingt à cinquante.

Le *canard barboteur commun* n'est autre que le
canard sauvage captivé et domestiqué ; il a conservé
le même plumage dans les deux sexes, bien que les
teintes en aient un peu pâli ; son poids a augmenté, et
atteint, lorsqu'il est devenu adulte, environ 1 kilogr. ;
les pattes sont devenues plus grosses et ont pris le plus
souvent la couleur noir brunâtre au lieu de jaune
orangé. Cette race réclame presque indispensable-

ment de l'eau, ne fût-ce qu'une mare; elle est un peu coureuse et même vagabonde. Sa chair est ferme, un peu noirâtre, manque de délicatesse et de tendreté le plus souvent. Son développement est un peu tardif, son élevage peu coûteux, mais non toujours assuré. La femelle donne en trois pontes de trente à soixante œufs par an; ces œufs, produits à intervalle d'un jour chaque, sont plus gros que ceux de la poule, plus allongés, d'un diamètre presque égal à chacune de leurs extrémités, d'une coloration jaune verdâtre, excellents pour la consommation et la pâtisserie. Ce canard engraisse bien, mais ne dépasse pas un certain état d'embonpoint; on le croise souvent avec le canard sauvage. Il y a une variété blanche très-jolie, mais plus petite et plus délicate à élever.

Le *canard de Rouen* (fig. 87), ou canard normand, n'est autre que la précédente améliorée; elle en a conservé le plumage, mais elle a pris du poids et de la taille, et pèse en moyenne 2 kilogr. 500 environ. La tête est verte, avec un demi-collier blanc interrompu en arrière; la poitrine est brun marron clair, liséré de blanc; les ailes, gris marron, avec de petits miroirs à reflets blancs, violets et verdâtres, au bord externe; le ventre est gris clair; le dos, gris foncé en avant, noir verdâtre en arrière, le bec jaune tacheté de noir; les pattes fortes et jaunes. La femelle porte la robe brun noirâtre, sans collier, mais avec miroirs à reflets bleus, violets et verdâtres aux ailes. Plus facile à élever que le canard barboteur, moins exigeant sur l'eau, il est très-précoce, très-fécond, et donne une chair très-déli cate. La femelle, excellente pondeuse, donne environ soixante-quinze œufs en trois pontes. C'est surtout aux environs d'Yvetot, et dans les vallées de l'Andelle, de la Touque, de la Dive, de la Rille, qu'on se livre à son éducation pour la vente à Paris ou l'expédition en Angleterre. C'est cette même race qui, transportée en

Fig. 87. — Canard de Rouen.

Picardie, aux environs d'Amiens, d'Abbeville, etc., fournit ses éléments à l'industrie des pâtés de canard. Il y en a une variété de même couleur et huppée ; une autre toute blanche, plus petite, moins apte à l'engraissement et plus difficile à élever. La cane pond souvent des œufs aussi blancs que ceux de la poule, mais plus arrondis aux extrémités et souvent verts.

Les *canards Duclair* paraissent être une variété du canard de Rouen, mais une variété aujourd'hui assez

bien fixée. De même poids que lui, ils sont plus précoces et à la fois plus rustiques. Les mâles ont le
devant du cou et de la poitrine blancs ; la tête et le
derrière du cou d'un beau vert bronzé brillant ; le corps
brun en dessus, noir en dessous ; deux traits blancs au-
dessus des yeux et à la base du bec ; ce dernier est
vert foncé ou noir ; les pattes rouge brique ou brunes.

Le *canard d'Aylesbury* est une variété anglaise du
canard sauvage ; elle est presque aussi grosse que la
précédente, mais elle a le plumage tout blanc, avec le
bec fortement busqué et rosé et les pattes d'un jaune
pâle ou rose, le sac abdominal fortement développé,
les ailes très-courtes et presque impropres au vol. Les
plumes blanches ayant plus de valeur que les autres,
cette variété fournit, de ce chef, un produit un peu
plus élevé. Elle est en outre précoce, très-disposée à
l'engraissement, et fournit une chair très-délicate. La
cane pond abondamment, et les œufs sont très-gros. La
chair de cette race est très-fine, et son engraissement
facile.

Le *canard chanterelle* est une variété française du
canard sauvage dont elle a conservé la coloration ;
mais elle est de taille beaucoup plus petite, a le bec
notablement et proportionnellement plus court, et la
femelle est douée d'une loquacité extraordinaire. On
l'emploie comme appelant dans la chasse à la hutte,
aux filets ou au fusil, du canard sauvage. Il y en a
une variété blanche.

Le *canard à bec recourbé* est une race ancienne, car
il en est fait mention en Angleterre dès 1676 ; en
outre, elle prouve l'antiquité de sa domestication par

sa fécondité remarquable, car elle pond presque constamment. La courbure inférieure de son bec lui donne une apparence extraordinaire. Sa tête est souvent huppée. Sa coloration est celle du canard sauvage, il y en a pourtant une variété blanche.

Le *canard Labrador*, canard du Canada ou de Buenos-Ayres, pourrait bien plutôt provenir de l'Inde. C'est sans doute une espèce sauvage domestiquée. Elle a le plumage entièrement noir, avec de magnifiques reflets sur la tête et le dos; le bec, plus large relativement à sa longueur que dans le canard sauvage, est noir, ainsi que les pattes. Les œufs que la femelle pond au commencement du printemps sont noirs; ceux des pontes postérieures le sont moins et ne sont à la fin que grisâtres. Cette coloration noire de l'œuf n'est que superficielle, elle disparaît lorsqu'on gratte la coquille. Il y en a deux variétés, l'une de la taille du canard barboteur, l'autre plus petite et volant très-bien. Cette race, dont la domestication doit être assez récente, a conservé plusieurs caractères de l'état sauvage : son vol est soutenu, son caractère farouche et vagabond; elle recherche de préférence la nourriture animale. On dit sa chair supérieure à celle du canard sauvage.

Le *canard Pingouin* a reçu ce nom à cause de ses longues jambes, placées très en arrière du corps, et de la brièveté de ses ailes, qui lui donnent, lorsqu'il est à terre, la tournure et la démarche de cet oiseau. Il marche avec le corps très-redressé, le cou tendu et relevé. Son bec est assez court; sa queue, formée de dix-huit rectrices, est retroussée. Sa chair est très-estimée. Il paraît originaire de l'archipel Malais. Dans le croisement, le canard pingouin transmet fortement à ses produits la forme particulière de son corps et sa démarche.

Enfin nous nous contenterons de mentionner les variétés dites : *canard de Hollande,* peu différend du normand ; *canard Polonais,* petit, très-élégant, et dont une sous-variété est huppée, blanc, avec le bec et les pieds jaunes, le bec étant sensiblement recourbé en bas ; *canard mignon,* au plumage tout blanc, parfois mais rarement gris, avec ou sans huppe, à bec et pattes jaune orangé, la plus petite de nos espèces domestiques ; le *canard de Pékin,* assez semblable au mignon, mais de taille notablement plus forte, blanc comme lui, avec bec et pattes jaunes ; *canard plombière de la Chine,* de très-petite taille, très-fécond, d'un élevage facile et n'exigeant pas d'eau, oiseau de volière ; cet oiseau pourrait bien former une race spéciale et appartenir à un autre type sauvage que l'*Anas boschas,* type qui serait indigène de la Chine probablement.

En devenant domestique, le canard sauvage est devenu polygame ; un mâle suffit à cinq ou six femelles ; l'un et l'autre, le mâle et la femelle sont adultes, aptes à se reproduire dès l'âge de douze à quatorze mois. La cane entre la première en amour, pond souvent en hiver, dès la fin de janvier ou de février, quelques œufs inféconds, le mâle n'étant point encore entré en rut, et qu'elle ne tarde pas à abandonner. La véritable ponte, celle qui donne des œufs fertiles, n'a lieu qu'en mars, avril ou mai, suivant le climat et la température et suivant l'âge des animaux, la femelle ne pondant jamais avant le printemps qui suit sa naissance, mais d'autant meilleure heure qu'elle est née plus tôt dans l'année précédente. En avril donc, elle pond de douze à vingt-cinq œufs, à un jour d'intervalle, puis s'arrête. Si on ne la fait pas couver, elle donnera une seconde ponte de dix à vingt œufs en juillet et août; et parfois encore huit à douze œufs en septembre; en tout de trente à cinquante œufs par an. La cane normande fournit presque le double d'œufs à chaque ponte et conséquemment aussi en total.

Ces œufs, comme ceux d'oie, conservent pendant trois à quatre semaines leur faculté germinative, si on les place, à mesure de leur production, dans un lieu frais, à température moyenne et régulière, sèche surtout. Un grand nombre de canes pondent de préférence dans une cachette qu'elles ont découverte et où elles se livrent à l'incubation. Comme la ponte a presque toujours lieu dans la matinée, il faut les épier, les suivre, et lorsqu'on a trouvé leur nid, en enlever tous les œufs moins un; on peut encore, chaque matin, avant de leur rendre la liberté, tâter toutes les femelles et retenir dans le poulailler celles qui doivent pondre dans la journée. Ces couvées mystérieuses, en effet, sont exposées à beaucoup de chances de destruction.

La cane est bonne couveuse, lorsqu'elle consent à couver; mais en général on préfère, afin de prolonger sa ponte, donner ses œufs à une poule, à laquelle on en confie une douzaine, que l'on voit éclore après vingt-six à vingt-neuf jours pour les canards ordinaires, trente-trois à trente-cinq pour ceux de la Caroline; vingt-quatre à vingt-six pour le canard de Barbarie, et trente à trente-deux pour le canard mandarin. La poule élève fort bien les canetons, leur témoigne la plus grande tendresse, les entoure de la plus vive sollicitude. Il en est de même de la dinde, qu'une aussi longue incubation fatigue moins que la poule et à laquelle on peut confier quinze à seize œufs. Les soins à donner à la cane couveuse sont les mêmes que pour la poule, mais les œufs de cane sont plus sensibles au refroidissement que tous autres. Pour obtenir des animaux rustiques et d'un beau développement, il ne faut admettre à la reproduction que des animaux de deux ans au moins et de quatre au plus, bien que le canard ait la vie plus longue que le coq, et que la cane conserve sa fécondité jusqu'à dix ou douze ans.

Les Chinois, qui sont grands éleveurs de canards, leur appliquent le procédé d'incubation artificielle. Dans l'île Chusan, voici, d'après le voyageur Robert Fortune, comment il est pratiqué : Les œufs apportés dans l'établissement sont disposés dans des paniers en paille tressée, extérieurement recouverts d'argile, où ils reposent sur une brique et sont recouverts d'un couvercle. Ces paniers sont placés chacun sur un petit fourneau, à l'extrémité d'un bâtiment en terre recouvert de chaume. Après quatre ou cinq jours d'exposition à une température de 35 à 38° c., ces œufs sont mirés au jour, puis replacés pour neuf ou dix jours dans les mêmes paniers. Après un nouveau laps de neuf ou dix jours, soit après quatorze ou quinze jours en tout, on les retire des paniers pour les placer sur des tablettes en bois placées à l'autre extrémité du

bâtiment et recouverts d'une pièce d'étoffe de coton ;
quinze jours plus tard a lieu l'éclosion, le chauffage
ayant pendant ce temps maintenu l'atmosphère à la
même température. Les canetons sont rendus aux
propriétaires des œufs moyennant une légère indem-
nité, ou vendus au détail à des spéculeurs qui possèdent des maisons flottantes établies sur bateaux et
habitent sur une rivière ou un fleuve ; un escalier permet aux canetons d'aller à l'eau et de rentrer dans le
bateau, où un local spacieux leur est réservé.
Presque tous les cours d'eau de la Chine sont couverts
de ces maisons à canards, et sont la source d'une
industrie lucrative.

M. de la Gironnière nous décrit une pratique un
peu différente en usage à Payteros, chez les Indiens
Tagales de Luçon (Philippines) : « Les habitants de
ce bourg, situé à l'entrée du lac, sur un des bras du
Parig, se livrent particulièrement, dit-il, à l'éducation du canard. Chaque propriétaire a un troupeau
de 800 à 1,000 canes, qui lui produisent chaque
jour de 800 à 1,000 œufs, un par cane. Cette grande
fécondité est due à la nourriture qu'on leur donne.
Un seul Indien est chargé de pourvoir à la subsistance
de tout le troupeau. Il pêche tous les jours, dans le
lac, une grande quantité de petits coquillages, il les
concasse et les jette dans la rivière, dans un lieu cir-
conscrit par des bambous flottants qui servent de
limite à son troupeau et empêchent les canards de se
mêler à ceux des voisins. Les canes vont au fond de
l'eau chercher leur nourriture ; et le soir, au premier
son de l'*Angelus*, on les voit sortir d'elles-mêmes de

l'eau et se retirer dans une petite cabane pour y pondre leurs œufs et y passer la nuit.

« Après trois ans, la stérilité succède à cette grande fécondité, et il faut alors complétement renouveler le troupeau. Ce n'est pas l'opération la moins curieuse de cette industrie, qui rappelle les fours des Égyptiens pour l'éclosion des œufs. Cependant la méthode des Indiens est toute différente; elle est de leur invention, comme on va pouvoir en juger. Quelques Indiens ont pour unique profession de faire éclore des œufs; c'est un métier qu'ils apprennent comme ils apprendraient celui de menuisier ou de charpentier; on pourrait les nommer des couveurs.

« Près de la maison de celui qui a réclamé les soins d'un couveur, dans un lieu choisi, bien abrité du vent et exposé toute la journée au soleil, le couveur fait construire une petite cabane de paille, de la forme d'une ruche; il n'y laisse qu'une petite ouverture, celle absolument nécessaire pour s'introduire dans la ruche. On lui confie mille œufs, maximum qu'il puisse faire éclore en une seule couvée, de mauvais chiffons et de la balle de riz séchée au four. Il sépare ses œufs de dix en dix, les renferme par dix dans un chiffon avec une certaine quantité de balle. Après cette première opération, il place une forte couche de balle au fond d'une caisse de bois de cinq à six pieds de longueur sur trois de largeur, ensuite une couche d'œufs; et il continue en alternant, jusqu'à ce qu'il y ait logé les cent petits paquets. Il termine par une épaisse couche de balle et une couverture. Cette caisse doit lui servir de lit et la cabane de prison pendant tout le temps nécessaire à l'incubation. On introduit tous les jours par l'ouverture, que l'on referme ensuite avec soin, les aliments qui lui sont nécessaires.

« Chaque trois ou quatre jours, il change ses œufs de place ; il met en dessus ceux qui étaient en dessous. Le dix-huitième et le dix-neuvième jour, lorsqu'il croit que l'incubation est à sa dernière période, il pratique une petite ouverture à sa cabane pour y laisser pénétrer un rayon de lumière ; il y présente quelques œufs, les examine, et juge, au plus ou moins de transparence, et à des signes que ceux qui exercent cette industrie connaissent seuls, si l'incubation est complète. Lorsqu'il en est ainsi, son travail est presque terminé, il n'a plus de précautions à prendre. Il sort de la cabane, il retire ses œufs de la caisse un par un. Les petits canards, aussi forts que s'ils étaient éclos sous leur mère, courent immédiatement à la rivière.

« Le lendemain, l'Indien sépare soigneusement les mâles des femelles. Ces dernières seulement sont conservées ; les mâles sont rejetés. Les huit premiers jours on nourrit les jeunes canes de petits papillons de nuit, qui voltigent le soir en si grande quantité en suivant le cours de la rivière, qu'il est facile de s'en procurer autant qu'il est nécessaire. On leur donne ensuite des coquillages, et aussitôt qu'elles commencent à pondre, elles ne s'arrêtent plus pendant trois ans. » Cette influence d'une nourriture animale sur la ponte peut aisément être mise en œuvre par nos fermières, à l'aide de verminières dont nous avons déjà décrit la fabrication ; nous ne répondons point pourtant que cet aliment ne nuira point à la délicatesse de goût et à la durée de conservation des œufs.

Mais revenons en France. Nos canetons viennent d'éclore; on les place avec leur mère naturelle ou adoptive sous une mue en osier, dont un des côtés soulevé leur permet d'aller boire et se baigner dans un plat placé à proximité et tenu constamment rempli d'eau; on leur donne sept ou huit fois par jour des pâtées de son, de farine et d'orties hachées fin. Ils craignent fort la pluie et le froid; aussi les couvées précoces réussissent-elles rarement. Ce n'est que lorsqu'ils ont cinq ou six jours qu'on peut les laisser aller à l'eau, soit dans un baquet enterré à fleur de terre, soit dans une mare, un ruisseau, une rivière ou un étang. En Gascogne, on leur donne du vermicelle trempé dans l'eau et un peu de viande hachée fin. Lorsqu'ils ont atteint l'âge de deux mois, on leur donne des déchets de grains, des pâtées de son, de farine, de pommes de terre, betteraves ou navets cuits, de l'herbe, de l'orge, du gland, des limaçons, du frai de poisson, etc. Voraces et presque omnivores, les canetons profitent rapidement; ils ont croisé leurs ailes, c'est-à-dire sont devenus adultes, à l'âge de quatre à six mois, suivant la race, et peuvent dès lors être mis à l'engrais.

Les procédés d'engraissement sont les mêmes que pour l'oie : du grain ou des pâtées de farine, ou du grain de maïs échaudé, des racines cuites, des faînes, des glands, des châtaignes concassées, etc. Dans le Lanugedoc, aux environs d'Agen et de Nérac, pour obtenir des foies gras, on prend, au commencement

de l'hiver, des canards déjà en bonne chair, et on les
met en épinettes dans un local obscur, tranquille,
chaud et légèrement humide, une cave ou un cellier
parfois. Trois ou quatre fois par jour on les embocque
jusqu'à satiété d'une bouillie de farine de maïs, et on
leur donne à peine à boire un peu de lait écrémé.
Après quinze à vingt jours, on reconnaît que l'opération est terminée à l'écartement des plumes de la
queue, qui, en se relevant, forment l'éventail. Les
animaux doivent être dès lors surveillés comme les
oies, avec la plus constante sollicitude, parce qu'ils
périssent souvent d'asphyxie. Cet engraissement forme
en Languedoc une industrie importante, les terrines
et pâtés de Nérac ayant été, à l'origine, fabriqués
exclusivement de foies de canard; il en est de même
en Picardie, aux environs d'Amiens et d'Abbeville,
dont les pâtés sont presque aussi estimés. La viande
qui reste après enlèvement du foie a encore une
valeur presque égale, et peut servir aux mêmes usages
que celle de l'oie.

Un canard de race commune, adulte et engraissé
pour le commerce, pèse environ 1 kilogr. 500 de
poids vif; un canard de Rouen ou de Toulouse (normand) engraissé pour le foie pèse souvent jusqu'à
4 et même 5 kilogr. Le premier se vend de 3 à
5 francs; le second, de 5 à 8 francs. Le foie seul du
dernier vaut, suivant les années, de 2 fr. 50 c. à
4 fr., et pèse de 200 à 350 grammes.

Enfin, le canard donne, comme l'oie, un produit
en plumes et duvet moins élevé comme quantité, au
moins égal comme qualité. Aux époques de mue

naturelle, c'est-à-dire en mai et septembre, on arrache aux mâles une partie du duvet qui garnit le cou et le dessous du ventre; quelquefois même on fait, entre deux, une autre cueillette en juin ou juillet; mais on nuit beaucoup ainsi à l'état des oiseaux et à leur fécondité. En Normandie, on ne plume jamais les canes ni les mâles adultes, et seulement les canetons à la mue d'automne. Dans les deux cueillettes, un canard adulte peut fournir de 150 à 200 grammes de duvet, valant 1 fr. 50 c. à 2 francs; un canard de grosse race plumé trois fois peut aussi fournir jusqu'à 500 grammes de duvet valant 4 francs. Celui du canard normand est préféré, comme plus souple et plus fin, à celui du canard ordinaire et même de l'oie. Lorsqu'on sacrifie un canard, on récolte encore des plumes et du duvet qui seront traités ainsi que nous l'avons dit pour la poule et l'oie. Les canards des variétés blanches, et notamment celui d'Aylesbury, fournissent un produit plus estimé et supérieur d'un tiers environ en valeur commerciale.

Les canards logent d'ordinaire dans le même local que les poules, mais doivent être placés dans un compartiment séparé où on répandra, deux ou trois fois par semaine, de la paille fraîche, après avoir soigneusement enlevé l'ancienne et les fientes, et avoir répandu à la place un peu de sable fin. Ce logement doit être mis, comme celui de toutes nos volailles, à l'abri des incursions des bêtes puantes et des chats maraudeurs. Il faudra aussi entourer les canetons d'une certaine surveillance, et ne pas leur permettre de s'éloigner de la ferme, parce que, dans les pays de bois surtout, les pies leur font une guerre acharnée, les tuent impitoyablement et les emportent dans leur nid ; les renards ne seraient pas moins à craindre dans ces contrées.

Lorsqu'il a atteint l'âge adulte, le canard est exposé à fort peu de maladies ; la crise de développement est très-bénigne chez les jeunes, et se produit au moment de la pousse des premières plumes.

Paris seul consomme un million de canards par an, qui proviennent surtout des départements de l'Eure, de Seine-et-Marne, Seine-et-Oise, Loiret, Indre-et-Loire, Loir-et-Cher, Sarthe et Seine-Inférieure.

Fig. 88. — L'agami bruyant.

CHAPITRE XII

L'AGAMI.

L'*agami bruyant* ou *agami trompette* (*psophia cre-
pitans*) est un oiseau de l'ordre des Échassiers,
famille des Cultrirostres, tribu des Grues. Brehm en
a fait un genre distinct de sa tribu des Arvicolidés,
famille des Paludicoles, ordre des Échassiers. Ce
genre est caractérisé par un corps épais, un cou de
longueur moyenne, une tête médiocre; un bec court,
bombé, à crête dorsale convexe, à pointe crochue, un
peu comprimé latéralement; les tarses longs; les
doigts courts, l'externe relié au médian par une
courte palmure; les ongles crochus, très-acérés; les
ailes courtes, bombées, obtuses, la quatrième rémige

étant la plus longue ; la queue courte, à plumes faibles ; les plumes larges, celles du cou et de la tête veloutées, et celles du dessous du corps duveteuses.

L'*agami bruyant* (fig. 88), l'espèce la plus connue de ce genre, a la tête, le cou, le haut du dos, les ailes, le bas de la poitrine, le ventre et le croupion noirs ; le pli des ailes d'un noir pourpre, à reflets bleus ou verts ; les plumes de l'aisselle d'un brun olivâtre chez les jeunes, d'un gris de plomb ou gris argenté chez les adultes ; le bas du cou et le haut de la poitrine bleu d'acier, à reflets bronzés ; l'œil brun roux, entouré d'un cercle nu couleur de chair ; le bec d'un blanc verdâtre ; les tarses d'un jaune orangé clair. Il a environ $0^m,75$ de hauteur, $0^m,55$ de longueur du corps, $0^m,30$ de longueur d'aile. Il habite l'Amérique du Sud, au nord du fleuve des Amazones, dans les grandes forêts, où il se nourrit de graines et de fruits. Il doit son surnom au son profond et sourd qu'il fait entendre dans son estomac, et que l'on croirait volontiers provenir de l'anus ; aussi lui a-t-on donné le nom vulgaire de poule péteuse. Son vol est lourd, peu étendu, et ne lui permet que difficilement de traverser le fleuve qui le limite au sud, mais il nage et court surtout très-vite. L'oiseau adulte vit de fruits, de grains et d'insectes ; les jeunes préfèrent à tout autre aliment des vers et des insectes ; les vieux s'habituent facilement à vivre de grains et de pain.

Selon Brehm et la plupart des naturalistes, l'agami niche à terre, creuse une légère dépression au pied d'un arbre, et y pond ordinairement une dizaine d'œufs d'un vert clair. Suivant M. Bataille, il niche-

rait dans le tronc des vieux arbres, où il entre par le
sommet pour y déposer quinze à dix-huit œufs sur un
lit de feuilles. Les jeunes qui viennent d'éclore abandonnent le nid dès qu'ils sont secs, et suivent leurs
parents. Pendant plusieurs semaines ils restent
uniquement couverts d'un duvet très-serré, long et
mou. Les jeunes que les Indiens peuvent dérober à
leurs parents restent libres autour des huttes et sont
nourris d'un peu de manioc humecté avec de l'eau.
M. Bataille, à Cayenne, nourrit ses jeunes oiseaux
avec du pain trempé, du vin bouilli, et des bananes,
qu'ils aiment beaucoup; il leur donne en outre du
poisson, de la viande coupée en petits morceaux, et
généralement tous les restes de sa table. L'agami est,
par instinct, ennemi des serpents, et il déploie pour
les attaquer toutes les forces de son intelligence et de
son corps; si le serpent est de petite taille, il le combat
seul, et remporte presque toujours la victoire; s'il est
gros, l'agami jette son cri d'alarme, et, aidé des siens,
qui accourent nombreux, ils ont bientôt anéanti l'ennemi, auquel ils ne touchent plus ensuite.

L'*agami à ailes blanches* (*psophia leucoptera*) habite
le même pays que le précédent, mais ne dépasse pas
l'Amazone au nord. Il a les mêmes mœurs que l'agami
bruyant, il vit comme lui en troupes nombreuses de
mille à deux mille individus, mais son cri est moins
prolongé et surtout moins retentissant. Le genre
psophia renferme encore deux autres espèces moins
connues et originaires des mêmes pays.

L'agami est facile à apprivoiser, à domestiquer, à
acclimater. Les Indiens en ont fait un gardien pré-

cieux pour leurs troupeaux de volailles. Il aime
l'homme, recherche ses caresses, se montre intelligent
et docile ; il joue près de nous le même rôle désinté-
ressé que le chien. Dans la basse-cour, il veille à la
bonne harmonie, protége le faible, réprime le fort
qui veut abuser de sa puissance, partage à tous la
nourriture, fait enfin une police exacte et équitable.
Aux champs, il conduit les troupeaux qu'on lui
confie, veille à ce que personne ne s'écarte, ne reste
en arrière, ne se livre au pillage ; il défend ses sujets
contre tout ennemi, chien, chat, oiseaux de proie,
grâce à son bec et à ses ongles aigus et puissants. Il a
enfin, suivant l'expression de Daubenton et de Ber-
nardin de Saint-Pierre, la fidélité du chien. M. E. de
Tarade a raconté les faits et gestes de Robin, un
agami élevé par un médecin d'Angers, et chargé par
lui de conduire, surveiller et défendre un troupeau
d'oies. La Société zoologique d'acclimatation a
importé l'agami en 1858, et l'a vu se reproduire dans
ses volières.

Les pays où l'élevage des oies et des dindons se fait
en nombreux troupeaux, et avec le système du pâturage, trouveraient dans l'agami un surveillant précieux,
sûr et économique.

Fig. 89. — Coq de bruyère ou grand Tétras.

CHAPITRE XIII

DE QUELQUES GALLINACÉS NOUVEAUX A ACCLIMATER ET DOMESTIQUER.

Le zèle des naturalistes, l'extension des rapports internationaux, la création de stations zoologiques d'acclimatation dans les pays les plus avancés de l'Europe, nous ont fait connaître, dans les trente dernières années, un assez grand nombre d'oiseaux dont les uns, remarquables par la beauté de leur plumage, peuvent enrichir nos volières; les autres, précieux par leur fécondité et les qualités de leur chair, peuvent peupler nos forêts et accroître nos ressources cynégétiques et alimentaires; d'autres enfin, plus rustiques, plus familiers, doivent s'adjoindre au personnel de nos basses-cours, et nous offriront des produits variés, nouveaux et économiques. Ce sont ces nouvelles conquêtes de la science que nous allons succinctement décrire, en indiquant les ressources qu'ils offrent et l'emploi qu'ils peuvent recevoir. Commençons par les gallinacés.

Parmi la famille des pigeons et le genre des Colombes, la *Colombe lumachelle* ou pigeon bronzé, oiseau très-gros, remarquable par les brillantes couleurs de ses ailes, qui offrent les reflets de l'opale et le chatoiement de la lumachelle, d'où il tire son nom; il est indigène de la terre de Van-Diémen et de l'île de Norfolk; il est monogame et migrateur, se nourrit de baies et de graines de toutes sortes. Il se tient à terre ou sur les branches basses des arbres, dans les endroits sablonneux et arides; c'est pourquoi les Anglais lui ont donné le nom de pigeon de broussailles. Il fait son nid, tantôt à terre, tantôt dans des trous d'arbres, à l'aide de quelques brindilles grossièrement entrelacées. La femelle pond, en octobre, deux œufs blancs, qu'elle couve alternativement avec le mâle durant quatorze à seize jours. Brehm en fait le genre Phaps, Phaps lumachelle (*Phaps Chalcoptera*). La *Colombe Labrador* (*Columba Elegans*), plus petite que la lumachelle, originaire comme elle de la terre de Van-Diémen, au plumage non moins élégant, a à peu près les mêmes

mœurs. La *Colombe grivelée* (*Columba Picata*), dont
Brehm a fait le type de son genre Leucosarcie (*Leuco-
sarcia Picata*), et appelée par les indigènes *wonga-
wonga*; presque aussi grosse que la lumachelle, originaire également de la Nouvelle-Hollande, elle nous
offre un plumage moins riche, mais un gibier beaucoup plus savoureux; par malheur, elle s'apprivoise
et s'acclimate plus difficilement que les autres. Elle a
le bec noir, les pattes rose tendre; le plumage général
mélangé par taches de roux, de gris, de blanc et de
noir. Elle n'habite que les buissons le long de la côte,
vole peu, mais court assez rapidement. La *Colombe
Longup* (*Columba Lophotes*), que Brehm range dans
son genre Ocyphaps (*Ocyphaps Lophotes*), est encore
indigène de l'Australie; elle porte une huppe noire;
son plumage est un mélange de brun olivâtre sur le
dos, de rose tendre sur les côtés du cou, de vert
bronzé, bordé de blanc sur les grandes couvertures
des ailes, qui sont brunes. Monogame, ce magnifique
oiseau vit en grandes bandes, vole rapidement, niche
sur les arbres et se reproduit facilement en volière,
même sous nos climats. La *Colombi-galline à tête bleue*
(*Columba Cyanocephala*), que Brehm range dans son
genre Starnænas (*Starnænas Cyanocephala*), est originaire de l'île de Cuba, d'où elle se répand au nord jusque
dans la Floride, et au sud jusqu'au Venezuela, et parfois jusqu'au Brésil. Son plumage est couleur chocolat,
passant au noir sur la face, la nuque et la gorge; au
rouge vineux à la poitrine; au rouge brun sur le ventre;
elle porte un étroit collier blanc; a le bec rouge corallin
à la base, bleuâtre à la pointe; les pattes rose tendre,

avec les écailles carminées et les doigts bleuâtres. On lui donne en Amérique le nom de perdrix. Sa chair est excellente; elle s'apprivoise et s'acclimate bien; enfin, elle se reproduit volontiers dans nos volières. La *Colombi-galline poignardée* (*Columba Cruentata*) ou pigeon de terre des Américains, dont Brehm a fait le type de son genre Pyrgitænas (*Pyrgitænas Passerina*), est originaire des îles Philippines, et principalement de Manille, d'où elle s'est répandue à la Jamaïque, aux Indes occidentales et dans le sud des États-Unis. La teinte générale de son plumage est un brun grisâtre, avec la tête gris cendré, la gorge blanchâtre, une tache rouge de sang au milieu de la poitrine, les rémiges brunes, les rectrices noires, les externes bordées de blanc en dehors; les couvertures supérieures de l'aile semées de taches arrondies, à reflets couleur d'acier; l'œil orange; le bec rouge pâle; les pattes couleur de chair. Sa chair est très-délicate, son apprivoisement facile; elle s'accoutume bien à la volière et s'y reproduit comme nos pigeons. Le *Nicobar à camail* (*Calœnas Nicobarica*) est originaire de l'Océanie; il habite depuis les îles Nicobar (dans le golfe du Bengale, au sud-ouest de Sumatra) jusqu'à la Nouvelle-Guinée (Mélanésie) et jusqu'aux Philippines (Malaisie). Il porte un plumage d'un noir verdâtre, à reflets bleus et dorés, la queue blanche, le bec noir et les pattes rouge pourpre. Il est au moins aussi gros que la luchamelle, vit et niche à terre, vole peu et mal, mais marche vite et longtemps; il est monogame et se rassemble en petites bandes. Il se reproduit assez bien en volière. Enfin, le genre Goura nous fournit deux espèces : le *Goura cou-*

ronné, dont la tête est entièrement recouverte d'une huppe de plumes sans barbes, dont le plumage est bleu ardoisé, avec une raie blanche sur le milieu des ailes, l'œil rouge, les pattes roses, la taille très-grande.

Le *Goura de Victoria* (*Goura Victoriæ*), indigène de la Nouvelle-Guinée, du même plumage que le précédent, mais avec les plumes de la huppe pennées à l'extrémité, le ventre roux, la bande transversale de l'aile gris bleu, la taille un peu plus grande. Tous deux s'apprivoisent et s'acclimatent facilement, et se reproduisent en volière.

Parmi les Gallinacés proprement dits ou Pulvérateurs de Brehm, mentionnons : le *Ganga chata* (*Pterocles Setarius* ou *Pterocles Alchata*), qui porte dans le midi de la France les noms de grandoule, d'augel et de gélinotte des Pyrénées, en Afrique celui de chata, paraît être l'oiseau dont les anciens ont parlé sous le nom d'*attagen*. Originaire de l'Espagne, il s'est dispersé dans toute l'Europe méridionale, et on le rencontre en Sicile, dans le Levant, jusqu'en Perse ; en France, au sud des Pyrénées et dans la plaine de la Crau (Bouches-du-Rhône). Son plumage est d'un brun jaunâtre tournant au rouge sur la gorge et la poitrine, au vert sur la nuque et le dos, au jaune sur les taches de l'aile et de la queue ; avec le ventre blanc et des taches de même couleur sur les ailes et la queue. Il habite les déserts garnis de buissons, vit en bandes isolées plutôt que réunies, et est monogame. La femelle pond au printemps dans le sud de l'Europe et le nord de l'Afrique, à l'automne dans l'Afrique centrale, de décembre à mai dans les Indes, trois ou quatre œufs dans une légère excavation qu'elle a formée dans le sable. Ces œufs sont d'un jaune brun clair; la femelle les couve seule sous la garde du mâle. Le ganga s'apprivoise facilement, vit en bonne intelligence avec les hôtes de la volière, ne redoute que la pluie et l'humidité, et se reproduit volontiers. La chair des jeunes est très-estimée; celle des adultes est au contraire noire, dure et peu recherchée. Le *Syrrhapte paradoxal* (*Syrrhaptes Paradoxus*), appelé vulgairement poule des steppes, est à peu près de la taille du précédent, mais ses formes sont plus arrondies; il n'a que trois doigts, le postérieur manquant; ces doigts et les tarses sont emplumés; les doigts, larges, sont entièrement réunis par une palmure verruqueuse. Son plumage général est d'un ton gris cendré, nuancé de jaune, de brun et de fauve, avec une bande pectorale blanche et noire qui manque chez la femelle. Il habite les steppes à l'est de la mer Caspienne, est monogame, vit par petites bandes, fait deux couvées par an, et émigre vers le sud en hiver. Sa domestication, commencée en Europe en 1863, n'est pas encore complète, et il ne se reproduit que difficilement en volière.

Le *petit Coq de bruyère,* coq de bouleau, lyrure des bouleaux, tetra à queue fourchue (*Tetra Tetrix, Lyrurus Tetrix*), a la tête, le cou, le bas du dos d'un bleu azuré à reflets métalliques; des bandes blanches transversales sur l'aile; les sous-caudales blanches; tout le reste du plumage noir. La femelle porte un plumage jaune et brun roux. Il habite l'Europe septentrionale et l'Allemagne centrale. Il vit bien en captivité et s'y reproduit aisément, si on lui donne les soins convenables. Le *Tétra huppecol* (*Tetrao Cupido*) ou Cupidon des prairies (*Cupidonia Americana*) est indigène de l'Amérique septentrionale, mais ne se rencontre plus aujourd'hui qu'au Texas et sur les bords du Missouri. Il a le derrière de la tête et du cou orné de deux longues touffes latérales de plumes brunes; son plumage est mélangé de noir, de blanc, de gris, de rouge et de jaune. Il recherche les plaines dépourvues d'arbres, est polygame et vit en troupes. La femelle ne fait qu'une couvée, en mai, de dix à douze œufs presque globuleux, plus petits que ceux de la poule, colorés comme ceux de la pintade. Il est facile à apprivoiser et se reproduit souvent en volière, avec de bons soins.

Le *Lagopède ordinaire*, lagopède des Alpes (*Lagopus Alpinus*) (fig. 90), appelé encore perdrix de neige, perdrix des Pyrénées, ptarmigan, se rencontre dans les Alpes suisses et dans les Pyrénées, dans le nord de l'Europe et de l'Amérique; il est un peu plus gros que la perdrix grise; son plumage d'été est fauve, maillé et vermiculé de noir; son plumage d'hiver est entièrement blanc, avec un trait noir sur les yeux. Il se nourrit de feuilles, de bourgeons, de baies, de fruits et d'insectes. La femelle pond, en juin, dix à douze œufs d'un jaune d'ocre tacheté de brun foncé. Cet oiseau supporte bien la captivité, mais ne s'y reproduit que difficilement. Il en est de même du Lagopède rouge ou d'Écosse (*Lagopus Scoticus*), qui vit exclusivement dans les îles Britanniques, et dont le plumage d'été est roux vermiculé de noir, et ne change pas en hiver; du Lagopède des saules (*Lagopus Saliceti*), habitant de la

Hongrie et de la Suède; du Lagopède à doigts courts (*Lagopus Brachydactylus*), de la Russie septentrionale, et du Lagopède blanc ou lagopède hyperboré (*Lagopus Albus* ou *Islandorum*), originaires des contrées hyperboréennes des deux hémisphères.

La *Gélinotte des bois*, gélinotte proprement dite, ou poule des coudriers (*Tetrao Bonasia* ou *Bonasia Sylves-*

Fig. 90. — Lagopède des Alpes.

tris), dépasse à peine la taille de la perdrix rouge. Son plumage est varié de brun, de blanc, de gris et de roux, avec une large bande noire près du bout de la queue. Le mâle a la gorge noire et porte une petite huppe. Cette oiseau habite les bois, depuis le cercle polaire jusqu'aux Alpes. La femelle niche à terre dans des touffes de bruyère, sous des coudriers bas, pond de douze à seize œufs et les couve durant vingt et un jours. C'est un excellent et magnifique gibier qu'on

pourrait multiplier dans nos forêts. Il supporte bien
la captivité et s'y reproduirait avec des soins convenables aussi bien que le faisan. Il y en a une variété
blanche (*Tetrao Canus, Bonasia Cana*) albine. La *gélinotte noire* (*Tetrao Canadensis*), originaire de l'Amérique septentrionale, est un peu plus petite que celle
des bois.

Les Francolins appartiennent aussi au grand genre
Tétra, mais au groupe des Perdrix. Le *Francolin vulgaire* ou à collier et à pieds rouges (*Tetrao Francolinus*
ou *Francolinus Vulgaris*) se rencontrait il n'y a pas
très-longtemps dans le midi de la France, en Sicile et
à Chypre; aujourd'hui, on ne le trouve guère qu'en
Asie Mineure, en Syrie, sur la côte sud de la mer
Noire et dans le nord des Indes. Il a le plumage noir
avec des rayures rouges et blanches derrière la tête,
le tour des oreilles blanc, un collier brun roussâtre,
des bordures rouges et de petites taches blanches sur
le dos, la poitrine et le ventre, l'œil brun et le bec
noir; la femelle est d'un jaune brun clair. Il s'apprivoise, s'acclimate et se reproduit aisément en volière.
Le *Francolin ensanglanté* (*Perdix Cruenta* ou *Francolinus Cruentus*) du Népaul (Indes) porte un plumage
élégant, aux vives couleurs; il a trois et jusqu'à quatre éperons; l'abdomen et la queue sont rouge de
sang.

Les Colins forment un genre voisin du précédent.
Le *Colin de Virginie* ou *Colin Houi* (*Ortix Virginianus*),
appelé encore perdrix d'Amérique, poule colin,
coyoleos, etc., se trouve depuis le Mexique jusqu'au
Canada inclusivement. Il est plus nombreux dans le

sud et le centre des États-Unis, et se plaît surtout dans le Maryland, la Louisiane et la Virginie. Son plumage, qui se rapproche sensiblement de celui de la perdrix rouge, est d'un brun variant au rouge, au jaune, au noir, avec des taches blanches à la tête et au cou, gris bleu aux ailes, noir, blanc et brun à la poitrine et au ventre. Monogame, il habite les buissons, les halliers, les haies vives, se nourrit de graines, de fruits, de baies et d'insectes. La femelle niche à terre dans les touffes d'herbes, pond, en mai, de dix à vingt œufs, qui éclosent après vingt-deux à vingt-quatre jours; les poussins courent en naissant, et sont conduits et élevés par le père, tandis que la femelle fait une seconde couvée, qui se réunit à la première. Introduit en France dès 1816 par M. Florent Prévost, en 1837 par M. Albert de Cassette, le colin de Virginie est aujourd'hui complétement acclimaté et domestiqué dans nos volières, et même dans certains bois de la Bretagne. Le *Colin de Californie* (fig. 91), lophortix de Californie ou caille huppée (*Ortiz* ou *Lophortix Californianus*), un peu plus petit que le précédent, s'en distingue par l'élégante petite huppe noire, composée de plumes légères et recourbées en avant, qui orne sa tête. Découvert pendant le voyage de circumnavigation de la Pérouse, il a été introduit en France, en 1852, par M. Deschamps, qui l'a acclimaté dans un bois de la Haute-Vienne. Il se reproduit très-bien en captivité, et serait, comme le précédent, une excellente acquisition pour nos forêts et nos parcs. Le *Colin* ou *Lophortix de Gambel* (*Ortix* ou *Lophortix Gambelii*), appelé encore caille à casque, ne diffère de celui de Californie que par la couleur presque entièrement noire de sa tête, avec une seule petite tache blanche au front et des couleurs généralement plus vives. Il a la même patrie et les mêmes mœurs.

Les Lophophores appartiennent au genre Paon de Linnée, à la famille des Lophophorides de Brehm. Le *Lophophore resplendissant* (*Lophophorus Resplendens*) ou faisan Impey est originaire des hautes montagnes de l'Hindoustan. C'est un des oiseaux les plus remarquables de l'ordre des Gallinacés. Sa tête est ornée d'un panache élégant, composé de plumes dont la tige, droite et mince, est terminée par une sorte de palette allongée et dorée. Tout le dessus du corps offre les plus belles et les plus éclatantes nuances de vert bronzé, à reflets dorés, pourpres et azurés ; c'est ce qui l'a fait appeler l'oiseau d'or. La femelle a le plumage d'un brun jaune variant jusqu'au noir, avec la gorge blanche. La femelle pond cinq œufs d'un blanc sale tachetés de brun rougeâtre, en avril ou mai. Importé en Angleterre, vers 1825, par lady Impey, il a été acclimaté et domestiqué en volière par lord Derby, vers 1850, et se reproduit assez fréquemment aujourd'hui dans nos jardins zoologiques. Le *Lophophore de la Chine* ou de Lhuys (*L. Lhuysii*), découvert en 1866 dans les montagnes de l'empire chinois, ne diffère guère du précédent que par l'absence de la huppe chez le mâle et la couleur verdâtre de la queue.

Les Tragopans sont rangés dans le groupe des Faisans, dont ils se distinguent par la tête presque nue, une petite corne cylindrique, grêle, située derrière chaque œil, par une espèce de fanon placé sous

la gorge et capable de s'étendre. Le *Tragopan satyre*
(*Tragpan Satyrus, Meleagris Satyrus, Ceriornis
Satyra*), appelé aussi népaul, faisan cornu, habite
l'est de l'Himalaya, le Népaul et le Sikim. Il est de la
taille d'un coq de combat et porte un plumage d'un
beau rouge, semé de petites larmes blanches. Le *Tra-*

Fig. 91. — Colin de Californie.

gopan à tête noire ou jewar (*Tragopan* ou *Ceriornis
melanocephalus*), qui habite l'ouest de l'Himalaya à
partir du Népaul, porte le ventre et la tête noirs, le
manteau brun foncé, rayé de noir et semé de blanc,
les cornes d'un bleu clair, le milieu de la gorge rouge
pourpre. Tous deux s'apprivoisent, s'acclimatent, et se
reproduisent en volière comme le faisan.

L'*Euplocome prélat* ou de Cuvier (*Euplocomus* ou
Diardigallus Prælatus, seu Cuvieri) porte le sommet

de la tête noir, les joues rouges lisérées de blanc, le
cou, le haut du dos et de la poitrine d'un gris cendré;
les plumes du milieu du dos d'un jaune vif, celles du
croupion noires bordées de rouge, celles des ailes
grises, celles de la queue de vert foncé, enfin celles
de la poitrine noir foncé à reflets verts. L'*Euplocome
kirrik* ou à tête noire (*E.* ou *D. Melanotus* ou *Gallo-
phasis Melanotus*) a le plumage plus terne, noir sur la
tête et le dos, gris sur le cou et la poitrine, brun sur le
ventre et les ailes, avec les joues rouges et les pattes
grises. L'*euplocome à huppe blanche* porte la tête, le
cou, le manteau et la queue d'un bleu noir brillant;
le croupion, d'un blanc sale, transversalement ondulé
de noir, la poitrine bleue, le ventre gris foncé, les
joues rouges et la huppe blanche. Ces trois espèces
habitent le versant sud de l'Himalaya. Ils se reproduisent facilement en Angleterre et en France, dans nos
jardins zoologiques, et seraient une précieuse acquisition pour nos parcs, à cause de leur beauté, de leur
taille et de la qualité de leur chair, égale à celle du
faisan.

Les Hoccos sont rangés parmi les Gallinacés, dans
la tribu des Alectors et la sous-famille des Cracinés.
Ils sont remarquables par un bec presque aussi long
que la tête, comprimé latéralement, courbé de la base
à la pointe, qui est crochue, pourvu d'une cire qui
embrasse la moitié de la longueur des deux mandi-
bules; une queue assez longue, ample et arrondie;
une huppe en forme de cimier, constituée de plumes
minces, roides, légèrement inclinées en arrière, puis
recourbées en avant; les joues couvertes de duvet.

Tous sont habitants de l'Amérique tropicale. Le *Hocco alector*, originaire des forêts de la Guyane et du Brésil, et que l'on trouve jusqu'au Mexique, est de la taille d'un petit dindon. Son plumage est entièrement noir, à reflets verdâtres, avec la cire et la couronne charnue de la base du bec jaunes. Il perche, vole bruyamment et lourdement, et marche mal; il vit de graines, de fruits, de baies, de bourgeons et surtout des fruits du thoa piquant, qu'il avale tout entiers. La femelle ne fait qu'une couvée par an, durant la saison des pluies; elle niche tantôt à terre et tantôt sur les arbres, d'autres fois dans les rochers. Elle pond de cinq à huit œufs blancs et de la grosseur de ceux du dindon. Il a été introduit en France en 1807 et s'y reproduit très-bien aujourd'hui en volière, de même que dans l'Angleterre, l'Allemagne et la Hollande. Sa chair est très-délicate; il doit devenir avant peu l'un des hôtes de nos basses-cours. Le *Hocco caronculé* ou à barbillons (*Crax Carunculata*), du Brésil et du Paraguay, ne diffère guère de l'alector que par sa cire rouge et sa taille un peu plus petite. Le *Hocco roux* (*Crax Rubra*) du Pérou et du Mexique a le plumage brun châtain, avec le dessus de la tête et le haut du cou rayés de bleu et de noir, la queue rayée de jaune clair avec bordures noires; la cire d'un blanc noir. Le *Hocco globicère* (*Crax Globicera*) du Mexique, le plus grand de tous, porte à la base du bec un tubercule globuleux de la grosseur d'une cerise. La femelle ressemble beaucoup au mâle, et les petits ne prennent leur plumage définitif qu'après la seconde mue. Mêmes mœurs que l'alector.

Les Pénélopes font partie de la tribu des Alectors; Brehm en fait une famille à part, celle des Pénélopes. Le *Pénélope à sourcils*, ou peon, ou yacupeoa (*Penelope Superciliaris*) du Brésil, n'a qu'une huppe moyenne, une bande blanche au-dessus de l'œil; le plumage gris ardoisé rayé de gris; le dos, les ailes et la queue, vert bronzé rayé de jaune. Le *Pénélope à huppe blanche* (**P.** *Leucophos*, ou *Pileata*, ou *Cristata*), vulgairement yacou, pipile, etc., a la tête blanche, ornée d'une longue huppe de même couleur, le plumage mélangé de noir, de blanc et de gris, la queue et les ailes noirs à reflets bleus, l'œil rouge-cerise, la gorge rouge clair; il habite aussi le Brésil. Le *Pénélope marail*, des forêts de la Guyane, a tout le plumage vert à reflets métalliques et une huppe très-courte.

La *Pintade vulturine* (*Acryllium vulturinum*) apparut vivante en Europe, pour la première fois, en 1865, au jardin zoologique de Hambourg. En 1875, le sultan de Zanzibar fit don d'un couple de ces magnifiques oiseaux au Jardin zoologique d'acclimatation de Paris. La pintade vulturine ou pintade royale a la crête rouge, le bec bleu rayé longitudinalement de blanc et de noir; le cou noir ponctué de gris avec une raie médiane blanche et un liséré bleu; la poitrine d'un beau noir velouté, au centre, bleue sur les côtés; le dos gris pointillé de gris clair et de gris foncé; le reste du corps gris noir ou gris foncé semé de points et de marbrures gris clair, les taches rondes cerclées de noir et sur les côtés de la poitrine, de lilas. Elle habite la côte sud-est de l'Afrique, mais paraît assez bien supporter les hivers de nos climats. Plus élégante que la pintade commune, elle est plus douce et plus paisible, et son cri beaucoup moins fréquent et beaucoup moins désagréable. Elle se nourrit très-volontiers de graines d'alpiste. Elle ne paraît point encore s'être reproduite en France, ni au Jardin d'acclimatation de Paris, ni chez M. Cornély, à Tours.

Fig. 92. — Cigogne.

CHAPITRE XIV

DE QUELQUES ÉCHASSIERS NOUVEAUX A ACCLIMATER ET DOMESTIQUER.

Jusqu'à présent, cet ordre d'oiseaux n'a fourni aucun hôte à nos basses-cours, on pourrait même dire à nos volières privées. Nous allons voir pourtant que d'importantes conquêtes nous y pourrions faire au point de vue de l'agrément et de l'utilité.

Dans la famille des Brévipennes d'abord, nous trouvons l'*Autruche chameau* ou autruche d'Afrique (*Struthio Camelus*), le plus grand des oiseaux connus, que l'on a commencé à domestiquer et à faire reproduire en captivité dans l'Algérie, et qui serait triplement précieuse par ses plumes, ses œufs et sa chair; la femelle pond de douze à quinze œufs du poids de 1 kilog. 500 gr. chacun. Le *Nandou* ou autruche d'Amérique (*Rhea Americana*), plus petit que le précédent, a trois doigts au pied, le plumage moins fourni et moins précieux. La femelle pond de vingt-cinq à trente, et parfois jusqu'à soixante œufs, du poids d'environ 0 kilogr. 800 gr. chacun; sa chair vaut celle de l'autruche d'Afrique. Il habite l'Amérique méridionale, du Brésil jusqu'à la Patagonie, et notamment la République Argentine et l'Uruguay. Le *Dromée*, emou ou casoar de la Nou-velle-Hollande, est encore plus petit que le nandou; il habite l'Australie, au delà des montagnes Bleues. Il se reproduit très-bien en France; sa chair est compa-rable, pour le goût, à celle du bœuf; la femelle pond de douze à seize œufs, du poids de 0 kilogr. 600 gr. chacun; sa peau sert à confectionner de beaux tapis en fourrure, et ses plumes sont fort recherchées pour la parure des dames.

Dans la famille des Pressirostres, mentionnons : l'*Outarde barbue*, grande outarde, oie outarde, ou autruche d'Europe (*Otis Tarda*), commune en Espa-gne, en Italie, en Dalmatie, en Allemagne, en Crimée et dans la Russie méridionale; on la rencontre, mais rarement, en Angleterre et en France, où elle était autrefois commune. Son plumage est mélangé de gris cendré, de roux et de blanc. C'est le plus gros des oiseaux de l'Europe. L'outarde est polygame, vit en troupes peu nombreuses, dans les plaines; elle vole lourdement, rarement, et à une faible hauteur; elle marche et court très-bien; elle se nourrit d'herbes, de graines diverses, de vers et d'insectes. La femelle, au printemps, fait son nid dans un champ de blé ou de seigle; c'est un simple trou qu'elle creuse, et dans lequel elle dépose deux ou trois œufs de la grosseur de ceux de l'oie, d'un brun olivâtre avec des taches plus foncées, et qu'elle couve pendant vingt-huit à trente jours. Les jeunes outardes s'apprivoisent facilement et s'habituent sans peine à vivre dans la basse-cour, mais on n'y a encore pu obtenir qu'exceptionnellement leur reproduction. L'outarde peut atteindre le poids de 10 kilogrammes, et sa chair est très-délicate. La *Canepetière* ou outarde canepetière (*Tetrax Campestris* ou *Otis Tetrax*) a à peu près la taille du faisan commun; indigène de l'Europe, on la rencontre surtout en Italie, en Sardaigne, en Grèce, et jusque dans l'Asie Mineure; peu commune en Angleterre et en Allemagne, elle est assez fréquente, en France, dans le Maine, le Poitou et le Berry. Le mâle a le cou noir avec un collier blanc, le plumage mêlé de blanc, de gris, de brun, de roux, avec le manteau tacheté et ondulé de noir, le ventre et la queue blancs et les pattes jaune paille. La canepetière est polygame et vit isolément ou par couples dans les champs d'avoine ou d'orge, de luzerne ou de sainfoin, ce qui lui a valu le nom de poule des prés; c'est là que la femelle niche et pond, au printemps, de trois à cinq œufs d'un vert brillant. Elle s'apprivoise un peu moins facilement que la grande outarde, mais doit devenir comme elle, tôt ou tard, l'hôte de nos basses-cours.

Le *Vanneau commun* ou vanneau huppé (*Vanellus Cristatus*) se fait remarquer par les beaux reflets vert cuivré de son plumage presque complétement noir et par l'aigrette élégante, composée de plumes longues et effilées d'un noir brillant, qui orne sa tête et retombe sur son cou en se relevant à son extrémité. C'est un oiseau voyageur qui, des contrées septentrionales de l'Europe, arrive en France au printemps et nous quitte en automne. Il vit par bandes près des marais et des rivières, se nourrit de vers de terre, d'araignées, de chenilles et de petits limaçons. Son vol est puissant et soutenu. Les femelles pondent en avril, sur une motte de terre, de quatre à six œufs d'un vert sombre tacheté de noir. Les petits s'apprivoisent aisément et s'habituent à vivre en captivité; ils se reproduisent dans nos divers jardins zoologiques. Sa chair est assez estimée, surtout à l'automne; ses œufs sont très-délicats.

L'*Huîtrier vulgaire* ou huîtrier pie (*Hæmatopus Ostralegus*), appelé encore pie marine, est un fort bel oiseau propre au nord de l'Europe; il est très-nombreux en Islande, en Danemark, en Hollande et en Angleterre, plus rare en France. Il habite les rivages, où il se nourrit d'huîtres et autres bivalves, d'insectes et de larves aquatiques. Il a le dos, le devant du cou, la gorge, les ailes et la queue noirs; le bas du dos, le croupion, le dessous de l'œil, la poitrine et le ventre blancs. Il vit en troupes qui se séparent à l'époque des amours; la femelle niche sur la grève nue, dans le creux d'un rocher ou dans une touffe d'herbes; elle pond de deux à quatre œufs olivâtres et tachetés de noir. Cet oiseau s'apprivoise facilement quand il est jeune et se reproduit assez bien en captivité, mais sa chair est mauvaise. C'est un oiseau de volière.

Le *Courlis vulgaire* (*Numenius Arcuatus*), de l'Europe septentrionale, nous arrive en France en avril, pour nous quitter en août; on le rencontre principalement sur les bords de la Loire et de l'Allier. Il porte un bec long, recourbé en haut; son plumage est un mélange de brun, de roux, de noir, de blanc et de gris; ses tarses sont d'un gris plombé. Il vit par bandes, vole bien et court très-vite. La femelle pond, dans un trou qu'elle creuse au milieu du sable, quatre ou cinq œufs verdâtres, avec des taches rondes et brunâtres vers le gros bout. Les courlis s'apprivoisent aisément, s'accoutument au régime granivore et se reproduisent en volière. Leur chair est médiocre, mais leurs œufs sont très-délicats.

L'*Ibis sacré* (*Ibis Religiosa*) est un oiseau migrateur qui habite la haute Nubie et l'Éthiopie, et que l'on ne trouve plus qu'exceptionnellement en Égypte, où il était autrefois fort commun. Il a la grosseur d'une poule, le plumage blanc, avec du noir sur le bout des ailes et du croupion, les pattes et le bec de la même couleur; la tête et le cou nus et noirs. L'*Ibis rouge* ou *Eudocime écarlate* (*Ibis Rubra* ou *Eudocimus Ruber*), répandu dans toutes les contrées chaudes de l'Amérique méridionale, a le plumage d'un beau rouge écarlate, avec du noir sur les ailes. Ces deux oiseaux s'apprivoisent facilement et vivent bien en captivité; leur chair est mauvaise. Ce sont des oiseaux de volière ou de parc. Il en est de même de la *Spatule blanche* (*Platalea Leucorodia*), oiseau du nord de l'Europe, que l'on rencontre sur les côtes marécageuses de la Hollande, de la Bretagne et de la Picardie, pendant l'été; qui est entièrement blanc, sauf une tache d'un jaune pâle à la gorge et sur les lorums, et porte un bec droit, plat, large et mou; qui niche sur les arbres voisins du littoral, et pond deux ou trois œufs blancs marqués de roux.

La *Cigogne blanche* (*Ciconia Alba*) (fig. 92) vit l'hiver en Afrique et surtout en Égypte; au printemps, elle revient en Europe, et on la trouve communément en Hollande, en Allemagne, en Pologne, en Russie et en France (Alsace); elle est plus rare en Italie et surtout en Angleterre. Elle a tout le plumage d'un blanc sale, le bec et les pattes rouges; se nourrit de limaçons, de vers, de grenouilles et de reptiles; niche sur les lieux élevés; pond deux à quatre œufs d'un blanc jaunâtre, un peu moins gros, mais plus allongés que ceux de l'oie, qu'elle couve alternativement avec le mâle; elle est facile à apprivoiser, surtout lorsqu'elle est jeune, mais se reproduit difficilement en captivité. La *Cigogne noire* se trouve surtout en Suisse, en Pologne, en Prusse et dans d'autres parties de l'Allemagne, plus rarement en Hollande et dans la Lorraine française; elle fuit la cigogne blanche et vit solitaire dans les marais écartés et sur les bords des lacs. Elle s'apprivoise aisément aussi. On lui donne encore le nom de Sphénorhynque d'Abdimi (*Sphenorhynchus Abdimii*). La *Cigogne à tête noire* (*Ciconia Leucocephala*), habitante du sud de l'Afrique, comme la précédente, a les mêmes mœurs. La *Cigogne sellée* (*Mycteria Senegalensis*) ou jabiru du Sénégal, propre à l'Afrique, doit son nom à la cire qui entoure la base de son bec, vit de poissons, de reptiles et d'insectes, et a les mêmes mœurs que les précédentes. Le *Marabout à sac* (*Ciconia Crumenifera*), également indigène d'Afrique, est remarquable par les plumes plus ou moins longues, soyeuses, à barbes fines et frisées et d'un blanc de neige, qu'il porte de chaque côté du croupion et qui sont très-recherchées pour la toilette des dames ; il s'apprivoise très-vite, est très-vorace, et réussit bien dans les volières, bien qu'il ne s'y reproduise pas.

Le *Héron commun* ou héron cendré, héron pêcheur (*Ardea Major, Ardea Cinerea*), est répandu dans presque toutes les parties du globe, mais surtout en Afrique et particulièrement en Égypte, en Perse, au Malabar, au Japon, au Chili, en Sibérie, et jusque dans les régions arctiques, en Europe, en Angleterre, en France, en Hollande, etc. Migrateur dans le Nord, il est sédentaire ou tout au plus erratique dans les contrées méridionales. Son plumage est gris cendré avec une aigrette noire, des taches de même couleur au devant du cou et au bord de l'aile. Le *Héron pourpré* (*Ardea Purpurea*), du midi de l'Europe et de l'Asie, est remarquable par la huppe qu'il porte sur le derrière de la tête et qui est formée de plumes effilées à reflets verdâtres, dont deux atteignent jusqu'à 14 centimètres de longueur. Il est moins sociable que le précédent. Ce sont des oiseaux de parc plutôt que de volière, parce qu'ils vivent difficilement avec les autres oiseaux. Le *Bihoreau d'Europe* ou pouacre (*Ardea Nictycorax* ou *Nictycorax Europœus*) se rencontre surtout sur les bords de la mer Caspienne, mais aussi en

Asie et dans l'Amérique du Nord ; on le trouve en
hiver en Égypte, en été dans le midi de la France et
jusqu'aux environs de Paris, où il niche parfois.
Moitié plus petit que le héron cendré, il porte le même
plumage, moins la tête, le dos et les épaules, qui
sont noirs à reflets verts, l'aigrette blanche et l'œil
pourpre. Le *Bihoreau du Brésil* (*Ardea Gardeni* ou
Nictycorax Gardeni), du Brésil et de la Guyane, n'en
diffère que par les nuances de son plumage. Ces
oiseaux s'apprivoisent facilement en liberté ou en
volière, et s'y reproduisent souvent.

La *Grue de Numidie*, Anthropoïde demoiselle ou
Demoiselle de Numidie (*Grus Virgo* ou *Anthropoides
Virgo*), a le plumage gris cendré, avec les joues, le
devant du cou et le jabot noirs. Originaire du nord de
l'Afrique, on la rencontre dans le sud de la Russie,
dans le centre de l'Afrique et dans les Indes méridionales. Elle s'est reproduite en captivité à Versailles.
La *Grue couronnée*, grue-paon, grue des Baléares,
Baléarique-pavonine (*Grus Pavonia* ou *Balearica Pavo-
nina*), appelée aussi oiseau royal, porte un bouquet
de plumes roides et en forme de soies, d'un jaune
d'or, et terminées par un pinceau noir qu'elle peut
étaler à volonté. Elle habite les contrées les plus
chaudes de l'Afrique, est très-familière, et s'apprivoise
facilement. En Angleterre et en France, elle forme
l'ornement des grandes volières.

La *Foulque ordinaire* ou foulque noire, morelle ou
macroule (*Fulica Atra*), se trouve dans toute l'Europe,
dans l'Asie centrale et l'intérieur de l'Afrique ; en
France, en Hollande et en Angleterre, surtout en

Sardaigne. Elle a le plumage noir à reflets ardoisés et bleuâtres ; les tarses cerclés de rouge sur cendré. Elle habite les marais, les bois et les étangs, et vit constamment sur l'eau. La femelle pond au moins de douze à dix-huit œufs piriformes, aussi gros que ceux de la poule, d'un blanc salé teinté de brun. C'est un précieux ornement pour une pièce d'eau, où il est facile de la retenir.

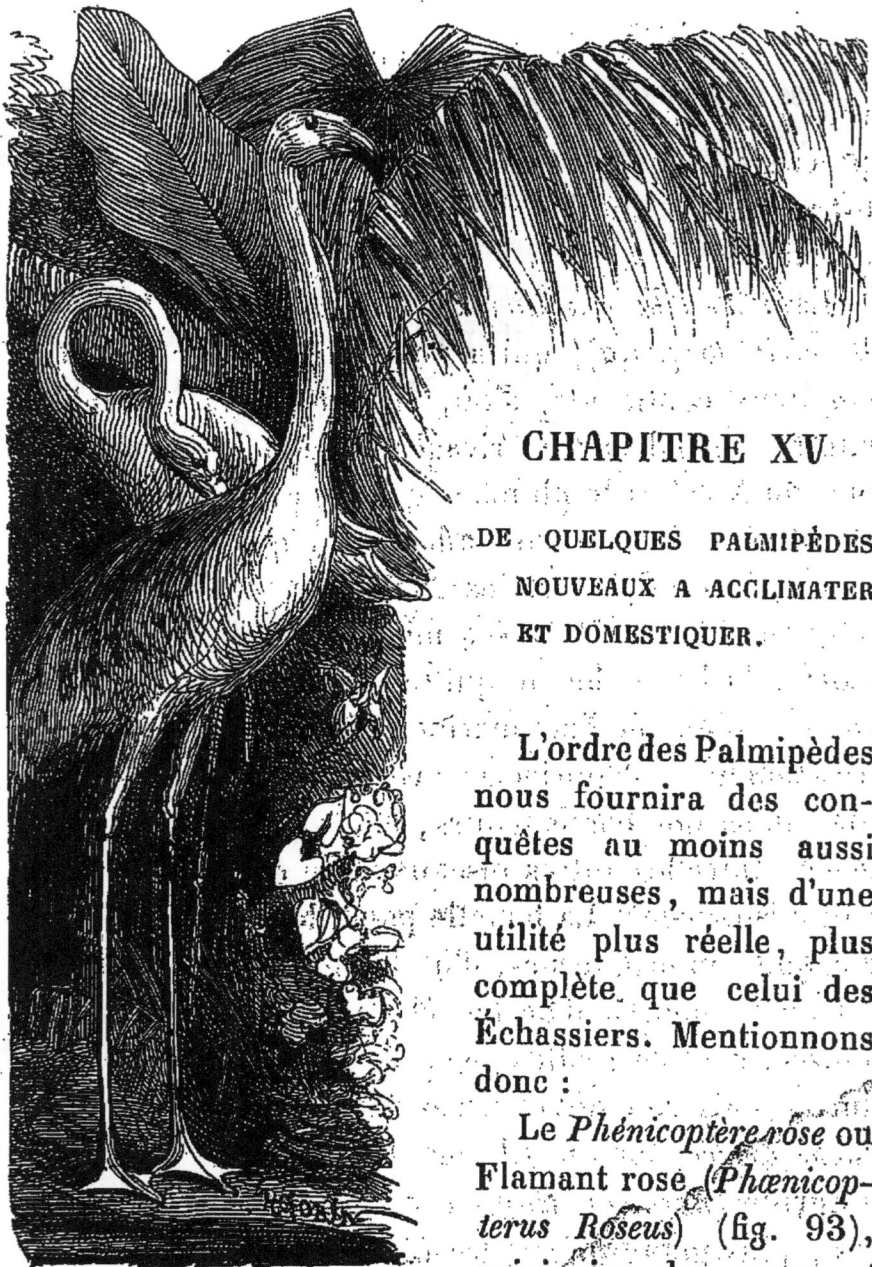

Fig. 93. — Flamant rose.

CHAPITRE XV

DE QUELQUES PALMIPÈDES NOUVEAUX A ACCLIMATER ET DOMESTIQUER.

L'ordre des Palmipèdes nous fournira des conquêtes au moins aussi nombreuses, mais d'une utilité plus réelle, plus complète que celui des Échassiers. Mentionnons donc :

Le *Phénicoptère rose* ou Flamant rosé (*Phœnicopterus Roseus*) (fig. 93), originaire des pays qui entourent la Méditerranée et la mer Noire, habitant de l'Afrique et du midi de l'Europe, du centre et du sud de l'Asie, est un oiseau voyageur au magnifique plumage blanc nuancé de rose, avec le dessus des ailes rouge carmin et les rémiges noires. Il s'apprivoise aisément et serait un précieux ornement pour nos pièces d'eau. Sa viande est mauvaise, mais il porte sous ses plumes un duvet qui ne le cède en rien à celui du cygne.

La *Bernache à collier* ou Cravant (*Anser Bernicla, Bernicla torquata*), qui a pour patrie l'extrême nord des deux continents, d'où, en octobre et novembre, elle se répand sur les rivages de la Baltique et de la mer du Nord, a le plumage gris foncé, avec le devant de la tête, le cou, les ailes et la queue noirs; les flancs, le croupion et les couvertures supérieures de la queue blancs. Dans ses migrations comme dans sa patrie, la bernache ne quitte jamais les côtes; aussi l'a-t-on nommée l'oie marine; elle est d'un caractère très-timide et s'apprivoise avec une très-grande facilité; dans nos basses-cours, elle a besoin d'être protégée contre les autres oiseaux et de recevoir la nourriture isolément. La femelle pond de six à neuf œufs, à coquille mince, ternes, d'un blanc verdâtre sale. Cet oiseau se nourrit d'herbes et de plantes aquatiques, d'insectes et de mollusques. Sa chair est huileuse et dure, mais son duvet assez fin est estimé. La *Bernache armée*, oie du Nil, oie d'Égypte ou chenalopex d'Égypte (*Bernicla Ægyptiaca, Chenalopex Ægyptiacus*), plus petite que notre oie domestique, porte un plumage agréablement varié de blanc, de noir, de gris, de jaune, de brun, de vert, avec une tache rouge et ronde sur la poitrine; elle porte au pli de l'aile un éperon assez développé. Elle habite toute l'Afrique, excepté la côte occidentale, la Syrie et la Palestine, et fait de fréquentes apparitions en Grèce, dans le midi de l'Espagne et de l'Italie. Elle vit d'ordinaire sur l'eau et perche sur les arbres. La femelle niche à terre et pond de six à huit œufs verdâtres ; elle s'apprivoise aisément, s'élève bien en domesticité et orne volontiers nos pièces d'eau. Sa chair est assez estimée. La *Bernacke de Magellan* (*Bernicla Magellanica*), remarquable par la belle couleur rouge pourpré de la tête et du haut du cou, habite la Patagonie, l'île de Chiloé et l'archipel de la Mère de Dieu. Sa chair est bonne. La *Bernache des Sandwich* (*Bernicla Sandwicensis*), non moins belle de plumage, a moins besoin d'eau et vit plus souvent à terre ; elle s'apprivoise bien et se reproduit régulièrement en volière.

Le *Céréopse cendré* ou de la Nouvelle-Hollande (*Cereopsis Novæ Hollandiæ*) porte le plumage d'un beau gris cendré, à reflets brunâtres, tacheté de noir sur le dos, le bec noir et recouvert d'une cire jaune verdâtre, les pattes noirâtres. Il vit exclusivement sur terre, s'apprivoise facilement et s'est reproduit à plusieurs reprises en Europe. Sa chair est très-estimée.

Le *Tadorne* ou canard tadorne, ou tadorne vulgaire (*Anas* ou *Vulpanser Tadorna*), un peu plus gros que le canard domestique et aussi plus haut sur pattes, est originaire du nord de l'Europe, d'où il émigre pour arriver sur nos côtes septentrionales au commencement du printemps. Il a la tête et le cou d'un vert oncé, avec une tache d'un blanc pur sur le devant de la poitrine, suivie d'une bande latérale d'un roux vif ; les épaules noires ; les ailes brunes avec un beau miroir d'un vert métallique. Le dos est blanc, les couvertures des ailes sont d'un roux cannelle ; le ventre

gris. Le tadorne préfère l'eau salée à l'eau douce, se
nourrit surtout de substances végétales, pousses ten-
dres d'herbes aquatiques, graines de joncs, de grami-
nées, de céréales, d'insectes, de mollusques, et auss
de petits poissons. La femelle niche dans des cavités,
le plus souvent dans des terriers de lapin abandonnés,
de renard ou de blaireau. La femelle pond de dix à
quinze œufs, plus ronds que ceux de la cane, d'un
blond pâle uniforme, qu'elle couve durant trente
jours avec l'aide du mâle. La chair du tadorne est
très-bonne ; il fournit un duvet très-fin, s'élève facilement en captivité, lorsqu'on fait couver ses œufs par
la cane domestique. Le *Dendrocygne veuf,* ou canard
de Maragnon, habite l'Amérique méridionale, le sud
et l'ouest de l'Afrique. Il porte un beau plumage
mélangé de blanc, de noir, de brun, de rouge, de
fauve à reflets olivâtres, avec le bec noir et les pattes
grises. Il fréquente surtout les rivages sablonneux des
rivières, marche facilement et vole néanmoins assez
bien. Il est depuis longtemps domestiqué par les
Indiens ; il s'habitue difficilement à notre climat, parce
qu'il craint le froid de l'hiver. Mais il peut devenir
l'ornement de nos volières. La *Fuligule Milouin* ou
canard Morillon (*Aythya Ferina, Anas fuligulas*), plus
petite que le canard domestique, dont elle diffère
encore par son plumage d'un beau noir luisant à
reflets pourprés, et la large huppe pendante qui orne
sa tête, habite le nord de l'Europe et de l'Asie, et
émigre vers le sud à l'automne, passant par la France
et l'Europe centrale pour aller en Égypte. Elle
fréquente les eaux douces et salées, s'apprivoise aisé-

ment, et pourrait orner nos pièces d'eau; elle se reproduit au jardin zoologique de Cologne. Le *Canard à bec rouge* (*Anas Autumnalis*), des prairies humides de la Guyane et du Brésil, est remarquable par son bec et ses pattes d'un beau rouge, et par les nuances douces de son plumage. Plus haut monté que nos canards ordinaires, il est beaucoup moins aquatique qu'eux. L'*Erismature leucocéphale* ou canard Pilet, faisan de mer, canard à longue queue, canard cuivré, canard faisan (*Erismatura Leucocephala; Anas Acuta*), du sud de l'Europe et de l'Asie et du nord-ouest de l'Afrique, est un magnifique oiseau à plumage brun noir, avec la tête blanche, le bec bleu et les pattes rouges; il nage le corps profondément enfoncé dans l'eau, ne montrant que la tête, le cou et la queue. Il pond, en juillet, de six à neuf œufs, relativement très-gros, de couleur blanc sale, de forme elliptique, à coquille rugueuse. Ce serait un magnifique oiseau pour nos pièces d'eau. Il est considéré comme un excellent gibier. Le *Canard siffleur* (*Anas Penelope*), qui doit son nom à son cri strident comme le son du fifre, qui a les mêmes mœurs et qualités, pourrait recevoir la même destination et le même emploi. La *petite Sarcelle* (*Anas Crecca*) est très-commune en France pendant l'hiver; il en reste quelques paires durant toute l'année, et elles font leur ponte chez nous. Elle est finement rayée de noirâtre, avec la tête rousse et une bande verte à la suite de l'œil. On la trouve aussi dans l'Amérique du Nord, en Islande et jusqu'en Chine. Elle habite les étangs, les rivières et les fontaines; se nourrit de cresson, de cerfeuil sauvage, de graines de plantes aquatiques, d'insectes et de petits poissons ; elle vole bien, mais à courtes distances. La femelle pond en avril, dans un nid disposé sur l'eau, mais retenu au rivage, de huit à dix œufs d'un blanc sale semé de petites taches rousses. La chair de cet oiseau est très-recherchée ; il serait aisé de le domestiquer en faisant couver ses œufs par des poules.

Le *Goëland marin* ou à manteau noir (*Larus Marinus*), le plus grand du genre, est répandu dans toutes les mers de l'Europe, de l'Afrique et de l'Amérique ; sur les côtes de l'Océan et de la Manche, il est fort commun en hiver, beaucoup plus rare sur celles de la Méditerranée. Il a la tête, le cou, la gorge, les flancs et la queue d'un blanc pur, le dos et les ailes noirs, avec la pointe des rémiges blanches ; le bec et les pieds jaunes. Il vit en troupes très-nombreuses, qui se tiennent tantôt à terre, tantôt à la mer ; son vol est puissant et très-soutenu ; il nage et plonge facilement, et ne craint pas les plus gros temps ; il se nourrit de poissons, de rats, d'oiseaux, de vers, d'insectes, de coquillages. Il fait son nid sur les falaises du littoral, et pond deux ou trois œufs du volume de ceux de la poule, à coquille granuleuse, épaisse, d'un gris noirâtre tacheté de pourpre foncé, et qui sont assez bons à manger. Le *Goëland à manteau bleu* (*Larus Glaucus*), appelé encore goëland bourgmestre, est plus petit que le précédent, avec le manteau d'un cendré bleuâtre plus clair, et les rémiges entièrement blanches ou d'un gris pâle passant au blanc. Il habite à peu près les mêmes régions que le goëland marin, et vit, comme lui, en bandes nombreuses. En France, on le trouve sur les côtes septentrionales de l'océan Atlantique pendant une partie de l'hiver, en particulier sur les falaises de la Picardie. Ce sont deux futures et précieuses acquisitions pour nos volières, ces oiseaux s'apprivoisant aisément, et s'habituant facilement au régime du pain et de temps en temps de viande cuite et hachée.

Le *Pélican blanc* (*Pelicanus Onocrotalus*), répandu dans toutes les contrées méridionales des deux continents, est très-commun en Afrique (Sénégal et Gambie), en Asie (Siam et Chine) et en Amérique (de la Louisiane au Canada). On le rencontre parfois, mais rarement, en Suisse, en Allemagne, en Angleterre et en France. Il porte le plumage blanc nuancé de rose tendre, avec les longues plumes occipitales et la région du jabot d'un jaune doré ; l'œil rouge vif, entouré d'un cercle nu et de couleur jaune ; le bec grisâtre, pointillé de rouge et de jaune ; le pied couleur chair. Presque aussi gros que le cygne, il est remarquable par la poche membraneuse qu'il porte sous la mandibule inférieure de son immense bec, poche d'une contenance de quinze à vingt litres, et qui lui sert de sac aux provisions. Il s'apprivoise aisément, s'accoutume, en captivité, à vivre de viande cuite, de pain, d'un peu de poisson. Les Chinois le dressent à la pêche à leur profit, de même que le cormoran.

FIN.

TABLE RAISONNÉE

DES RACES GALLINES

SOUS-RACES

VARIÉTES

DORKING

FIN DE LA TABLE RAISONNÉE.

TABLE DES MATIÈRES

FIN DE LA TABLE DES MATIÈRES.

PARIS. — TYPOGRAPHIE DE E. PLON ET Cⁱᵉ, RUE GARANCIÈRE, 8.

EXTRAIT DU CATALOGUE DE LA LIBRAIRIE AUDOT

La Cuisinière de la Campagne et de la Ville, par L. E. AUDOT. 59ᵉ édition. Un volume grand in-12, 400 figures, dont 2 coloriées, 700 pages, admis à l'Exposition universelle, mention honorable. Cartonné. 3 fr.

Supplément à la Cuisinière de la Campagne et de la Ville. Service de table à la française et à la russe, art de plier les serviettes, etc., par AUDOT, GRANDI et MOTTON. Un vol. in-18 jésus, 212 pages, 33 figures. 2 fr.

La Laiterie. Art de traiter le lait, de fabriquer le beurre et les principaux fromages français et étrangers, par A. F. POURIAU, docteur ès sciences, professeur à l'École d'agriculture de Grignon, etc. 3ᵉ édition. Ouvrage couronné par la Société centrale d'agriculture de Paris, contenant 564 pages et 306 figures dans le texte. 5 fr.

Traité des aliments, leurs qualités, leurs effets, etc.; par M. A. GAUTHIER, docteur en médecine. 2ᵉ édition, revue et augmentée, par M. CHAPUSOT, docteur en médecine. Un volume in-12. Figure. 2 fr.

Le Bréviaire du Gastronome, aide-mémoire pour ordonner les repas, par L. E. AUDOT. In-18. 1 fr.

Les Pigeons de volière, de colombier, messagers, etc., sport colombophile, société pigeonnière, colombier militaire, par A. GOBIN. Un vol. in-18 jésus, 46 figures. 3 fr.

Précis élémentaire de sériciculture pratique, mûriers et vers à soie. Production, industrie, commerce, par A. GOBIN. Nombreuses figures dessinées par H. GOBIN. In-18 jésus. 3 fr. 50

Précis pratique de l'élevage des lapins, lièvres, léporides, en garenne et clapier, domestication, croisements, engraissement, hybridation, produits, par A. GOBIN, professeur de zootechnie à l'École d'agriculture de Montpellier. Un volume in-18 jésus, orné de nombreuses figures intercalées dans le texte. 2 fr.

L'art du Taupier, ou Méthode amusante pour prendre les taupes, par M. DRALET. Ouvrage publié par ordre du gouvernement. 47ᵉ édition. In-18, avec figures. 1 fr. 50

L'Art de faire à peu de frais les feux d'artifice, par M. L. E. AUDOT. 5ᵉ édition. Volume in-18. 86 figures. 3 fr.

La Pêche raisonnée et perfectionnée du pêcheur fabricateur, par J. CARPENTIER, ouvrage de 420 pages, 92 figures. Toutes lignes, cinquante pêches différentes. 3 fr. 50

Le Vignole de poche, *Mémorial des Artistes,* des propriétaires et des ouvriers, par THIERRY, architecte-graveur. 54 planches-gravures sur acier par Hibon. 7ᵉ édit. 1 vol. grand in-16. 3 fr.

PARIS. TYPOGRAPHIE DE E. PLON ET Cⁱᵉ, RUE GARANCIÈRE, 8.

www.ingramcontent.com/pod-product-compliance
Lightning Source LLC
Chambersburg PA
CBHW060523220326
41599CB00022B/3411